"十四五"时期国家重点出版物出版专项规划项目

智慧水利关键技术及应用丛书

数字孪生流域数据治理关键技术研究与应用

SHUZI LUANSHENG LIUYU
SHUJU ZHILI GUANJIAN JISHU
YANJIU YU YINGYONG

刘业森　刘昌军　刘媛媛　刘杰　胡文才 等　著

中国水利水电出版社
www.waterpub.com.cn
·北京·

内 容 提 要

本书详细介绍了数字孪生流域数据治理全过程的技术方法体系，包括数据资源现状、数据质量控制、多源异构数据融合、数据模型构建、数据底板构建、数据安全管理、数据知识化应用、水利数据挖掘分析等内容，重在结合工作实践和典型案例，阐述数字孪生水利框架下水利数据治理的关键技术，侧重理论技术方法与应用实践的结合，尽可能全面系统地反映水利数据治理的思路、技术方法和实现效果，以期对各级各地数字孪生流域构建提供参考和有益借鉴。

本书可供防汛抗旱、水利工程、应急管理等专业的科技工作者阅读和参考，也可作为相关专业研究生、本科生的参考教材。

图书在版编目（CIP）数据

数字孪生流域数据治理关键技术研究与应用 / 刘业森等著. -- 北京 ： 中国水利水电出版社，2024. 8.
ISBN 978-7-5226-2651-2

Ⅰ．TV88-39

中国国家版本馆CIP数据核字第2024GF3584号

书　　名	**数字孪生流域数据治理关键技术研究与应用** SHUZI LUANSHENG LIUYU SHUJU ZHILI GUANJIAN JISHU YANJIU YU YINGYONG
作　　者	刘业森　刘昌军　刘媛媛　刘　杰　胡文才　等著
出 版 发 行	中国水利水电出版社 （北京市海淀区玉渊潭南路 1 号 D 座　100038） 网址：www. waterpub. com. cn E-mail：sales@mwr. gov. cn 电话：(010) 68545888（营销中心）
经　　售	北京科水图书销售有限公司 电话：(010) 68545874、63202643 全国各地新华书店和相关出版物销售网点
排　　版	中国水利水电出版社微机排版中心
印　　刷	清淞永业（天津）印刷有限公司
规　　格	184mm×260mm　16 开本　15.25 印张　371 千字
版　　次	2024 年 8 月第 1 版　2024 年 8 月第 1 次印刷
定　　价	**125.00 元**

　　水利部将推进智慧水利建设作为推动新阶段水利高质量发展的六条路径之一，数字孪生水利是智慧水利建设的实施措施，数字孪生流域是数字孪生水利的核心和关键。2021年以来，水利部发布了一系列数字孪生水利相关技术要求，并推动数字孪生先行先试项目建设。数字孪生水利建设成为水利科技应用的主基调，全国各地水利主管部门和工程管理机构，积极推动、开展数字孪生水利建设，形成了浓厚的数字孪生建设氛围，涌现出大量优秀案例和应用成果，为未来实现智慧水利目标奠定了坚实的基础。数字孪生流域核心组件包括数据底板、模型平台、知识平台，共同为水利业务智能化提供支撑。而数据底板作为数字孪生流域的基础，又是模型平台和知识平台的支撑，因此保证数据底板质量是数字孪生流域成功的关键基础。

　　经过防汛抗旱指挥系统、山洪灾害等水利信息化项目建设，一方面，积累了丰富的监测数据、水利基础和业务数据，卫星遥感、无人机等技术快速发展并普及，遥感类数据可用性快速提升，这些为数字孪生流域提供了很好的基础。另一方面，各类数据具有明显的多源、异构，时相、精度不一致等特点，需要经过筛选、质控、融合、建模等深度治理，才能满足数字孪生流域基本需求。而数据治理的目标、标准、技术路线等尚未标准化造成了认识的不统一，导致在数字孪生流域项目实施中造成目标不明确、内容不完整、成本高等问题。

　　数字孪生流域数据底板包括监测数据、水利基础数据、水利业务数据、基础地理数据、跨行业共享数据五大类。各类数据汇聚方式、更新频率、质量约束、逻辑关系等不同，治理技术路线不同，因此需要不同的质控方法和融合处理方法；数字孪生流域中，各类数据以流域为基本单元，以河流水系为骨架，以水利工程为节点，具有内在的逻辑关系，需要一套完整统一的数据模型建立各类数据的关联关系，以维护数据的完整性。在数字孪生水利框架中，数据存储管理模式与传统数据库、数据中心也有明显差别，既要满足数据库范式、发挥数据中心作用，又要实现非传统结构化数据的管理，为数据知识化提供支撑，这就要求数据底板框架需要涵盖更广的范畴，涉及数据感知采集、数据管理、数据存储、数据服务以及数据知识化等内容。

本书内容来自多年的工作实践，数据质控方法和数据模型应用到第一次全国水利普查、全国山洪灾害调查评价等项目中；数据底板构建技术，支撑了山东大汶河流域防洪联合调度系统、沂沭河数字孪生流域、淮河流域数字孪生流域等多个数字孪生项目的数据底板建设；数据知识化部分综合了多个防洪调度知识平台建设成果；数据挖掘分析技术来自深圳市河湾流域城市洪涝模型、全国山洪灾害数据分析、水利部减灾中心科技创新支撑项目等多个项目的研究成果。

本书内容主要分四部分，第1章到第5章为第一部分，主要对数据相关政策、水利相关数据的现状、数据质控技术、数据融合技术和数据模型构建技术进行介绍，属于数据治理的前半段；第6章和第7章为第二部分，主要对数字孪生流域数据底板框架、数据底板管理平台以及数据安全管理进行阐述，从为数字孪生流域提供支撑角度进行介绍；第8章和第9章为第三部分，主要从数据深化应用即数据知识化、数据挖掘技术方面，借助典型案例进行阐述；第10章为第四部分，主要对本书的内容进行简单总结，并对未来发展方向进行展望。

刘业森负责本书内容的组织和框架设计，刘昌军提出了整体编写思路，王晓岭主要负责第1章和第2章的编写，刘业森主要负责第3章、第10章的编写，董兰芳主要负责第4章的编写，胡文才和刘杰主要负责第5章的编写，李旭娜主要负责第6章的编写，穆杰主要负责第7章的编写，郝苗主要负责第8章的编写，刘媛媛主要负责第9章的编写。王晓岭对全书文字内容进行了梳理。

本书的出版得到国家自然科学基金重大项目国家水网构建原理与数字推演（52394235）、山东省重点流域防洪联合调度决策支持服务等项目的资助，同时还得到了许多朋友和专家的鼎力支持，出版社编辑对全书内容进行了大量规范化和校正工作。在本书出版之际，谨向他们表示诚挚的谢忱！

受作者知识水平的局限，本书难免存在谬误和不足之处，敬请读者批评指正。

作者

2023 年 11 月

目录

前言

第 1 章
绪论 // 1

1.1 背景 // 3
1.2 国际数据管理和共享相关政策 // 3
1.3 我国数据相关政策和规定 // 8
1.4 水利信息化发展过程 // 10
1.5 水利数据应用过程 // 18

第 2 章
数据资源现状 // 23

2.1 国内外公开共享数据 // 25
2.2 水利系统数据积累 // 32

第 3 章
数据质量控制技术 // 41

3.1 数据质量管理综述 // 43
3.2 水利普查空间数据质量控制 // 44
3.3 山洪灾害调查评价数据质量控制 // 52
3.4 数字孪生流域数据底板质量控制 // 65

第 4 章
多源异构数据融合技术 // 71

4.1 数据规范性处理 // 73
4.2 数据融合与异常处理 // 75

4.3 水利对象融合处理 // 84

第 5 章
数字孪生流域数据模型构建技术 // 99

5.1 数据模型综述 // 101
5.2 水利数据模型设计 // 107
5.3 水利网格模型设计 // 113

第 6 章
数字孪生流域数据底板构建技术 // 125

6.1 数据底板总体框架 // 127
6.2 数据底板管理平台技术路线 // 136
6.3 数据底板数据服务内容 // 138
6.4 数据资源目录服务子系统 // 146
6.5 数据资源共享管理子系统 // 150

第 7 章
数据安全管理 // 161

7.1 数据安全管理综述 // 163
7.2 数据安全治理框架 // 166
7.3 数据安全管理技术方法 // 169

第 8 章
数据知识化应用 // 175

8.1 知识平台建设目标 // 177
8.2 知识平台建设内容 // 177
8.3 知识平台框架 // 177
8.4 知识库建设 // 179
8.5 水利知识引擎建设内容 // 184
8.6 水利知识管理和应用平台 // 190

第 9 章
水利数据挖掘分析技术及典型应用 // 193

9.1 水利数据常用挖掘分析技术 // 195
9.2 场次降雨时空展布技术及应用 // 196

9.3 暴雨洪水关系提取技术及应用 // 202

9.4 城市洪涝模型成果概化技术及应用 // 209

9.5 湖区流场生成技术及应用 // 212

9.6 山洪灾害驱动因素挖掘技术及应用 // 218

▌ 第 10 章
▌ 总结与展望 // 225

10.1 总结 // 227

10.2 展望 // 227

参考文献 // 229

第1章

绪　　论

1.1　背景

《关于国务院机构改革方案的说明》明确指出："当今社会，数字资源、数字经济对经济社会发展具有基础性作用，对于构建新发展格局、建设现代化经济体系、构筑国家竞争新优势意义重大，必须加强对数据的管理、开发、利用。"

2019 年 10 月，中共十九届四中全会首次提出将数据作为新的生产要素，2020 年 3 月 30 日，《中共中央 国务院关于构建更加完善的要素市场化配置体制机制的意见》正式公布。该意见提出了土地、劳动力、资本、技术、数据五个要素领域改革的方向，明确了完善要素市场化配置的具体举措，提出要加快培育数据要素市场。这是中央第一份关于要素市场化配置的文件，而数据作为一种新型生产要素也是首次正式出现在官方文件中。中国成为全球第一个在国家政策层面将数据确立为生产要素的国家。

数据是数字经济发展的关键生产要素，也被视作国家基础性战略性资源。经过多年发展，中国数据产量、数字经济规模均已跃升至世界前列。国家互联网信息办公室发布的《数字中国发展报告（2022 年）》显示：2022 年中国数据产量达 8.1ZB，同比增长 22.7%，全球占比达 10.5%，位居世界第二；数字经济规模达 50.2 万亿元，总量稳居世界第二。

国家数据局于 2023 年 10 月 25 日正式揭牌，中共中央、国务院印发的《党和国家机构改革方案》明确，国家数据局负责协调推进数据基础制度建设，统筹数据资源整合共享和开发利用，统筹推进数字中国、数字经济、数字社会规划和建设等，并将部分原先由中央网络安全和信息化委员会办公室与国家发展和改革委员会承担的职责划入国家数据局。

中华人民共和国工业和信息化部发布的《"十四五"大数据产业发展规划》提出，加快培育数据要素市场，具体措施包括建立数据要素价值体系、健全数据要素市场规则、提升数据要素配置作用等，为数据要素市场发展规划了路径。市场在资源配置中起决定性作用，因此，数据资源要像产品与服务一样具有商品属性，有价格、有产权、能交易。由于数据流动载体的特殊性，要建立专有的数据交易平台，便于监管，尤其在跨境传输和安全保护等方面，要有严格的制度、规范和有效的监管手段。数据交易中心（所）是构建数据交易市场的物理载体，围绕数据交易、流通和开发利用推动制度建设和服务创新，激发市场供需两端积极性、深度参与数据要素市场建设，运用市场化手段加快推动数据要素价值转化。我国数据交易平台发展经历两大阶段，第一阶段以 2015 年贵阳大数据交易所成立为标志，2015 年，中共十八届五中全会正式提出"实施国家大数据战略，推进数据资源开放共享"，以贵阳大数据交易所为代表的数据交易机构如雨后春笋般涌现。第二阶段以 2021 年以来北京、上海等地大数据交易所成立为标志，数据交易机构迎来第二轮探索期。

1.2　国际数据管理和共享相关政策

1.2.1　国际科学数据管理政策

国际科学数据共建共享始于 1957 年，在国际科学理事会（International Council of

Scientific Unions，ICSU）组织领导下，先后成立了世界数据中心（World Data Center，WDC）和国际科技数据委员会（Committee on Data for Science and Technology，CODA-TA）。此后，为促进科学数据更好地共享和交换，国际组织、各国政府、众多科研资助机构等都广泛展开科学数据的共享服务与实践。如，英国生物技术与生物科学研究理事会（Biotechnology and Biological Sciences Research Council，BBSRC）、澳大利亚综合海洋观测系统（Integrated Marine Observing System，IMOS）以及美国国家航空航天局（National Aeronautics and Space Administration，NASA）分别于 2010 年 6 月、2011 年 6 月、2012 年 3 月制定发布了一整套数据共享政策[1]。表 1.2 - 1 列举了部分国外资助机构发布的科学数据开放共享政策。[2]

表 1.2 - 1　　　　部分国外资助机构发布的科学数据开放共享政策

编号	发 布 主 体	政 策 文 件	发布时间
1	欧洲研究理事会（ERC）	科学出版物与科学数据开放获取实施指南	2017 年
2	英国研究理事会（RCUK）	科学数据管理最佳实践指南	2018 年
3	瑞典研究理事会（SRC）	开放获取科学信息国家指南建议	2015 年
4	英国经济与社会研究理事会（ESRC）	ESRC 科学数据政策	2014 年
5	英国生物技术与生物科学研究理事会（BBSRC）	BBSRC 数据共享政策	2017 年
6	英国自然环境研究理事会（NERC）	NERC 数据政策	2019 年
7	英国医学研究理事会（MRC）	MRC 数据共享政策	2016 年
8	英国科学与技术设施理事会（STFC）	STFC 科学数据政策	2016 年
9	澳大利亚国家健康与医学研究理事会（NHMRC）	开放获取政策	2018 年
10	美国国家科学基金会（NSF）	NSF 公共获取计划	2015 年
11	美国国立卫生研究院（NIH）	NIH 数据共享政策与实施指南	2003 年
12	美国教育科学研究院（IES）	公共获取科学数据实施指南	—
13	英国癌症研究院（CRUK）	数据共享指南	2019 年
14	美国国家航空航天局（NASA）	NASA 提升科研成果获取计划	2014 年
15	欧盟委员会（EC）	2020 计划框架下的 FAIR 数据管理指南	2016 年
16	经济合作与发展组织（OECD）	公共资助科学数据获取原则与指南	2007 年

注　本表引自姜鑫《国外资助机构科学数据开放共享政策研究——基于 NVivo 12 的政策文本分析》。

从政策制定的主体研究来看，国外特别是发达国家的政策制定主要集中于政府、资助机构、出版机构及高校等主体，包括宏观层面的国际组织、国家或地区政府机构，中观层面的科研资助机构和微观层面的高校及出版机构等[3]。但不可忽视的是，日渐成熟的科学数据中心作为专业的科学数据管理机构，在政策制定中的主体地位也更加明显和突出，如德国地球科学领域的科学数据中心制定了关于数据质量、安全、获取与可用性的相关政策。

从政策内容来看，主要包括科学数据开放共享政策和科学数据保存政策。促进科学数据开放共享是开放科学建设的核心之一，2016 年，《科学数据》（*Scientific Data*）杂志刊发的《科学数据管理中的 FAIR 指导原则》成为开展科学数据开放共享的基本原则，该原则倡导科研活动产出的数据在开放共享过程中应该努力实现可发现（findable）、可访问（accessible）、可互操作（interoperable）和可重用（reusable），4 个目标层层递进[4]，见表 1.2 - 2。

表 1.2 - 2　　　　　　　　　　　　FAIR 原则的主要内容

目　标	内　容
可发现 （findable）	F1 数据（元数据）被分配全球唯一持久的标识符
	F2 使用丰富的元数据描述数据
	F3 元数据清楚明确地包含所描述的数据的标识符
	F4 数据（元数据）在搜索应用服务中注册或索引
可访问（accessible）	A1 数据（元数据）可以使用标准化通信协议，通过其标识符进行检索
	A1.1 该协议是开放的、免费的并且可普遍实施的
	A1.2 协议允许在必要时进行身份验证和授权过程
	A2 即使数据不再可用，也可以访问元数据
可互操作（interoperable）	I1 数据（元数据）使用正式的、可访问的、可共享的和广泛适用的
	I2 数据（元数据）使用遵循 FAIR 词汇表
	I3 数据（元数据）包括对其他数据（元数据）的合法引用
可重用（reusable）	R1 数据（元数据）使用多个准确且相关的属性进行充分描述
	R1.1 发布的数据（元数据）包含清晰且可访问的数据使用协议
	R1.2 数据（元数据）包含详细的出处信息
	R1.3 数据（元数据）符合领域相关标准

2008 年，欧盟提出了一项为期两年的科学数据长期保存计划，该计划聚焦于科研过程中产生的原始数据和以不同形式产生的科学数据，并探索如何确保科学数据资源的长期可访问、可使用和可理解[5]。

美国国家科学基金会（National Science Foundation，NSF）是美国联邦政府资助基础科学研究与教育的重要机构，也是美国大学尤其是研究型大学获得联邦政府资助的主要来源，对美国科学研究的发展有着重要的影响。NSF 于 2010 年 1 月发布的项目管理指南 *NSF Award and Administration Guide* 规定：从 2011 年 1 月 18 日开始所有提交到 NSF 的项目申请书必须包含一份不超过两页的"数据管理计划"（Data Management Plan）的附件。该计划应详细描述申请者如何管理和传播研究项目所产生的数据，包括：①数据的类型，包括样本数据、物理标本、软件、课程资料以及在项目过程中将会产生的其他资料等；②数据标准，包括元数据标准与内容标准；③数据获取与共享政策，如隐私保护、机密、安全、知识产权以及其他权利要求等；④数据存档与保存计划。该指南同时规定：没有数据管理计划的项目申请将不予接受。数据管理计划不必包含每一个细节，但必须说明这样做的理由[6]。

美国卫生与人类服务部（Department of Health and Human Services，HHS）下属的美国国立卫生研究院（National Institutes of Health，NIH），要求从2003年10月1日开始，所有向NIH申请的经费在50万美元以上的项目都须包含一个数据共享计划或者数据不共享的说明。在数据共享计划中，申请者应简要描述：①数据共享的预期进度；②最终数据集格式；③将要提交的文档；④是否会提供一些分析工具；⑤是否要求共享者签署数据共享协议；⑥数据共享方式等。

1.2.2　国际政府数据管理政策*

政府数据是指行政机关在履行相应职责过程中生产、采集、加工、使用和管理的数据，具有数量大、增长快、权威性、公共性、经济和社会价值大等特点[7]。根据数据来源可以把政府数据分为五大类：政府各部门内部管理中所产生的数据、政府在社会管理和公共服务中实时产生的数据、由政府专门的职能机构采集的社会管理数据、政府通过业务外包或采购方式获得的数据、从公开渠道获取的数据。在不侵犯国家安全、商业机密和个人隐私的情况下，政府机构向公众无差别地免费开放高价值数据，一方面有利于提高行政透明度，提升政府治理能力和效率，减少腐败舞弊的发生；另一方面也有利于包括个人、企业和其他社会组织在内的各主体便捷地获取信息，并将其转化为价值反哺社会，推动创新和经济发展。

2015年，《开放数据宪章》（Open Data Charter，ODC）诞生，提出了政府数据开放应遵循的六大准则：

（1）默认开放。这代表了政府运营模式和与公民交互方式的真正转变，在不侵犯公民隐私的前提下，一改以往由公民向政府申请提供信息的规则，从被动开放转变为主动开放。

（2）及时和全面。政府应尽可能以原始、未经修改的形式提供即时全面的数据。

（3）可获取和可使用。不仅要免费提供数据，还要确保查找和机读的便捷性，并在文件格式等方面提升用户体验。

（4）可比较和可互操作。采用统一的数据标准提供高质量数据集，更有利于挖掘数据价值。

（5）改善政府治理和扩大公民参与。

（6）包容性发展和创新。

美国政府数据开放政策从2009年至今经历了几个阶段的发展变化，随着美国政府数据开放面临的不同问题和需求而不断改进[8]。初期，从传统的被动公开的政府信息转变为更符合时代需求的主动公开的全民信息，为透明开放的政府建设打下了基础；中期，数据开放更加细化的形式和质量要求被相继纳入；后期，继续推动政府数据开放来适应技术和社会需求的演进，以达到高效数据开放和治理的目的。美国政府开放数据体系以美国前总统奥巴马颁布的《透明和开放政府备忘录》和《信息自由法案备忘录》为总纲，以司法部

---

　　*　本节内容主要引自李瑞龙等在微信公众号"腾讯研究院"上发表的文章《国际政府数据开放的经验与启示》。

颁布的《信息自由法案》《信息自由法案指引》为指导，以《开放政府指令》《使开放和可机读成为政府数据默认状态的总统行政指令》《提高对联邦资助的科学研究成果开放的备忘录》《开放数据政策》为具体管理办法，以《开放数据的元数据规范》为技术标准，结合《开放数据项目》作为技术开发人员的工具库，以及《数据政策》和《隐私政策》作为用户使用网站时的规范和说明，并融入相关的考核评估体系及激励机制，是一套从数据发布、采集、管理到应用全流程的管理体系，保证了美国政府数据开放网站的良性运行和不断发展。美国政府数据开放网站目前有约 21 万余个数据集和上百个工具，开放共享的数据主题包括气候、能源、海洋、消费者、金融、老龄化等 21 个类别。

英国数据的开放也伴随着法律法规、政策文件的同步完善及有力支撑，包括《信息自由法》（2000 年）、《公共部门信息再利用条例》（2005 年）、前首相卡梅伦向政府部门发出的有关数据开放的信件以及《地方政府透明准则》（2014 年）等[9]。英国于2012 年成立了开放数据研究所（Open Data Institute），总部设在伦敦。这是一个独立、非营利、无党派的有限公司，用以促进商业界、学术界、政府和社会在开放数据方面的合作，构建开放、可信任的数据生态。英国政府的数据开放门户网站上公开的数据类别包括商业与经济、犯罪、国防、教育、环境、政府、政府支出、健康、地图、社会、城镇、交通共 12 大类。这些重点类别不仅包含了国家经济等宏观维度的内容，也凸显了英国政府对民生（环境、教育、健康、老龄化）、安全（灾害、国防）等领域的重视。

1.2.3 通用知识共享协议

国际通用的数据授权许可协议是知识共享许可协议（Creative Commons License），简称 CC 协议[10]。它是一种创作授权方式，允许作者选择不同的授权条款和参考不同国家著作权法制定相应的版权协议。该协议的适用范围非常广泛，兼容性较强，适用于多种形式的数据资料，是开放数据应用非常理想的许可协议。全球很多国家基于 CC 协议发布了基于各国国情的不同版本，应用 CC 协议的国家包括美国、英国、澳大利亚、加拿大等。

1. 署名-非商业性使用-禁止演绎（by－nc－nd）

该项许可协议允许重新传播，是六种主要许可协议中限制最为严格的。这类许可协议通常被称为"免费广告"许可，因为他人只要注明作者的姓名并与作者建立链接，就下载并与他人共享作者的作品，但是他们不能对作品做出任何形式的修改或者进行商业性使用。

2. 署名-非商业性使用-相同方式共享（by－nc－sa）

该项许可协议规定，只要他人注明作者的姓名并在以作者的作品为基础创作的新作品上适用同一类型的许可协议，他人就可基于非商业目的对作者的作品重新编排、节选或者以您的作品为基础进行创作。基于作者的作品创作的所有新作品都要适用同一类型的许可协议，因此适用该项协议，则对任何以作者的原作为基础创作的演绎作品自然同样都不得进行商业性使用。

3. 署名-非商业性使用（by-nc）

该项许可协议允许他人基于非商业目的对作者的作品重新编排、节选或者以作者的作品为基础进行创作。尽管他们的新作品必须注明作者的姓名并不得进行商业性使用，但是他们无须在以作者的原作为基础创作的演绎作品上适用相同类型的许可条款。

4. 署名-禁止演绎（by-nd）

该项许可协议规定，只要他人完整使用作者的作品，不改变作者的作品并保留作者的署名，他人就可基于商业或者非商业目的，对作者的作品进行再传播。

5. 署名-相同方式共享（by-sa）

该项许可协议规定，只要他人在其基于作者的作品创作的新作品上注明作者的姓名并在新作品上适用相同类型的许可协议，他人就可基于商业或非商业目的对作者的作品重新编排、节选或者以作者的作品为基础进行创作。该项许可协议与开放源代码软件许可协议相类似。以作者的作品为基础创作的所有新作品都要适用相同类型的许可协议，因此对所有以作者的原作为基础创作的演绎作品都可以进行商业性使用。

6. 署名（by）

该项许可协议规定，只要他人在作者的原著上标明作者的姓名，他人就可以基于商业目的发行、重新编排、节选作者的作品。就他人对作者的作品利用程度而言，该项许可协议是最为宽松的许可协议。

1.3　我国数据相关政策和规定

1.3.1　数据政策法规

1. 政府层面政策法规

为了规范和促进大数据健康发展，我国制定了一系列政策法规。在国家层面，相关法律法规和政策标准助力数据交易长效健康发展，一方面是数据相关法律法规不断完善，包括《中华人民共和国网络安全法》《中华人民共和国数据安全法》《中华人民共和国个人信息保护法》《中华人民共和国科学技术进步法》《中华人民共和国促进科技成果转化法》；另一方面是数据相关政策出台，包括《国务院办公厅关于印发科学数据管理办法的通知》（国办发〔2018〕17号）、《中共中央　国务院关于构建更加完善的要素市场化配置体制机制的意见》、《"十四五"大数据产业发展规划》、《国务院办公厅关于印发要素市场化配置综合改革试点总体方案的通知》（国办发〔2021〕51号）、《中共中央　国务院关于加快建设全国统一大市场的意见》、《中共中央　国务院关于构建数据基础制度更好发挥数据要素作用的意见》。2023年12月底，《国家数据局等部门印发〈"数据要素×"三年行动计划（2024—2026年）〉的通知》（国数政策〔2023〕11号），目的是充分发挥数据要素乘数效应，赋能经济社会发展。该计划明确总体目标和针对工业制造、现代农业、商贸流通等12个重点行业的行动计划。在地方层面，各地积极探索，先行先试，出台了一系列相关的地方条例和方案，包括《上海市数据条例》《深圳经济特区数据条例》《广东省数据要素市场化配置改革行动方案》《贵州省数据要素市场化配置改革实施方案》等。

在数据安全保护方面，《中华人民共和国网络安全法》对网络安全进行了全面规定，涉及大数据相关的数据安全保护和个人信息保护等内容。《中华人民共和国数据安全法》明确了数据安全主管机构的监管职责，建立健全数据安全协同治理体系，提高数据安全保障能力，促进数据出境安全和自由流动，促进数据开发利用，保护个人、组织的合法权益，维护国家主权、安全和发展利益，让数据安全有法可依、有章可循，为数字化经济的安全健康发展提供了有力支撑。《中华人民共和国个人信息保护法》加强了个人信息的合法、正当和安全使用，保护个人信息的安全和隐私。

在数据开放与共享方面，最新发布的《中共中央 国务院关于构建数据基础制度更好发挥数据要素作用的意见》，构建了数据产权、流通交易、收益分配、安全治理等 4 项制度，提出 20 条政策举措，进一步从国家层面明确了构建数据基础制度、发挥数据要素价值对推动国家高质量发展的重要性，要求加快构建数据基础制度体系。

2. 行业数据政策法规

我国气象、交通、国土资源、测绘、水利等领域均发布有各自的数据管理和共享政策文件[11-12]。2020 年 2 月水利部印发《水利信息资源共享管理办法（试行）》，为水利信息资源共享提供了准则和依据，为进一步提高水利行业信息共享、业务协同和大数据应用提供了制度保障，对于推进智慧水利、加快提升水利网信水平具有重要意义。2022 年 3 月水利部制定并印发《数字孪生流域共建共享管理办法（试行）》，旨在解决"重建、漏建、未按要求建""能否共享、共享什么、如何共享"等一系列问题。2020 年 10 月，中国气象局印发《气象数据管理办法（试行）》，进一步规范气象数据管理，加强资源整合、促进开发利用，保障气象数据安全。

在测绘地理信息领域，由于其数据表达的现实地理要素是属于国家秘密（例如军事设施等），也在于其表达的空间尺度（精度、分辨率、范围）超出一定指标限定，可能会危害国家安全，早期制定了相对严谨的法律法规，包括《中华人民共和国测绘法》、《中华人民共和国测绘成果管理条例》（国务院令第 469 号）、《国家测绘地理信息局非涉密测绘地理信息成果提供使用管理办法》等。随着经济社会发展的需要，各领域对地理空间数据的应用需求越来越多，由此推动了测绘地理信息领域关于数据管理办法的改革。2020 年《自然资源部国家保密局关于印发〈测绘地理信息管理工作国家秘密范围的规定〉的通知》（自然资发〔2020〕95 号），明确了"以属性为主、兼顾精度"，以及对数字化产品采取分要素定密管控的原则。

1.3.2 政务数据分级分类体系*

数据资产成为国家各行各业的核心资产，在数字化时代，数据分类分级成为数据资产管理的重要组成部分[13]。通过数据分类分级管理，可有效使用和保护数据，使数据更易于定位和检索，满足数据风险管理、合规性和安全性要求，实现对政务数据、企业商业密码和个人数据的差异化管理和安全保护。

---

* 本节内容引自《政府数据　数据分类分级指南》（DB52/T 1123—2016）中的政务数据分类和分级方法。

1. 政务数据分类

政务数据按主题、行业、服务类型进行分类。

（1）主题分类：采取大类、中类和小类三级分类法，其中大类分为综合政务、经济管理、国土资源、能源、工业、交通、邮政、信息产业、城乡建设、环境保护、农业、水利、财政、商业、贸易、旅游、服务业、气象、水文、测绘、地震、对外事务、政法、监察、科技、教育、文化、卫生、体育、军事、国防、劳动、人事、民政、社区、文秘、行政、综合党团。

（2）行业分类：《国民经济行业分类》（GB/T 4754—2011）将国民经济行业分为农业、渔业、采矿业、制造业、电力、热力、燃气及水生产和供应业、建筑业、批发和零售业、交通运输、仓储和邮政业、住宿和餐饮业、信息传输、软件和信息技术服务业、金融业、房地产业、租赁和商务服务业、科学研究和技术服务业、水利、环境和公共设施管理业、居民服务、修理和其他服务业、教育、卫生和社会工作、文化、体育和娱乐业、公共管理、社会保障和社会组织、国际组织。

（3）服务类型分类：按服务将政府数据分为惠民服务、服务交付方式、服务交付的支撑、政府资源管理四大类，按线分类法再继续细分中类和小类。

2. 政务数据分级

考虑不同敏感级别的政府数据在遭到破坏后对国家安全、社会秩序、公共利益以及公民、法人和其他组织合法权益的危害程度来确定政府数据的级别，并提出不同数据等级的数据开放和共享要求。政务数据等级管控要求见表 1.3-1。

表 1.3-1　　　　　　　　　　政务数据等级管控要求

数据等级	数据等级管控要求
公开数据	政府部门无条件共享；可以完全开放
内部数据	原则上政府部门无条件共享，部分涉及公民、法人和其他组织权益的敏感数据政府部门可有条件共享；按国家法律法规决定是否开放，原则上在不违反国家法律法规的条件下，予以开放或脱敏开放
涉密数据	按国家法律法规处理，决定是否共享，可根据要求选择政府部门条件共享或不予共享；原则上不允许开放，对于部分需要开放的数据，需要进行脱密处理，且控制数据分析类型

注　引自《政府数据　数据分类分级指南》（DB52/T 1123—2016）。

1.4　水利信息化发展过程

我国水利信息化起步于 20 世纪 70 年代，当时主要是围绕水情信息汇总、处理展开的。1979 年，水利信息化开始一些信息源的处理。20 世纪 90 年代前后，水利信息化逐步以微机和网络为平台。1998 年洪水之后，国家开始布局建设国家防汛指挥系统工程。2001 年水利部党组确立了"以水利信息化带动水利现代化"的发展思路，同年召开的全国水利信息化工作座谈会将水利信息化建设定名为"金水工程"。随着水利信息采集和网络设施逐步完善，信息资源开发利用逐步加强，业务应用系统开发逐步深入，安全体系逐步健全，技术应用逐步扩展，行业管理逐步强化，形成水利行业信息化全面发展。至"十一五"末期，我国已初步建成了由基础设施、应用系统和保障环境组成的水利信息化综合体系。至"十三五"期间，已逐步形成信息技术与水利业务深度融合、水利模型和信息化技术相结合，水利网信水平逐步提高，水利行业信息化进入快速发展、快速变革阶段。"十四五"初期，我国水利行业信息化仍然处于"强基础、补短板、上水平"的阶段。进入 2021 年，水利行业信息化已向数字化转变，注重"四预"（预报、预警、预演、预案）研究，加强以防洪调度、水资源管理为基础，多业务相协调的"2＋N"发展体系[14]。

1.4.1 "金水工程"阶段

水利部信息化工作领导小组于 2001 年 4 月召开了全国水利信息化工作座谈会，将水利信息化建设定名为"金水工程"。该工程是从"九五"期间开始实施的、覆盖水利信息化全局性的重大工程，"十五"期间要加快建设步伐，在一定时期内还要继续向纵深发展。

"金水工程"又称"国家防汛指挥系统工程"。计划用 5 年左右时间，搭建一个先进、实用、高效、可靠并且具有国际先进水平的国家防汛抗旱指挥系统。该系统将覆盖七大江河重点防洪地区和易旱地区，能为各级防汛抗旱部门及时、准确地提供各类防汛抗旱信息，并能较准确地作出降雨、洪水和旱情的预测报告，为防洪抗旱调度决策和指挥抢险救灾提供有力的技术支持和科学依据[15]。

"金水工程"包括防洪和抗旱两大部分。防洪部分覆盖 7 个流域管理机构、24 个重点防洪省（自治区、直辖市）、224 个地级水情分中心和 228 个地级工情分中心，以及与水情分中心相连的 3002 个中央报汛站和与工情分中心相连的 927 个重点防洪县的工情采集点。此外，还有中央直管的 7 个工程单位、9 个大型水库、12 个蓄滞洪区。抗旱部分覆盖 31 个省（自治区、直辖市）267 个地级旱情分中心以及与之相连的 1265 个易旱县旱情采集点。

这一阶段的水利信息化是国家通过信息化改造提升传统产业思路在水利行业的具体体现，也是带动水利现代化的重要措施之一。其核心是为实现水利现代化提供信息化手段的支撑，首要任务是在全国水利业务中广泛应用现代信息技术，建设水利信息基础设施，解决水利信息资源不足和有限资源共享困难的问题，通过提高防汛减灾、水资源优化配置、水利工程建设管理、水土保持、水质监测、农村水利水电和水利政务等水利业务中信息技术应用的整体水平，带动水利现代化。

1.4.2 水利信息化阶段

水利行业信息化发展以市场为导向，以政策驱动为基础，其发展的各阶段都伴随着大的政策调整，每次政策的发布都伴随着重点行业和重点领域的发展、能力、管理、服务全面提升。自 2006 年起，水利部紧密结合水利信息化发展现状和水利改革发展需求，相继发布全国水利信息化"十一五""十二五""十三五"规划，明确各个时期水利信息化的发展目标、总体框架、主要任务及重点项目等内容，这些规划都对各个时期的水利信息化发展起到了积极的引领和推动作用[16]。

2011 年《中共中央 国务院关于加快水利改革发展的决定》的发布，促使我国基本建成防洪抗旱减灾体系，已建成国家防汛抗旱指挥系统一期和二期工程，重点城市和防洪保护区防洪能力明显提高，抗旱能力显著增强。2012 年水利部发布《全国水利信息化发展"十二五"规划》（水规计〔2012〕190 号），以水土保持为重点，形成各级数据采集、传输、共享交换和发布的数据贯通体系，提高了水土保持的信息化应用水平。2014 年《水利部关于深化水利改革的指导意见》指出在重要领域和关键环节，提升水利信息化的保障能力。2016 年《全国水利信息化发展"十三五"规划》（水规计〔2016〕205 号）要求深化技术与业务融合，积极探索科技创新，进一步推进信息互联互通，最大程度发挥水利信息化资源效率。"十三五"期间，各级水行政主管部门以习近平新时代中国特色社会主义思想为指导，积极践行"节水优先、空间均衡、系统治理、两手发力"治水思路，深入贯彻"水利工程补短板、水利行业强监管"的水利改革发展总基调，按照"安全、实用"的水利网信发展总要求，全面推进水利网信建设，水利网信体制制度日益健全，水利网信规划与标准体系渐趋完善，水利信息基础设施明显改善，水利信息资源整合共享与开发利用不断深化，水利业务应用全面推进，水利网络安全保障不断加强，信息技术与水利业务融合探索初见成效，水利网信综合体系不断完善，水利业务"数字化、网络化、智能化"取得明显进展，有力支撑了各项水利业务工作，成效显著。回顾"十三五"，水利网信建设取得了长足发展，有力支撑了各项水利业务，促进和带动传统水利向现代水利转变的作用越来越显著，服务和支持水利改革发展的能力越来越强，水利网信建设从"十三五"之前的夯实基础、基本满足应用的阶段进入到深度融合、全面提挡升级的新阶段，为"十四五"智慧水利建设奠定了一定的建设基础和发展条件[17]。

1.4.3 智慧水利阶段

2019 年水利部指出，全方位推进智慧水利建设是加快推进新时代水利现代化的重要举措。2021 年，《中华人民共和国国民经济和社会发展第十四个五年规划和 2035 年远景目标纲要》明确要求"构建智慧水利体系，以流域为单元提升水情测报和智能调度能力"，水利部党组明确智慧水利是水利高质量发展的显著标志，智慧水利建设是推动新阶段水利高质量发展的六条实施路径之一。水利部 2021 年印发了《关于大力推进智慧水利建设的指导意见》《智慧水利建设顶层设计》《"十四五"智慧水利建设实施方案》等文件，明确了推进智慧水利建设路线图、时间表、任务书、责任单。2021 年推进数字孪生流域建设工作会议和 2022 年全国水利工作会议明确提出，数字孪生流域建设是推进智慧水利建设的关键和核心，必须加快推进[18]。

2022 年以来，水利部先后出台《数字孪生流域建设技术大纲（试行）》《数字孪生水网建设技术导则（试行）》《数字孪生水利工程建设技术导则（试行）》《水利业务"四预"基本技术要求（试行）》《数字孪生流域共建共享管理办法（试行）》等系列文件，细化明确了数字孪生流域、数字孪生水网、数字孪生水利工程等项目的建设内容、建设主体、技术指标及共建共享要求，为各级水利部门数字孪生水利建设提供了基本技术指导。

智慧水利要求充分运用物联网、大数据、云计算、人工智能、数字孪生等新一代信息技术，建设数字孪生流域，实现数字化场景、智慧化模拟、精准化决策，建成具有"四预"功能的智慧水利体系，赋能水旱灾害防御、水资源集约节约利用、水资源优化配置、大江大河大湖生态保护治理，为新阶段水利高质量发展提供有力支撑和强力驱动[19]。

数字孪生水利是一项技术难度大、实施复杂的系统工程，需要进行技术攻关和试点建设，2022—2023年间，遵循《智慧水利建设顶层设计》，按照智慧水利建设"全国一盘棋"的思路，统筹安排水利部、流域管理机构、省各级智慧水利建设[20]。水利部开展了先行先试工作，在全国范围内重点推动了94个先行先试项目，目前试点项目逐步推进，积累了较好的经验[21]。如部本级建成并发布了水利数字孪生平台（暨全国水利一张图2023版）；淮河流域研发了面向防洪"四预"的数字孪生流域，为淮河防洪工作提供了重要支撑[22]；小浪底构建了集防洪、排沙和水资源调度多目标管控的数字孪生[23]；大藤峡水利枢纽在工程在建的状态下，利用数字孪生的预报、预测和模拟预演能力，及时降低7亿 m³ 库容，为拦蓄洪水、规避西江洪水和北江洪水的恶劣遭遇，发挥了巨大的效益[24]。

1.4.4 标志性项目

1.4.4.1 国家防汛抗旱指挥系统

作为我国水利系统影响面最广、历时最长、发挥作用最大的水利信息化项目——国家防汛抗旱指挥系统历时20多年，国家投入20多亿元，全国各级防汛抗旱、水文部门，部分科研院所、大专院校、高科技公司数万人参与设计研究、应用开发和工程建设，经过一期、二期工程的实施，推动我国防汛抗旱指挥决策上升到新高度、达到世界先进水平，对我国水利事业的发展和防汛抗旱信息化与现代化进程起到巨大推动作用，取得了巨大社会效益和经济效益[25]。

国家防汛抗旱指挥系统覆盖水利部、7个流域管理机构、31个省（自治区、直辖市）和新疆生产建设兵团的水利厅（水务局）、地市级防汛抗旱部门，水利部本级、流域级、省级和地市级系统之间通过指挥系统的通信和计算机网络连接。

国家防汛抗旱指挥系统建设成果涉及五大方面内容，包括信息采集系统、通信系统和计算机网络系统、综合数据库、数据汇集平台和应用支撑平台及业务应用系统。

1. 信息采集系统

建设完成了覆盖7个流域管理机构和全国314个地市级水情分中心及所辖2806个中央报汛站水文测验和报汛设施设备的建设、更新改造和系统集成，使中央报汛站测验能力、观测精度和时效性有较大提高，测验设施设备更加实用、可靠、先进，在全国范围内实现了中央报汛站的雨量和水位观测的自动采集、长期自记、固态存储和自动传输，全部中央报汛站的实时水情信息10min内收集到水情分中心，并通过计算机网络在15min内上传到水利部的目标。

建设完成了覆盖7个流域管理机构、28个省（自治区、直辖市）及新疆生产建设兵团的380个工情分中心，实现了收集工情、险情等数据，并进行统计、汇总、上报的功能，增强了险情移动采集能力、信息分析处理能力以及日常事务辅助管理的能力。

在全国31省（自治区、直辖市）及新疆生产建设兵团，共3043个县区级单位配备抗旱统计上报系统设备，建设了抗旱统计上报系统。在全国2250个县区建设完成了一套移动墒情采集系统，在"三北"地区（东北、西北和华北）的 1155 个建制县区建成了一套固定墒情采集系统，实现了土壤墒情的自动采集、自动传输和自动处理，为制定防汛抗旱减灾对策、合理采取抗旱减灾措施提供了重要依据。

建设完成了覆盖水利部、7 个流域管理机构、18 个省（自治区、直辖市）的 26 个视频监控中心，建设了 54 个重点防洪工程的 216 个视频监控点，整合了 2000 多个现有防洪工程视频监控信息，并将这些信息接入国家防汛抗旱总指挥部的系统，实现了防洪调度现场可视化。

2. 通信系统和计算机网络系统

一期工程改造了海河流域永定河泛区和小清河分洪区两条微波干线，建设和完善了永定河泛区、小清河分洪区、东淀、文安洼、贾口洼和恩县洼等 6 个蓄滞洪区的预警反馈通信系统（由于技术的进步，这些系统逐步被先进技术替代）。

在水利部、7 个流域管理机构、29 个省（自治区、直辖市）及新疆生产建设兵团分别建设或完善了 38 个应急指挥固定站。在水利部和 7 个流域管理机构、9 个省（自治区、直辖市）和新疆生产建设兵团共配置 25 个应急指挥便携站，在部分省（自治区、直辖市）建设和改造了 17 个应急指挥移动站（静中通）。建设完成了水利卫星应急网络管理平台。

建成了连接水利部、7 个流域管理机构、31 个省（自治区、直辖市）及新疆生产建设兵团的水利信息骨干网络，实现了数据、语音、视频等的互联互通。建设了水利部和 7 个流域管理机构及 31 个省（自治区、直辖市）的网络中心、网络安全系统和网络安全管理平台，实现了骨干网上的语音通信系统并与公众电话网互联，建成了邮件系统，完善了水利部与 7 个流域管理机构的安全认证系统，实施了国家水利信息骨干网等级保护加固和 7 个流域管理机构防汛抗旱业务应用系统信息安全等级保护加固，建立了异地数据备份系统。

建成了覆盖水利部、7 个流域管理机构、31 个省（自治区、直辖市）的水利厅（水务局）及 4 个重点工程管理局的异地会商视频会议系统。

3. 综合数据库

在水利部、7 个流域管理机构、31 个省（自治区、直辖市）及新疆生产建设兵团建设完成了实时水雨情数据库、热带气旋数据库、防洪工程数据库、实时工情数据库、旱情数据库、历史大洪水库、历史洪水库、社会经济数据库、洪涝灾情统计数据库、地理空间库，配置了 Oracle 数据库管理系统，实现了所有数据库表结构的统一，为数据交换共享奠定了基础。

4. 数据汇集平台和应用支撑平台

国家防汛抗旱指挥系统一开始就采用了先进的软件体系架构，在水利系统率先提出了"两台一库（即数据汇集平台、应用支撑平台和综合数据库架构）"的理念并付诸实施，以保证数据的共享和功能重用，这实际上就是后来发展起来的面向服务的架构，直到目前，这一架构仍然是系统开发所遵循的先进体系架构，在一定程度上保证了国家防汛抗旱指挥系统的先进性。

数据汇集平台实现覆盖全国县区级以上防汛抗旱部门的实时工情、洪旱信息、防汛抗旱物资信息和综合管理信息的在线录入、逐级审核、汇集上报，利用水利行业统一数据交换体系，完成信息的交换、存储、管理，提高信息传输的时效性和可靠性，最终实现了防汛抗旱信息 15min 内汇集到水利部的目标。

遵循面向服务的技术架构标准，建设应用支撑平台，为防汛抗旱业务应用提供数据共享和服务共享，实现统一数据管理、统一数据交换、统一内容管理与发布、统一身份认证、统一用户管理、统一公共数据服务等。

5. 业务应用系统

国家防汛抗旱指挥系统根据防汛抗旱工作的实际需要，建设了众多的业务应用系统，这些系统开发完成后，又根据各流域、各省（自治区、直辖市）及各地市防汛抗旱业务工作的需要，进行了二次开发和定制，形成了覆盖全国地市级以上的防汛抗旱指挥系统。业务应用系统包括天气雷达应用系统、洪水预报系统、防洪调度系统、洪灾评估系统、抗旱业务应用系统、综合信息服务系统和移动应急指挥平台。

1.4.4.2 第一次全国水利普查项目

按照《国务院关于开展第一次全国水利普查的通知》（国发〔2010〕4 号）的要求，2010—2012 年我国开展了第一次全国水利普查。普查的标准时点为 2011 年 12 月 31 日，第一次全国水利普查是一项重大的国情国力调查，是国家资源环境调查的重要组成部分。普查综合运用社会经济调查和资源环境调查的先进技术与方法，基于最新的国家基础测绘信息和遥感影像数据，系统开展了水利领域的各项普查工作，全面查清了我国河湖水系和水土流失基本情况，查明了水利基础设施的数量、规模和能力状况，摸清了我国水资源开发、利用、治理、保护等方面的情况，掌握了水利行业能力建设的状况，形成了基于空间地理信息系统、客观反映我国水情特点、全面系统地描述我国水治理状况的国家基础水信息平台。通过普查摸清了我国水利家底，填补了重大国情国力信息空白，完善了国家资源环境和基础设施基础信息体系。普查成果为客观评价我国水情及其演变形势，准确判断水利发展状况，科学分析江河湖泊开发治理和保护状况，客观评价中国的水问题，深入研究我国水安全保障程度等提供了翔实、深入的系统资料，为社会各界了解中国基本水情特点提供了丰富的信息，为完善治水方略、全面谋划水利改革发展、科学制定国民经济和社会发展规划、推进生态文明建设等方面提供了科学可靠的决策依据。

水利普查内容包括以下六大类：

（1）河流湖泊基本情况，包括数量、分布、自然和水文特征等。

（2）水利工程基本情况，包括数量、分布、工程特性和效益等。

（3）经济社会用水情况，包括人口、耕地、灌溉面积以及城乡居民生活和各行业用水量、水费等。

（4）河流湖泊治理和保护情况，包括治理达标状况、水源地和取水口监管、入河湖排污口及废污水排放量等。

（5）水土保持情况，包括水土流失、治理情况及其动态变化等。

（6）水利行业能力建设情况，包括各类水利机构的性质、从业人员、资产、财务和信息化状况等。

水利普查空间数据库建设采集超过 550 万个水利普查对象的空间信息，涉及 28 类对象，集成了近亿个对象的属性信息，形成了覆盖全国陆域范围的 250m、30m、5m 和 2.5m 共计 4 种分辨率正射影像。成果服务于全国近百万水利普查工作人员，降低了工作难度，提高了工作效率。通过对"3S"技术的综合运用，全面掌握我国所有流域面积 $50km^2$ 以上河流和水域面积 $1km^2$ 以上湖泊的空间特征，完成了传统办法无法完成的任务，对首次全面准确摸清我国河湖分布情况起到了决定性作用。

1.4.4.3　宁夏回族自治区水利数据中心

2012 年，宁夏回族自治区水利厅依据《水利数据中心建设指导意见》开展了宁夏水利信息资源规划与数据中心总体设计工作。宁夏回族自治区水利数据中心是全区水利系统信息化的集中枢纽，通过水利各类业务管理数据的集中采集、集中存储、集中管理和集中服务，一体化地解决水利信息系统的建设、运行和管理问题，一体化地解决信息资源整合与应用系统集成问题，为各级水行政主管部门的行业监管、业务指导、政务建设和公共服务能力建设提供技术保障和及时、准确和完整的信息综合服务。同时，作为国家水利数据中心的省级数据节点，经过优化、完善数据分布设置以及连接国家水利数据中心，逐步引进和充实新的数据资源[26]。

宁夏回族自治区水利数据中心基于"数字宁夏"地理空间框架，统一使用宁夏回族自治区国土资源厅提供的基础地图数据，设计水利专题图层，叠加到"数字宁夏"上，全区统一访问使用权，建立了覆盖宁夏回族自治区水利全业务统一的水利信息资源环境与共享交换体系，建设了支持全区水利系统和相关政府部门信息共享与业务协同的水利应用服务平台，构建了宁夏水利空间信息综合服务平台。宁夏回族自治区水利数据中心建设形成统一标准的开放性水利信息资源的服务窗口，为宁夏水利各类业务应用提供数据支撑，并作为水利行业内外查询获取水利基本信息的权威性途径、场所。经过优化、完善数据分布设置以及连接国家水利数据中心，逐步引进和充实新的数据资源，并作为国家水利数据中心的省级数据节点。同时，在统一平台上实现与自治区相关部门信息共享。

1.4.4.4　国家水资源监控能力建设

国家水资源监控能力建设项目于 2016 年 4 月启动建设，至 2018 年年底完成项目建设任务，2020 年 9 月完成总体试运行。经过水利部、各流域管理机构、各省（自治区、直辖市）及新疆生产建设兵团水利部门 8 年的共同努力，全国共建成 1.9 万个取用水户约 4.3 万个取用水在线监测站点，实现了监测总用水量 50% 的建设目标；共建成 630 个地表水饮用水水源地约 620 个水质在线监测站，实现了国家重要饮用水地表水水源地水质在线监测全覆盖；对 501 个重要省际河流省界断面进行水量在线监测，实现了预期的目标任务；在汉江、黑河、沂沭泗、漳河上游及漳卫南运河等二级流域建设了水资源监控和调配系统，进一步完善了水资源监控管理三级信息平台功能。通过两期项目建设，水资源监控能力显著加强，提高了水资源管理数据的真实性、完备性和有效性；水资源管理信息化水平大幅提升，提高了水资源管理业务的统一性、规范性和时效性；水资源管理支撑有效增强，提高了水资源决策的综合性、科学性和合理性。

1.4.4.5　全国水利一张图

全国水利一张图依托 2009 年开始的第一次全国水利普查前期工作同步启动，通过统筹多个水利信息化建设项目，从支撑环境、空间数据、地图服务、业务应用、安全体系和标准规范等多方面进行统一，于 2015 年 9 月 23 日在全国水利信息化工作会议上正式发布，并推广应用到各级水利部门各类水利业务工作中。为践行"水利工程补短板、水利行业强监管"水利改革发展总基调，落实"安全、实用"水利网信发展总要求，针对 2015 版系统存在的数据内容单一、定制化服务能力不足、信息更新不及时、地图表达效果欠佳等问题，围绕丰富数据、强化功能、深化应用、优化展现等方面，升级完成了全国水利一张图（2019 版），由水利部于 2019 年 12 月 18 日正式发布，进一步推动了水利信息资源整合共享、水利业务协同和智能应用。

全国水利一张图致力于打破数据壁垒，实现资源共享，构筑统一平台，开展大数据分析，赋能水利业务应用，加快智慧水利发展进程，将在落实"水利工程补短板、水利行业强监管"水利改革发展总基调、支撑水利业务协同与智能应用过程中发挥重要的作用。

1.4.4.6　国家山洪灾害调查评价

2013—2016 年，国家防汛抗旱总指挥部办公室组织全国 29 个省（自治区、直辖市）和新疆生产建设兵团、305 个地市和 2058 个县，全面系统深入地开展了山洪灾害调查评价工作。通过开展山洪灾害调查评价，调查了全国山丘区 157 万个村庄，进一步明确了山洪灾害防治区的范围、人员分布、社会经济和历史山洪灾害情况；基本查清了山丘区 53 万个小流域的基本特征和暴雨特性；分析了小流域暴雨洪水规律，对 16 万个重点沿河村落的防洪现状进行了评价，更加合理地确定了预警指标；具体划定了山洪灾害危险区，明确了转移路线和临时避险点，形成了全国统一的山洪灾害调查评价成果数据库[27]。

1.4.4.7　重点流域数字孪生

（1）山东省大汶河和沂沭河数字孪生流域试点。2023 年，山东省水利厅开展大汶河和沂沭河的数字孪生流域试点建设，通过数据底板融合了大汶河、沂沭河流域超 200TB 的多源异构数据，形成了统一的数据汇聚、治理、更新、共享机制，创建了"一码多态"的空间数据组织与表达方式，实现 37 类数据 352 个图层 2337 种以上属性信息的"全连接"，以及同一水利对象基础信息、空间信息、业务信息、监测信息等多源信息关联，实现业务数据的快速加载、高精度融合和实时呈现。在数据底板支撑下，通过开发具有"四预"功能的防洪联合调度辅助决策支持系统，实现洪水预报调度在数字场景中的动态交互、实时融合和仿真模拟，大力提升调度决策指挥的数字化、智能化、智慧化水平，为流域水利工程安全运行和优化调度提供超前、快速、精准的决策支持。

（2）南四湖水系数字孪生流域建设。水利部淮河水利委员会沂沭泗水利管理局，按照数字孪生流域建设技术要求，面向防洪"四预"需求，构建南四湖水系数字孪生流域，主要内容包括数据底板、模型平台、知识平台、防洪调度决策支持平台等。通过数据采集、汇集、质控、融合、存储、发布、管理等流程，建立了南四湖水系数字孪生流域和二级坝工程数字孪生工程数据底板，涵盖了防洪、水资源、工程调度、水政执法等多业务主题库，提出了一套"流动"数据底板构建机制和框架，基于实体对象关系模型，实现"一码多态"的空间数据组织与表达，识别同一水利对象在不同尺度下的不同形态，实现南四湖地形、二级坝实景和 BIM 模型的数据关联。基于南四湖数字孪生流域建设成果，以防洪调度决策支持平台为媒介，将郑州"7·20"暴雨过程移植到南四湖水系，调用模型平台，对 53 条入湖河道洪水过程、上下级湖入湖洪水过程进行预报，按照现状条件下进行河道、湖区水位、庄台、险工逐日步进式预警，根据防洪态势，通过二级坝、韩庄枢纽等工程调度，实现防洪目标的正向预演、反向预演，在预演基础上，根据知识平台推荐结果，形成工程调度建议和非工程措施方案[28]。

1.5 水利数据应用过程

水利行业数据管理和应用水平是伴随着信息化技术进步不断发展的,在不同阶段有着不同的需求和实现方式,数据资源管理的模式主要经历了数据库、数据中心(数据共享平台)和数字孪生水利三个阶段。

1.5.1 数据库阶段

水利信息化初期,水利系统围绕以"金水工程"为核心的业务和政务应用系统建设,实施了大量的信息化建设项目,主要包括国家防汛抗旱指挥系统、第一次全国水利普查、国家水资源管理系统、全国水土保持监测管理信息系统、中国农村水利管理信息系统、国家山洪灾害调查评价等项目。作为"金水工程"的龙头项目,国家防汛抗旱指挥系统一期建设完成了实时水雨情数据库、热带气旋数据库、防洪工程数据库、实时工情数据库、旱情数据库、历史大洪水库、历史洪水库、社会经济数据库、洪涝灾情统计数据库、地理空间库,配置了 Oracle 数据库管理系统,实现了所有数据库表结构的统一。

在数据库阶段各类信息化项目建设成果较为丰富,有良好的数据基础及项目实施基础,但由于业务系统各自规划设计、相互独立,业务系统中的数据也形成了一个个数据孤岛,无法互联互通、实现共享应用,后续业务应用面临重复建设、数据准确性差、信息利用率低、资源整合与共享难、业务协同难、综合分析难等问题。

1.5.2 数据中心(数据共享平台)阶段

随着数据仓库、数据资源管理、海量存储、光纤链路和共享平台等技术的高速发展和深入开发应用,建设数据中心的技术条件已经成熟可靠。而与此同时,水利部门自身对水利数据中心的内部需求日趋明确和迫切,建设管理与运行管理相应的保障环境也基本具备。水利部于 2009 年初发布了《关于印发水利数据中心建设指导意见和基本技术要求的通知》(水文〔2009〕192 号),并附《水利数据中心建设基本技术要求》。国家水利数据中心是实现全国水利基础信息的共享存储、集中交换和综合服务的重要信息基础设施,是实现水利信息资源综合开发和利用的基础,是水利信息化建设与发展的核心工程[29]。

《水利数据中心建设基本技术要求》明确了国家水利数据中心的总体技术思路、主要建设内容、基本技术要求和技术标准,对国家水利数据中心的总体框架、分级部署、数据组织与存储交换、服务与安全及事权划分等核心内容进行了系统阐述,如图 1.5-1 所示。

根据《水利数据中心建设基本技术要求》的指导意见和宁夏回族自治区自身水利信息化发展需求,2012 年,宁夏回族自治区水利厅筹划建立了宁夏回族自治区水利数据中心,其目标是建立覆盖宁夏回族自治区水利全业务统一的水利信息资源环境与共享交换体系,建设支持全区水利系统和相关政府部门信息共享与业务协同的水利应用服务平台,构建宁夏水利空间信息综合服务平台,形成统一标准的开放性水利信息资源的服务窗口,为宁夏

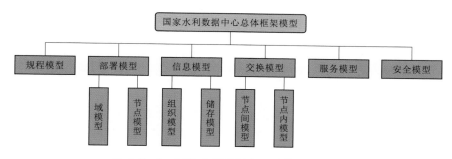

图 1.5-1 国家水利数据中心总体框架模型

水利各类业务应用提供数据支撑，并作为水利行业内外查询获取水利基本信息的权威性途径、场所。

建成后的数据中心是宁夏回族自治区水利系统信息化的集中枢纽，通过水利各类业务管理数据的集中采集、集中存储、集中管理和集中服务，一体化地解决水利信息系统的建设、运行和管理问题，一体化地解决信息资源整合与应用系统集成问题，为各级水行政主管部门的行业监管、业务指导、政务建设和公共服务能力建设提供技术保障和及时、准确和完整的信息综合服务。同时，作为国家水利数据中心的省级数据节点，经过优化、完善数据分布设置以及连接国家水利数据中心，逐步引进和充实新的数据资源。宁夏回族自治区水利数据中心逻辑架构如图 1.5-2 所示。

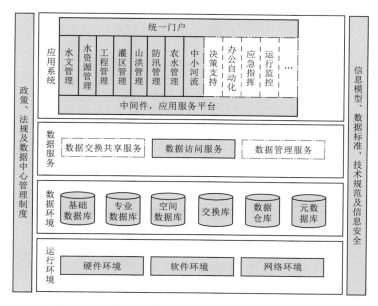

图 1.5-2 宁夏回族自治区水利数据中心逻辑架构图

1.5.3 数字孪生水利阶段

2021 年 4 月，水利部高位推动智慧水利建设总体设计，明确提出了数字化、网络化、智能化建设目标，阐释了智慧水利建设中数字孪生流域的定位和作用，构建了"2＋N"

智慧水利业务体系，提出了智慧水利业务的"四预"功能，并对任务分工和保障措施提出了具体要求。2021 年 6 月 28 日，水利部党组召开"三对标、一规划"专项行动总结大会，提出要推进智慧水利建设，按照"需求牵引、应用至上、数字赋能、提升能力"要求，以数字化、网络化、智能化为主线，构建数字孪生流域，开展智慧化模拟，支撑精准化决策，全面推进算据、算法、算力建设，加快构建具有"四预"功能的智慧水利体系，至此，"数字孪生流域"首次正式被提出。数字孪生流域是以物理流域为单元、时空数据为底座、水利模型为核心、水利知识为驱动，对物理流域全要素和水利治理管理活动全过程进行数字映射、智能模拟、前瞻预演，与物理流域同步仿真运行、虚实交互、迭代优化，实现对物理流域的实时监控、发现问题、优化调度的新型基础设施[30-31]。

数据底板汇聚水利信息网传输的各类数据，为智慧水利提供"算据"，包括基础数据、监测数据、业务管理数据、跨行业共享数据、地理空间数据以及多维多时空尺度数据模型。数据底板主要是在全国水利一张图基础上扩展升级，为各级水利部门提供统一的时空数据基础，细分为三级数据底板，智慧水利总体框架如图 1.5 - 3 所示。

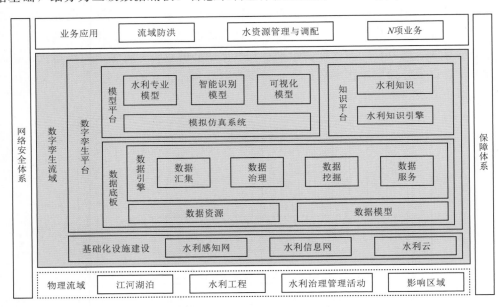

图 1.5 - 3 智慧水利总体框架

依据《数字孪生流域建设技术大纲（试行）》要求，数据底板应在水利一张图基础上升级扩展，完善数据类型、数据范围、数据质量，优化数据融合、分析计算等功能，主要包括数据资源、数据模型和数据引擎[32]。

1. 数据资源

数据资源主要包括基础数据、监测数据、业务管理数据、跨行业共享数据、地理空间数据等内容。其中，基础数据包括流域、河流、湖泊、水利工程等水利对象的主要属性和空间数据；监测数据包括水文、水资源、水生态环境、水灾害、水利工程、水土保持等水利业务的监测数据；业务管理数据包括流域防洪、水资源管理与调配等"2＋N"业务应用数据；跨行业共享数据包括需从其他行业部门共享的经济社会、土地利用、生态环境、气象、遥感等相关数据；地理空间数据主要包括数字正射影像图（Digital Orthophoto Map，DOM）、数字高程模型（Digital Elevation Model，DEM）/数字表面模型（Digital Switch Module，DSM）、倾斜摄影影像/激光点云、水下地形、建筑信息模型（Building Information Modeling，BIM）等数据。地理空间数据按照数据精度和建设范围分为 L1、L2、L3 共三级：L1 级是进行数字孪生流域中低精度面上建模，主要包括全国范围的 DOM 和 DEM/DSM 等数据；L2 级是进行数字孪生流域重点区域精细建模，主要包括重点区域的高分辨率 DOM、高精度 DEM/DSM、倾斜摄影影像/激光点云、水下地形等数据；L3 级是进行数字孪生流域重要实体场景建模，主要包括重要水利工程相关范围的高分辨率 DOM、高精度 DEM、倾斜摄影影像/激光点云、水下地形、BIM 等数据。

2. 数据模型

数据模型包括水利数据模型和水利网格模型。水利数据模型是面向水利业务应用多目标、多层次复杂需求，构建的完整描述水利对象的空间特征、业务特征、关系特征和时间特征一体化组织的数据模型。水利网格模型是根据行政区划、自然流域、水资源功能区和数值计算等需求构建的网格化管理模型，用于实现流域防洪、水资源管理与调配等水利业务的网格化联动。

3. 数据引擎

数据引擎主要包括数据汇聚、数据治理、数据挖掘和数据服务等内容。

（1）数据汇聚。数据汇聚通过构建涵盖业务数据汇集、视频级联集控、遥感接收处理等数据管理的平台化能力，为模型平台和知识平台提供数据支撑。业务数据汇集实现汇集主要业务数据资源的统一管控，满足汇集重要业务数据的需求。视频级联集控实现跨层级水利视频联网，并与现有水利视频会议系统互联互通支持多级应用。各级应接入本级所辖水利视频资源，推进接入其他部门共享视频。遥感接收处理在现有卫星遥感数据统一管理基础上完善，提供数据级和产品级服务，各级水利业务应用可根据实际需求开展数据的加工和应用。

（2）数据治理。数据治理对汇集后的多源数据进行统一清洗和管理，提升数据的规范性、一致性、可用性，避免数据冗余和冲突，包括数据模型管理、数据血缘关系建立、数据清洗融合、数据质量管理、数据开发管理、元数据管理等。

（3）数据挖掘。数据挖掘运用统计学、机器学习、模式识别等方法从数据资源中发现物理流域全要素之间存在的关系、水利治理管理活动全过程的规律，通过图形、图像、地图、动画等方式展现，包括描述性、诊断性、预测性和因果性分析等。

（4）数据服务。数据服务依托国家和水利行业已有的数据共享交换平台，实现各类数据在各级水行政主管部门之间的上报、下发与同步，以及与其他行业之间的共享，包括地图服务、数据资源目录服务、数据共享服务和数据管控服务等。

第2章

数据资源现状

随着遥感、物联网等数据采集技术的快速进步，数据资源不断积累。水利业务既需要系统内部采集和积累的数据，也需要共享外部的社会经济、人类活动、自然条件等数据。本章尽可能全面收集了广泛认可的比较成熟的国内外卫星遥感、水利专题、土地利用、水文气象、社会经济等公开共享数据信息，并对各类数据的质量、适用性等进行简要评价。随着水利信息化的发展，尤其是防汛指挥系统、水资源监控能力建设、第一次全国水利普查等标志性重点项目的建设，极大地丰富了水利行业数据，为当前智慧水利建设提供了很好的基础，为水利行业高质量发展提供了必要条件。本章系统梳理近年来水利行业形成的全国性的数据集（源），尽量详细介绍数据基本信息，同时，结合数字孪生流域建设案例，以大汶河流域为例，介绍流域尺度数据资源情况。

2.1 国内外公开共享数据

2.1.1 卫星遥感数据

遥感技术，特别是航天遥感的问世，标志着地学信息获取、处理和分析方法开始了一场革命[23]。我国遥感事业始于 20 世纪 70 年代，可分为四个阶段：第一阶段是起步阶段，以学术探讨、调研学习、技术模仿和组织队伍为主，1998 年的"腾冲航空遥感综合试验"可作为标志性事件；第二阶段从"六五"规划开始，为发展阶段，主要是遥感的基础和应用研究技术发展；第三阶段从 20 世纪 90 年代起，是实用化阶段，在地质、水利、石油等部门开始了实际应用；第四阶段从 2010 年开始，是高速发展阶段，以高分遥感项目的开展和无人机的广泛应用为标志，在传感器方面迅速缩短了与国际先进水平的差距，定量化和业务化运行的开展使遥感应用进入了崭新的时代。水利遥感发展的总的步伐与此是基本一致的，与水利现代化，尤其是水利信息化的发展也是同步前行的[34]。

1. LANDSAT 系列卫星遥感数据

LANDSAT 卫星是由美国国家航空航天局（NASA）和美国地质调查局（United States Geological Survey，USGS）合作运行的一组卫星。自 1972 年以来，已经发射了多颗 LANDSAT 卫星。这些卫星携带多光谱传感器，可提供高分辨率的地球观测图像。LANDSAT 卫星数据广泛用于土地利用、环境监测、农业、水资源管理等领域的研究和应用[35]。

2. SPOT 系列卫星遥感数据

SPOT 卫星是由法国国家空间研究中心（Centre National d'études Spatiales，CNES）开发和运营的一组卫星。SPOT 卫星具有高分辨率和广谱的观测能力，可提供可见光和红外图像。这些卫星广泛用于地理信息系统（GIS）、土地规划、城市发展、环境监测等领域。

3. MODIS 卫星遥感数据

MODIS 是由 NASA 的地球观测系统（Earth Observation System，EOS）计划下的一对卫星携带的遥感传感器。这些卫星提供了中等分辨率的观测数据，涵盖可见光、红外和热红外波段。MODIS 卫星广泛用于监测全球气候变化、陆地覆盖、植被生态、大气污染等。

4. NOAA 系列卫星遥感数据

NOAA 卫星是由美国国家海洋和大气管理局（National Oceanic and Atmospheric Administration，NOAA）运行的一组卫星。这些卫星主要用于气象观测和预报。它们携带多个传感器，包括红外传感器和微波辐射计，用于收集大气和海洋数据，以提供准确的气象预报和气候分析。

5. 资源三号（ZY-3）卫星遥感数据

资源三号（ZY-3）卫星是我国第一颗自主的民用高分辨率立体测绘卫星，通过立体观测，可测制 1∶5 万比例尺地形图，它携带多光谱和全色传感器，具有高空间分辨率和广覆盖能力，为土地资源、城市规划、环境监测、农业、林业等领域提供服务。

6. 哨兵系列卫星遥感数据

哨兵 1 号（Sentinel-1）卫星于 2014 年 4 月发射，是全球环境和安全监测计划（Global Monitoring for Environment and Security，GMES）中的地球观测卫星，由两颗卫星组成，载有 C 波段合成孔径雷达，可提供全天时、全天候雷达成像服务，用于陆地和海洋观测。哨兵-2A 与哨兵-2B 发射晚，技术先进，在可见光以及近红外波段能达到 10m 左右的分辨率，且覆盖的波段有 12 个，是极其优质的数据。哨兵系列能够提供高清的、多波段的数据，且兼有主动与被动遥感图像，10m 分辨率可以满足大部分遥感领域定量分析应用。

7. 夜光遥感数据

夜光遥感数据主要用来研究社会经济动态变化及城市化规律[36]。目前，在全球范围内频繁获取夜光遥感影像的卫星传感器有两类：一类是美国军事气象卫星计划（Defence Meteorological Satellite Program，DMSP）搭载的线性扫描业务系统（Operational Linescan System，OLS），其空间分辨率为 2.7km；另一类是极地环境业务卫星（SNPP）搭载的可见红外成像辐射仪（Visible Infrared Lmaging Radiometer Suit，VIIRS），其空间分辨率为 740m。这两类传感器的设计初衷是捕捉夜间云层反射的微弱月光，而当处于无云天气条件下时，遥感传感器可以较为准确地记录下城镇、油气井、渔船等地表发光。美国国家海洋和大气管理局（NOAA）Christopher Elvidge 博士领导的研究小组从 2011 年开始逐步公布了 1992—2013 年的 DM SP/OLS 年平均夜光遥感影像，导致夜光遥感研究出现了暴发态势，但较为遗憾的是，NOAA 目前已经停止更新该数据集。SNPP 卫星发射于 2011 年年底，可以较为精确地获取每日的夜光影像，通过一系列的辐射处理，NOAA 发布了 2012 年至今的 VIIRS 月平均夜光遥感影像，并在持续更新中。

2.1.2 水利专题数据

2.1.2.1 河流水系专题

HydroSHEDS（Hydrological data and maps based on Shuttle Elevation Derivatives at multiple Scales）提供了一套多尺度的水文数据集（矢量和栅格），其数据产品分为三类：核心产品（高程、流向和流量累积的网格图）、次级产品（含属性的汇水区、河流和湖泊的衍生矢量图）和相关产品（共同注册的产品）。主要包括以下几个栏目：HydroSHEDS（水文网格数据集）、HydroBASINS（分水岭、流域数据）、HydroRIVERS（河流数据）、

HydroLAKES（湖泊数据）、HydroATLAS（水文环境数据）、HydroWASTE（排污点数据）、GloRiC（河流分级数据）、HydroFALLS（瀑布数据）[37]。

HydroSHEDS 基于 2000 年美国国家航空航天局航天飞机雷达地形任务（Shuttle Radar Topography Mission，SRTM）获得 90m 分辨率高程数据。此外，HydroSHEDS v2 已发布，其使用 12m 分辨率的 TanDEM‑X 数据并覆盖全球。HydroSHEDS v2 对 HydroSHEDS v1 进行改进并提高数据质量，尤其在北纬 60°以上范围地区。

HydroRIVERS 为全球所有河流的矢量化网络数据，河流的流域面积至少为 $10km^2$ 或平均河流流量至少为 $0.1m^3/s$。HydroRIVERS 以 $15''$ 的分辨率从网格化的 HydroSHEDS 核心数据层提取。其全球覆盖范围包括 850 万条平均长度为 4.2km 的独立河流。HydroRIVERS 还包括河流属性信息，如河流河段长度、河源至海洋出口的距离、河流顺序以及长期平均流量估计等。

2.1.2.2 水旱灾害数据

1. 全球灾害数据库

1988 年，灾害流行病学研究中心（Centre for Research on the Epidemiology of Disasters，CRED）启动了紧急事件数据库（Emergency Event Database，EM‑DAT），EM‑DAT 是在世界卫生组织（World Health Organization，WHO）和比利时政府的最初支持下创建的。自 1988 年以来，EM‑DAT 是一个关于自然和技术灾害的全球数据库，其中载有从 1900 年至今世界上 26000 多场灾害的发生和影响的基本数据。该数据库由各种来源汇编而成，包括联合国、非政府组织、再保险公司、研究机构和新闻机构。EM‑DAT 现在由位于比利时布鲁塞尔的卢万大学公共卫生学院灾害流行病学研究中心维护。

EM‑DAT 包括国家层面关于灾害的地理、时间、人力和经济信息，因此能够为灾害情况下的脆弱性评估和合理决策提供客观依据。例如，它帮助决策者确定在特定国家最常见且对特定人口具有重大历史影响的灾害类型。EM‑DAT 除了提供关于灾害对人类的影响的信息，如死亡、受伤或受影响的人数外，还提供与灾害有关的经济损失估计和针对灾害的国际援助捐款。

可以通过 EM‑DAT 网站的数据库部分查阅数据。数据库部分由六个动态搜索工具（国家和灾害概况、灾难列表、高级搜索、参考地图、灾害趋势）组成。所有在线生成的表格和地图均可直接下载。但是，只能通过数据请求程序访问原始数据。

2. 国家级水旱灾害数据

我国水利部门每年发布一版《中国水旱灾害公报》，记录主要洪涝灾害及旱灾发生过程，年度受灾人口、死亡人口及经济损失情况，在农业、交通、水利设施等方面的受灾影响情况，包括农作物损失、水利工程损毁、交通中断、饮水困难等情况。针对当年灾情特点和灾害防御工作及成效进行总结，统计分析 1950 年以来的多年灾害影响情况，可用于了解和分析我国水旱灾害发生的频率、集中区域、影响损失、多年变化等情况。

2.1.2.3 水利工程数据

1. 水库大坝数据

全球大坝数据库（Global Dam Watch）站点提供有关全球和区域范围内大坝和水库

数据集的位置和特征的信息。其包括 3 个核心数据集。

（1）全球大坝地理参考数据库（The Global Georeferenced Database of Dams，GOODD）包含了全球范围内谷歌地球卫星图像上可见的所有大坝，目前有 38660 个大坝的地理空间坐标[38]。

（2）全球水库和大坝数据库（Global Reservoir and Dam database，GRanD）包含了 7320 个高度超过 15m 或水库蓄水量超过 $0.1km^3$ 的大坝的位置和属性数据[39]。

（3）未来的水电站水库和大坝（Future Hydropower Reservoirs and Dams，FHReD），包含了 3700 座正在建造或处于高级规划阶段的大坝的地图[40]。

2. 堤防数据

2006 年美国陆军工程兵团（United States Army Corps of Engineers，USACE）开发了包含堤防基础数据的美国堤防数据库（National Levee Database，NLD），为堤防安全决策提供数据资源。

英国基于 Microsoft Access 和 ArcGIS 构建了泰晤士河口防洪数据库，用于存储和维护与伦敦泰晤士河口沿河堤防相关的所有数据，实现了对结构化数据与图形文档的管理与共享。

法国大约有 9000km 的堤防，2004 年法国国家环境与农业科技研究院（National Research Institute of Science and Technology for the Environment and Agriculture，IRSTEA）基于 Microsoft Access 和 ArcView 开发了法国堤防数据库 SIRS Digues1.0 版，实现了对超过 1000km 堤防结构化数据以及图形文件的存储与管理。

2.1.3　土地利用数据

1. 全球地理信息公共产品（GlobeLand30）数据

GlobeLand30 数据集是中国国家高技术研究发展计划（"863"计划）全球地表覆盖遥感制图与关键技术研究项目的重要成果，也是中国向联合国提供的首个全球地理信息公共产品，被国际同行专家誉为"对地观测与地理信息开放共享的里程碑"，是目前数据质量最好的土地覆盖数据。

该数据集包含十个主要的地表覆盖类型，分别是耕地、森林、草地、灌木地、湿地、水体、苔原、人造地表、裸地、冰川和永久积雪，第三方评价总体精度为 83.50%。

2. 全球土地调查（Global Land Survey）数据

在 30m 的分辨率下，全球土地调查数据被评为最好的土地覆盖数据之一，由马里兰大学与美国地质调查局合作绘制，数据源为 Landsat 7 ETM＋。该数据最大的特点是，将树木覆盖树冠以每个输出网格单元的百分比来描述，可用于衡量 2000—2012 年的全球森林范围、损失和增加面积。

3. Esri 全球 10m 土地覆盖（Esri Land Cover 10m）数据

该数据，利用欧洲航天局（European Space Agency，ESA）的 Sentinel - 2 卫星影像绘制而成。数据时间跨度为 2017—2021 年，数据坐标投影为 UTM（WGS84），数据范围覆盖全球，数据量超 60GB，数据包含水域、树木、草地、水淹植被、农作物、灌木、建筑面积、裸地、冰川及永久积雪和云层，数据格式为 TIFF 格式。

4. 气候变化倡议土地覆盖 v2（Climate Change Initiative Land Cover v2）数据

该数据包含了 3 个时序（1998 年 2 月、2003 年 7 月和 2008 年 12 月）下的土地覆盖图。按面积比例计算，23 类土地覆盖图的准确率达 73%。此外，欧洲航天局创建了 ESA/CCI 土地覆盖查看器以在线查看该图。

5. 哥白尼全球土地覆盖（Copernicus Global Land Cover）数据

该数据提供 100m 空间分辨率的全球土地覆盖图，可针对用途（例如森林监测、作物监测、生物多样性和保护、监测非洲的环境和安全、气候建模等）进行定制。

土地覆盖图（v3.0.1）时空覆盖面为 2015—2019 年期间全球范围，源自 PROBA－V 100m 时间序列、高质量土地覆盖训练站点和几个辅助数据集的数据库，Level1 的准确度为 80%，从 2020 年开始使用 Sentinel 时间序列提供年度更新。

6. 500m 分辨率 MODIS 土地覆盖（MCD12Q1 0.5km MODIS－based Global Land Cover Climatology）数据

该数据产品提供 2001—2020 年的年度全球土地覆盖数据，MODIS Terra＋Aqua 组合土地覆盖产品包含五种不同的土地覆盖分类方案，通过监督决策树分类方法得出。主要土地覆盖方案确定了 IGBP 土地利用分类方案定义的 17 个类别，包括 11 个自然植被类别、3 个人类改变类别和 3 个非植被类别。

产品包括标记季节性周期的植被生长、成熟和衰老时间层。从 7 月至次年 6 月，和 1 月至 12 月这两个 12 个月的重点期，每年提供两次植被物候估计值，考虑到生长季节的半球差异，并在必要时使产品能够捕获两个生长周期。

7. USGS－全球土地覆盖特征（Global Land Cover Characterization）数据

该数据基于 NOAA 卫星搭载的 AVHRR 传感器获取的 1km 分辨率数据集，采用无监督图像分类方法，提供为期一年（1992—1993 年）的土地覆盖特征数据。根据土地占用面积计算，该数据的准确率达到 66.9%。当观察者无法将像素验证为"真实"覆盖时，准确性甚至更高，达到 78.7%，可用于环境建模应用。

8. 联合国粮食及农业组织全球土地覆盖网络（FAO Global Land Cover Network）数据

该数据由联合国粮食及农业组织（Food and Agriculture Organization of the united Nations，FAO）土地和水资源司与各机构合作创建，空间分辨率约为 1km²。按照今天的标准，它比 1km 网格单元更清晰一些，在 1087 个验证站点上的准确率约为 80%。

该数据提供了一组 11 个主要主题土地覆盖层，每个层代表特定土地覆盖类别中 1km 像素的比例。11 个汇总的土地覆盖类别是：人工地表（01）、农田（02）、草地（03）、树木覆盖区域（04）、灌木覆盖区域（05）、草本植被、水生或经常淹水（06）、红树林（07）、稀疏植被（08）、裸土（09）、雪和冰川（10）和水体（11）。

9. MODIS 土地覆盖分类产品（Land Cover Type Yearly L3 Global 0.05Deg CMG）数据

该数据包含描述土地覆盖特性的多种分类方案。土地覆盖主要确定了国际地圈-生物圈计划（IGBP）定义的 17 类土地覆盖，其中包括 11 个自然植被类、3 个已开发土地类和 3 个非植被类。MOD12 分类方案是描述一年中观察到的土地覆盖特性的多时间类（12 个月的输入数据）。随着分类技术和培训站点数据库的成熟，这种"年度"产品每季度的连续生产创建了精度不断提高的新土地覆盖图。

2.1.4　水文气象数据

1. 美国国家海洋和大气管理局气象数据

美国国家海洋和大气管理局（NOAA）提供了一系列的气象数据集，如全球历史气候网格数据集（Global Historical Climatology Network，GHCN）就集包含全球各地的气温、降水、风速等多个变量。

2. 大气再分析数据集

大气再分析数据集（ECMWF Reanalysis 5th-Generation，ERA5）是欧洲中期天气预报中心（European Centre for Medium-Range Weather Forecasts，ECMWF）对 1950 年 1 月至今全球气候的第五代大气再分析数据集。ERA5 由 ECMWF 的哥白尼气候变化服务（Copernicus Climate Change Service，C3S）生产。ERA5 提供了大量大气、陆地和海洋气候变量的每小时估计值，这些数据包括在降低空间和时间分辨率时所有变量的不确定性信息。

ERA5 将模型数据与来自世界各地的观测数据结合起来，形成一个全球完整的、一致的数据集。其中 ERA5 DAILY 提供每天 7 个 ERA5 气候再分析参数的汇总值：2m 空气温度、2m 露点温度、总降水量、平均海平面气压、表面气压、10m 的经度方向上的风分量和 10m 的纬度方向上的风分量。此外，根据每小时的 2m 空气温度数据计算出 2m 处的每日最低和最高空气温度。

3. 气候研究单位网格时间序列数据

气候研究单位网格时间序列（Climatic Research Unit gridded Time Series，CRU TS）数据是目前使用最广泛的气候数据集之一，由英国国家大气科学中心（National Centre for Atmospheric Science，NCAS）制作。CRU TS 提供全球 1901—2020 年覆盖陆地表面的 0.5°分辨率的月度数据。该数据集拥有基于近地表测量的 10 套数据，分别是：温度（平均值、最小值、最大值和昼夜温差）、降水量（总量、雨天数）、湿度（如蒸气压）、霜天数、云量和潜在的蒸腾作用。

2.1.5　社会经济数据

1. 人口网格数据

表 2.1-1 列出了主要的人口网格数据来源。

表 2.1-1　　　　　　　　　主要的人口网格数据来源

名称	来源（制作机构）	分辨率	一般评价
GPW	美国加州大学圣芭芭拉分校	30′	未考虑影响人口分布的环境因素，只是直接进行矢量数据的栅格化
LandScan	美国能源部橡树岭国家实验室	30′	基于地理位置，具有分布模型和最佳分辨率的全球人口动态统计分析数据库

续表

名称	来源（制作机构）	分辨率	一　般　评　价
UNEP/GRID	联合国环境计划署	5km	联合国环境计划署支持，美国 Sioux Falll 中心提供
G-ECON	美国耶鲁大学	100km	分辨率粗，包括全球各国空间化经济数据
WorldPop	英国南安普敦大学	100m	与住户调查、微观数据、卫星数据等综合集成，包括人口统计估计值、出生、怀孕、贫困、城市增长等信息
AfriPop、AsiaPop、AmeriPop	美国佛罗里达大学地理系和新型病毒原研究所	100m	主要是为欠发达地区提供高分辨和高精度的人口空间化信息
中国公里格网人口数据集	中国科学院资源与科学数据中心	1km	该数据集考虑人口-自然要素的地理分异规律，是目前国内唯一一套全国尺度、多期的人口栅格数据

注　引自中国科学院胡云锋老师"自然资源研究方法与技术"课程的教学 PPT。

（1）GPW 世界栅格人口数据库。由 NASA 的社会经济数据和应用中心（Socioeconomic Data and Applications Center，SEDAC）发布网格化世界人口数据，包括年龄、教育、密度等特征属性。由人口普查和行政单位的人口比例分配到每个网格单元。人口数输入数据是根据2005—2014 年期间进行的 2010 年的人口普查结果按照最详细的空间分辨率进行采集。普查数据经过推断，可得出每个模拟年份的人口估计数。此数据集包含每个网格单元的人口估计密度，这与国家人口普查和登记一致。

（2）LandScan 人口数据集。LandScan 平台是由美国能源部橡树岭国家实验室（Oak Ridge National Laboratory，ORNL）开发和维护的一种全球人口分布数据系统。该系统生成的人口分布数据以栅格形式呈现，每个网格的分辨率大约为 1km×1km，能够反映出该范围内（即每一个网格）的人口密度。因此，LandScan 是全球最好的人口动态统计分析数据集之一，甚至可以获取 24h 内的平均人口分布状况。此外，LandScan 还采用了空间数据和图像分析以及多变量 dasymetric 建模方法来分解行政边界内的人口普查计数，其数据特点如下：

1）每年更新一次。

2）LandScan 最早于 1998 年推出，2000 年之后每年更新一次。

3）数据基础：各国次一级行政区（省、州）人口普查数据。

4）考虑因素：坡度、道路、土地覆盖类型、夜间灯光、城市密度。

5）特色：强调了遥感因素、GIS 的综合集成、差异化的空间模型。

（3）GRID 全球资源信息数据库。其数据特点如下：

1）分洲提供：非洲（1960 年、1980 年、1990 年）、亚洲（1995 年）、拉丁美洲（1960 年、1970 年、1980 年、1990 年、2000 年）。

2）模型：人口潜能（两个相邻城镇人口数的函数）。

3）考虑因素：公路、铁路、水路、城市中心。

4）特色：道路网络的实际距离，而非两点间的直线距离；使用了内陆水体、保护区、高程等数据修正。

（4）G-ECON 经济人口数据集。其数据特点如下：

1）1°分辨率，约为 100km。与大多数国家的二级政治实体（如美国各州）大致相同。

2）时间：1990 年、1995 年、2000 年和 2005 年。

3）将经济数据与气候、物理属性、位置指标、人口相结合。

4）最近几年似乎没有再更新了。

（5）WorldPop 人口数据集。其数据特点如下：

1）英国南安普敦大学研制。

2）超高分辨率，100m。

3）与住户调查、微观数据、卫星数据等多源数据综合集成后生成。

4）包含人口统计估计值、出生、怀孕、贫困、城市增长等信息。

5）2000—2020 年。

（6）中国公里格网人口数据库。

该数据集是在全国分县 GDP 统计数据的基础上，考虑与人类活动密切相关的土地利用类型、夜间灯光亮度、居民点密度数据与 GDP 的空间互动规律，通过空间插值生成的 1km×1km 空间格网数据。数据包括 1995 年、2000 年、2005 年、2010 年、2015 年和 2019 年 6 期。

2. 经济数据

（1）世界银行数据。世界银行数据覆盖全球，包含人口、经济、教育、环境、健康等丰富内容，数据采集时间长，数据样本量大，可以观察随时间变化的趋势。

（2）MBS（Monthly Bulletin of Statistics Online）数据。MBS 在线统计月报提供世界上 200 多个国家的当前经济和社会统计数据，包含有 12 个主题的月度、季度和年度数据表，说明重要的经济趋势和发展，包括人口、价格指数、运输和国际商品贸易等。月报内容是联合国统计司和国际统计部门从各国官方来源获得的。

（3）联合国粮食及农业组织统计数据库（FAOSTAT）宏观数据库。联合国粮食及农业组织宏观数据库是一个在线数据库。目前保存了来自 210 多个国家的 300 万个时间数列和横截面数据，内容包括农业、营养、渔业、林业、粮食、土地利用和人口。FAOSTAT 家庭是个数据包，含有 9 个数据库，主页顶端功能栏列有生产、贸易、供给使用账户/粮食平衡表、粮食安全、价格、原料投入、林业、渔业等内容。

2.2　水利系统数据积累

2.2.1　全国性数据资源

全国性数据资源主要包括河流、流域、水利工程等水利对象的基本属性和空间数据。数据来源主要有第一次全国水利普查数据、山洪灾害调查评价数据、小流域数据、洪水风险图数据、水旱灾害风险普查数据以及全国水利一张图数据。

1. 第一次全国水利普查数据

第一次全国水利普查数据采集时点为2011年12月，涉及河流湖泊、水利工程、经济社会用水、河湖开发治理保护、水土保持、水利行业能力建设等6个方面，以及灌区和地下水2个专项普查。成果包括34类水利普查对象以及318个指标项。

具有明显的空间分布特征且需要空间数据采集的水利普查对象包括水文站和水位站、水库工程、水闸工程、泵站工程、堤防工程、水电站工程、引调水工程、农村供水工程、组合工程、渠道、灌区、地下水取水井、公共供水企业、规模以上用水户、规模化畜禽养殖场、河湖取水口、地表水水源地、入河湖排污口、水功能区划、淤地坝、土壤侵蚀分类分级、侵蚀沟道、水利行业单位，见表2.2-1。

表 2.2-1　　　　　　　　　　水利普查空间数据对象列表

普查主题	序号	普查对象类别	对象类型	执行层级
河流湖泊	1	面积为50km² 及以上的流域单元与河流	面/线	省级
	2	面积大于1km² 的湖泊	面	省级
	3	水文站和水位站	点	省级
水利工程	4	水库工程	线/面	县级
	5	水闸工程	线	县级
	6	泵站工程	点	县级
	7	堤防工程	线	县级
	8	水电站工程	点	县级
	9	引调水工程	线	县级
	10	农村供水工程	点	县级
	11	组合工程	点	县级
	12	渠道	线	县级
	13	灌区	面	县级
	14	地下水取水井	点	县级
经济社会用水	15	公共供水企业	点	县级
	16	规模以上用水户	点	县级
	17	规模化畜禽养殖场	点	县级
河湖开发治理保护	18	河湖取水口	点	县级
	19	地表水水源地	点/线	县级
	20	入河湖排污口	点	县级
	21	水功能区划	线	省级
	22	水资源分区	面	省级
水土保持	23	淤地坝	线	县级
	24	土壤侵蚀分类分级	面	省级
	25	侵蚀沟道	线	省级
水利行业能力建设	26	水利行业单位	点	县级

2. 山洪灾害调查评价数据

全国山洪灾害调查评价成果建成于 2017 年，数据类型涉及行政区划、防治区、涉水工程、监测预警设施、历史山洪灾害、水文气象以及文档报告。

山洪灾害防御空间数据主要有栅格数据和矢量数据两种形式。其中栅格数据主要包括全国范围的 2.5m 分辨率数字正射影像数据与数字高程影像图，这些数据以镶嵌数据集（Mosaic Dataset）的方式存储在 File Geodatabase 中；栅格数据之外的基础地理、流域水系、河道断面、监测预警设施设备、涉水工程、水文气象、历史山洪灾害、土地利用和植被类型数据、土壤类型和土壤质地类型数据等各类矢量数据以要素类（Feature Class）形式按不同要素集（Feature Dataset）存储在 ArcSDE Geodatabase 中，总计 52 个图层（表2.2－2），其中，山洪灾害防御专题数据 23 个，约 4576 万个空间对象。

表 2.2－2　　　　　　　　山洪灾害空间数据库图层信息表

序号	类　　别	图层名称	图层标识	要素类型
1	交通	线状铁路	LRRL	线
2		线状道路	LRDL	线
3		线状道路附属设施	LFCL	线
4		点状道路附属设施	LFCP	线
5	境界与政区	行政境界点	BOUP	点
6		行政境界线	BOUL	线
7	地名及注记	居民地	AGNP	面
8		自然地名点	AANP	点
9	水系	面状水系	HYDA	面
10		线状水系	HYDL	线
11		点状水系	HYDP	点
12		面状水系附属设施	HFCA	面
13		线状水系附属设施	HFCL	线
14		点状水系附属设施	HFCP	点
15	地貌	地貌与土质（面）	TERA	面
16		地貌（线）	TERL	线
17		地貌（点）	TERP	点
18		土地利用与植被类型	USLUM	面
19		土壤类型与土壤质地类型	SLTA	面
20	小流域	小流域面	WATA	面
21		小流域界	WATL	线
22		小流域河段	RIVL	线
23		小流域最长汇流路径	MXRV	线
24		小流域出口节点	NODE	点
25		小流域河段出口断面	RVDM	面

续表

序号	类　　别	图层名称	图层标识	要素类型
26	逐级合并小流域Ⅰ	逐级合并小流域Ⅰ流域面	WSWA	面
27		逐级合并小流域Ⅰ流域线	WSWL	线
28		逐级合并小流域Ⅰ河段	WSRL	线
29		逐级合并小流域Ⅰ最长汇流路径	WSML	线
30	山洪灾害防御专题	行政区划图层	TABZQ	面
31		居民居住地轮廓图层	FZCLK	面
32		企事业单位图层	BSNSSINFO	点
33		危险区图层	DANAD	面
34		安置点图层	PLACEMENT	点
35		转移路线图层	TRANSFER	线
36		历史山洪灾害图层	HSFWATER	点
37		需防洪治理山洪沟图层	GULLY	线
38		自动监测站图层	STINFO	点
39		无线预警广播站图层	WBRINFO	点
40		简易雨量站图层	SRSTINFO	点
41		简易水位站图层	SWSTINFO	点
42		塘（堰）坝工程图层	DAMINFO	点
43		路涵工程图层	CULVERT	点
44		桥梁工程图层	BRIDGE	点
45		水库工程图层	RESERVOIR	面
46		水闸工程图层	SLUICE	点
47		堤防工程图层	DIKE	线
48		重点沿河村落居民户图层	FLRVVLG	点
49		重要城（集）镇居民户图层	DTRESIDENT	点
50		沟道横断面图层	HSURFACE	线
51		沟道纵断面图层	VSURFACE	线
52		历史洪痕测量点图层	FLOODMARK	点

3．小流域数据

全国小流域划分及基础属性提取是山洪灾害防御的一项基础性工作。小流域划分采用国家基础地理信息中心提供的1∶5万DEM和DLG数据，结合水文监测站点和水利工程数据，以及高分辨率的影像数据、土地利用和植被类型、土壤质地类型数据和行政区划，在《中国河流代码》（SL 249—2012）（约4500条河流）的基础上，按10～50km²集水面积，划分了小流域，建立小流域界、面、河段、最长汇流路径、节点等矢量图层，分析提取小流域基本属性信息和下垫面坡面糙率和下渗特性，分析计算小流域标准化单位线，构建小流域基础属性信息数据库，对划分的小流域、河段等进行统一编码，建立了全国统一完整的水系、流域拓扑关系。

小流域划分及基础属性提取得到流域水系成果主要包括七大流域片、60 个水系、291 条主要干流、12500 条主要河流、37169 条小河流、162946 条沟道、约 300 万条 0.5km² 以上细沟，53 万个小流域的基础信息。其中，矢量图层 16 个，包括小流域面、小流域界、小流域河段、小流域最长汇流路径、小流域出口节点、小流域河段出口断面、逐级合并小流域面、逐级合并小流域线、逐级合并小流域河段、逐级合并小流域最长汇流路径、居民地、堤防、水库、点状水系附属设施、线状水系附属设施、监测站点；53 万个小流域的基本属性信息，包括流域面积、周长、平均坡度、形状系数、最长汇流路径长度、最长汇流路径比降、形心坐标、形心高程、出口坐标、坡面糙率、稳定下渗率、汇流时间、单位线洪峰模数；小流域河段属性信息，包括河段长度、河段比降、入口高程、出口高程、河段类型，以及主要河流的河网密度、河网频度、水系发育系数、水系不均匀系数和湖沼率。

4. 洪水风险图数据

2015 年建设的全国洪水风险图成果数据包含基础数据和专题图数据两部分，基础数据包括行政区划、居民地、交通、河流湖泊及遥感影像数据，专题图数据包含不同频率洪水特征信息（洪水到达时间、洪水淹没范围、洪水流速、洪水水深）、水利工程分布（水库、堤防、监测设施、蓄滞洪区等）、溃口、转移路线、防洪保护区、社会经济信息、避险规划方案等信息。

5. 水旱灾害风险普查数据

第一次全国自然灾害综合风险普查标准时点为 2020 年 12 月 31 日，该普查涉及的自然灾害类型主要有地震灾害、地质灾害、气象灾害、水旱灾害、海洋灾害、森林和草原火灾等。普查内容包括主要自然灾害致灾调查与评估，人口、房屋、基础设施、公共服务系统、三次产业、资源和环境等承灾体调查与评估，历史灾害调查与评估，综合减灾资源（能力）调查与评估，重点隐患调查与评估，主要灾害风险评估与区划以及灾害综合风险评估与区划。其中水旱灾害风险普查成果主要数据类型包括干旱灾害致灾调查与评估、洪水灾害隐患调查以及干旱灾害风险评估与区划数据。其空间数据分为基础底图和普查成果两类，基础底图包含行政区划、交通、湖泊、水系、小流域边界以及 DOM 和 DEM 等；普查成果中的空间数据包括洪水灾害隐患调查中的水库、水闸、堤防、蓄滞洪区、暴雨频率分布图、洪水频率、洪水淹没范围及防治区划范围等。水旱灾害风险普查数据类型如图 2.2-1 所示。

6. 全国水利一张图数据

全国水利一张图基于第一次全国水利普查成果构建，2015 年发布第一版并展开全面应用，2019 年发布新版本。数据类型包括基础地理、社会发展、遥感影像、水利基础和业务共享等五大类，总数据量达 300TB，年更新量超过 80TB，其中水利基础数据共 55 类超 1130 万对象。全国水利一张图以服务形式提供支撑，包括地理信息服务、数据查询服务和分析服务三类。

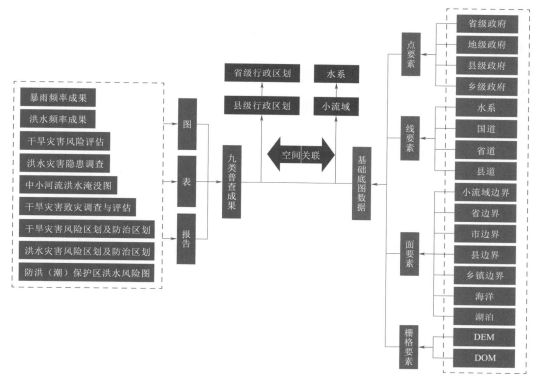

图 2.2-1 水旱灾害风险普查数据类型

2.2.2 流域尺度数据资源

水利普查、山洪灾害调查等全国性项目，汇聚了全国尺度一致性很好的数据资源，为智慧水利提供了基础性支撑。但在水利高质量发展要求下，流域尺度的数据资源，尤其是监测数据、高分辨率数据是建设数字孪生流域不可或缺的数据资源。

本节以山东省大汶河数字孪生流域项目成果为例，介绍流域尺度收集的可用的数据资源情况。

2.2.2.1 监测数据

通过各类监测感知手段获取各类水利对象的实时状态属性，包括水位监测、流量监测、雨量监测、工情监测、遥感监测、视频监测等。

1. 实时雨水情数据

山东省水文中心实时雨水情监测数据，主要涉及大汶河和沂沭河流域内降水、蒸发、河道、水库、闸坝等雨水情信息。

2. 视频测流数据

视频测流数据包含全天候的水位、流速、流量监测数据，该项目防洪基础设施组在大汶河、沂沭河流域重点河段分别布设 83 个和 105 个监测站点。数据底板基于 ETL 工具定期与实时监测数据库进行对接。

3. 雷达测雨数据

雷达测雨数据为数据解析、反演与预报数据，包括网格降雨量、瞬时降雨率、地表降雨强度、累积降雨量计算、垂直累积含水量（VIL）、每小时地面降雨、降雨强度直方图。该项目防洪基础设施组在大汶河、沂沭河流域各建一个雷达站，数据处理频次为 5min 一次，数据空间分辨率为 0.1km，数据传输方式为 100M 光纤专线。数据底板通过定期抽取瞬时雨量进行对接。

4. 闸门工情数据

闸门工情数据包括闸门上下运行高度、启闭机吊点荷重、闸门上下限位控制点，该项目防洪基础设施组在大汶河、沂沭河流域 50 个重点水库建设闸门开度采集测站，通过移动 4G 专网进行数据传输，数据底板通过对端推送方式进行数据接入，将监测数据与被监测工程对象进行关联。

5. 气象监测与预报数据

接收中国气象局未来 10 天气象预报数据（逐 3h）、中国气象局流域内气象站点数据（逐小时统计，时间自 2019 年至今）以及气象网格短临预报数据。

6. 历史水文数据

收集大汶河流域 78 个测站历史监测数据，包括流量、降雨和蒸发信息。2006—2015年测站流量、流速信息共 206618 条，2006—2020 年 15 年间日降雨量记录共 151463 条。

7. 小型水库监测数据

对接该项目其他包段建设的两个流域内的小型水库雨水工情监测数据，监测站共计1677 个，涉及大汶河流域 745 个、沂沭河流域 932 个，监测数据类型包括雨情、水情和工情信息。

2.2.2.2　业务数据

业务数据包括各类预报方案、历史预报过程数据、各类预警指标及历史预警数据、历史洪水和降雨等过程数据及各类工程调度方案、工程运用计划、洪水防御方案等。

1. 水利业务资料

通过对大汶河和沂沭河流域内的市县水利单位的调研，收集大汶河流域资料 361 份，沂沭河流域资料 1915 份，资料类型包括洪水防御方案、工程调度运用计划、安全鉴定报告、河道治理报告、水文手册等。另外，接入项目自建的大汶河流域 9 个预报断面的水文预报方案。

2. 水利史

收集中国水利水电科学研究院水利史研究所整理的大汶河和沂沭河流域历史上发生的暴雨、洪涝、冰雹等自然灾害情况，时间跨度为公元前 600—2000 年。

3. 洪水风险图专题数据

收集洪水风险图编制成果中的洪水淹没分析、安置转移、防洪标准等防洪业务专题数据，主要包括溃口、洪水到达时间、淹没水深、淹没历时等专题图层数据。

4. 水旱灾害风险普查专题数据

该项目数据底板建设中主要采用暴雨频率、洪水频率、中小河流洪水淹没图、洪水灾害风险区划、洪水灾害防治区划等专题数据。

5. 基础支撑平台数据

基于该项目基础支撑平台建设成果提取相关水利业务数据，主要包括汛期洪水淹没动态监测数据、小流域水文特征数据和土地利用数据。

基于 20m 空间分辨率的雷达影像数据，生成大汶河流域 9069km² 和沂沭河流域 18220km² 总计 27289km² 的汛期 6—9 月的水体面积遥感监测反演数据，实现每年更新 10 次的目标。

针对小流域缺乏水文监测与特征分析的现状，基于河流面积、形状、汇水线长度等，统计分析缺资料小流域的水文特征，项目周期内总计提供 1 次缺资料小流域的水文特征统计分类数据成果。

提取大汶河流域 9069km² 和沂沭河流域 18220km² 总计 27289km² 的 2m 空间分辨率土地利用数据，利用类型包括耕地、建筑用地、林草、水域和道路，实现每年更新 1 次的目标。

2.2.2.3　跨行业共享数据

跨行业共享数据主要包括自然资源、气象、农业农村、应急管理、住房和城乡建设、民政等各部门数据。

1. 行政区划数据

以 2015 年乡镇行政区划、2017 年行政村图层为基础，根据 2021 年民政部行政区划代码变更进行修订。

2. 社会经济数据

从省、市、县统计局网站下载最新的统计年鉴数据，结合民政部行政区划统计数据，主要涉及行政区单元内的人口、耕地、居民区面积等信息。

3. 土地利用、土壤质地等数据

获取网络上公开的自然资源类数据集，包括土地利用、土壤质地、植被覆盖等信息。

4. 交通道路

基于国家基础地理信息中心的 1：25 万基础地理数据，提取两个流域内的交通道路数据，包括铁路、高速公路、国道、省道、县道和城市道路。

5. POI 数据

POI 数据是基于位置服务的最核心数据，在数字孪生流域应用中可扩展社会经济数据类型，从互联网收集学校、医院、酒店、公园等兴趣点数据。

2.2.2.4　地理空间数据

依据《数字孪生流域建设技术大纲（试行）》要求，地理空间数据包括数字正射影像图（DOM）、数字高程模型（DEM）/数字表面模型（DSM）、倾斜摄影影像/激光点云、水下地形、建筑信息模型（BIM）等数据。地理空间数据按照数据精度和建设范围分为 L1、L2、L3 共三级：L1 级是进行数字孪生流域中低精度面上建模；L2 级是进行数字孪生流域重点区域精细建模；L3 级是进行数字孪生流域重要实体场景建模。

1. 卫星遥感影像与地形数据（L1）

卫星遥感影像与地形数据作为 L1 级地理空间数据的重要数据源，获取大汶河流域 9069km² 和沂沭河流域 18220km² 总计 27289km² 的 2m 空间分辨率光学卫星 DOM 数据，每年更新 4 次；获取大汶河流域一级以上河流以及重要城市面积约 2772km^2、沂沭河流域一级以上河流及重要城市面积约 6966km^2 总计 9738km^2 的 0.5m 空间分辨率光学卫星 DOM 数据，汛期 6—9 月间更新 1 次，每年更新 1 次；获取大汶河流域 9069km^2 和沂沭河流域 18220km^2 总计 27289km^2 的 5m 空间分辨率 DEM 数据，提供一次性数据成果。另外，收集 2021 年度春季和冬季两个不同时相 ETM 数据作为补充影像。

2. 高精度倾斜摄影测量数据（L2）

高精度倾斜摄影测量数据及其生成的实景三维模型是 L2 级、L3 级地理空间数据的主要来源。

针对大汶河和沂沭河流域洪水影响范围的重要堤防两岸及重要集镇进行高精度地形数据测绘，主要是通过无人机倾斜摄影等方式进行，测绘面积约为 3000km^2。航飞获取的影像分辨率是 3.5cm，沿河高精度地形数据为 1m，坐标系为 2000 国家大地坐标系（CGCS2000），高程为 1985 国家高程基准，基于高精度倾斜摄影测量数据生成实景三维模型和数字高程模型 DEM 数据，总数据量超 30TB。

3. 断面数据（L3）

断面数据主要来源包括该项目测量成果、淮河水利委员会沂沭泗水利管理局共享、水旱灾害风险普查项目测量成果和山洪灾害调查成果。该项目主要是对大汶河流域柴汶河、嬴汶河、泮汶河、石汶河支流以及沂沭河流域东汶河、浚河、袁公河、浔河等支流的未进行河道断面数据采集的断面进行补充测量，总计 422km，按照 500m 一个断面计算，总计 844 个断面。

4. BIM 模型数据（L3）

利用采集的激光点云数据进行三维建模，大汶河流域（7 个）：雪野、光明两座大型水库，唐庄坝、颜张坝、泉林坝、颜谢坝、戴村坝五个防洪闸；沂沭河流域（5 个）：岸堤水库、青峰岭水库，刘家道口节制闸、彭道口分洪闸和江风口分洪闸。

第3章

数据质量控制技术

　　数据质量控制是数据治理的核心，数据质量的好坏决定着数据价值的高低。国内外在政务管理、科研项目、行业应用、企业管理等领域均开展相关的质量控制和评价工作。本章在综述数据质量控制概念和理论的基础上，结合水利行业重点项目的数据质量控制方法介绍相关内容。第一次全国水利普查和全国山洪灾害调查评价是水利系统进行的全国性数据调查项目，其数据特点是数据覆盖范围广、专业性强，两次调查均针对数据质量控制制定了相关技术要求，建立了完善的质量控制体系，各调查层级层层控制、分工明确，有效支撑了调查工作的开展，保证了数据质量。在数字孪生流域项目中，数据尺度主要聚焦于流域单元，但数据类型更广，数据的多源异构特征更加明显，因此采用一体化质控流程进行数据质量控制。虽然质控方法不同，但在保证数据完整性、合理性、一致性、准确性等方面的目标是一致的。

3.1　数据质量管理综述

3.1.1　数据质量管理意义

　　早在 1957 年计算机刚刚发明时，大家就意识到数据对于计算机决策的影响，提出"垃圾数据输入导致垃圾数据输出"的警示。2001 年，美国公布 *Data Quality Act*（数据质量法案），提出提升数据质量的指导意见。2018 年，中国银行保险监督管理委员会发布《银行业金融机构数据治理指引》（银保监发〔2018〕22 号），强调高质量的数据在发挥数据价值中的重要性。数据质量是保证数据应用效果的基础。数据质量是描述数据价值含量的指标，如同矿石的含金量，数据质量的好坏决定着数据价值的高低[41]。

　　缺乏数据质量管理会导致脏数据、重复数据、冗余数据、数据丢失、数据不一致、无法整合、责任缺失、糟糕的用户体验等低劣数据质量问题。

　　在理想情况下，数据质量管理应制定并实施一项过程改进规划和流程，覆盖整个数据生命周期，包括数据的初始创建、采集、存储、系统集成、归档和销毁。但实际上不可能一次做完所有的事情，可为改善哪些流程设定优先级，有序分批完善。

　　数据质量管理是数据治理的核心，数据治理工作最终是为了保证在一个组织内生产、供应和使用高质量的数据。

3.1.2　国外政务数据质量评价概述

　　随着国外政务开放数据规模的不断扩大和来源机构的不断增加，质量控制问题便逐渐浮出水面，成为政府在数据开放之路上必须面对的挑战。数据在其生命周期内，从产生、收集、存储，到整合、发布、利用（或再利用），需经过若干环节，因此监管要结合整体视角和局部视角放眼全局，以保证开放数据质量为目标。利用数据标准提高整合效率，优化用户参与机制从而反向激励政府工作质量的提高，以完善的政策法规体系为政府划定隐私与开放之间的清晰界限，明确政府数据开放的时间规划、流程和责任等组织类事项，都有助于开放数据质量优化[42]。

为使数据质量评价标准化，各国均采取了一些措施来构建本国数据质量评分体系。英国国家数据开放平台采用并扩展了万维网之父蒂姆·伯纳斯-李（Tim Berners-Lee）关于数据开放度的 5 星评分标准：1 颗星代表在网络上公开数据（无论使用何种格式）；2 颗星代表使用了结构化数据（例如 xls 格式）；3 颗星代表使用了开放格式的结构化数据（如 csv 或 xml 格式）；4 颗星代表使用了可关联数据（如使用了 url 链接）；5 颗星代表使用了关联数据（除提供 url 链接外，还可链接其他数据）。

美国政府数据开放网站开发了一套完整的评估系统——"开放数据项目仪表盘"（Project Open Data Dashboard），包括人工评价、系统自动评估和第三方评估三个层面的评估机制。人工评价机制从政府部门的数据清单、公众参与度、隐私保护、数据安全性、人力资源合理性及数据的利用和影响等六个方面进行评估评价；系统自动评估的绩效指标主要包括数据集的访问量和下载量、有效数据集的数量、API 的使用量、元数据的合格率、可下载数据集的百分比、可开放数据集的百分比、可访问链接的百分比、与上季度数据集对比的增长率、链接转指的次数、最后修改的时间等。

3.1.3　国内调查数据质量控制概述

传统调查数据质量保证方法大多是从数据生产端进行数据质量控制，利用指标值域、基数控制、拓扑关系等检验数值精度，达到数据质量控制的目的；对于具有复杂逻辑关系和拓扑关系的数据，则利用数据模型维护数据对象关系和数据精度。这些方法奏效的前提是数据具有明确的使用规则。灾害调查数据存在明显的区域差异，且因调查手段、调查口径、工作组织等方面的原因，存在一些无法预知的异常问题，因而无法进行预先的规则设置。对于海量数据异常值或异常模式的检测，在互联网、电商、电信、工业制造等领域的运营数据或实时监测数据的质量控制中应用较多，大多采用计量公式、聚类、数据挖掘等方法进行异常值检测。具有时空属性的数据异常检测方法相对复杂，需要综合运用统计、空间聚类、时空数据挖掘等方法[43-46]。已开展的大范围调查项目实践中，大多灵活采用多种异常检测方法。在全国经济普查、全国人口普查、全国土地调查、全国水利普查、全国环境统计、地理国情普查等统计调查工作中，主要采用完整性检查、逻辑关系审核、历史数据比对、数据范式、值域、拓扑关系、数据模型等方法来保证数据质量[47-50]。大范围自然灾害调查数据中异常值（分布模式）的不确定性和多级综合效应，决定了在异常数据检测过程中，必须考虑多级调查单元的尺度效应，目前的异常数据检测方法尚不满足大范围灾害调查数据的异常检测[51-53]。

3.2　水利普查空间数据质量控制

3.2.1　水利普查项目简介

2011 年度开展的第一次全国水利普查是一项重大的国情国力调查，是国家资源环境调查的重要组成部分。普查综合运用社会经济调查和资源环境调查的先进技术与方法，基于最新的国家基础测绘信息和遥感影像数据，系统开展了水利领域的各项普查工作，全面查清了我国河湖水系和水土流失基本情况，查明了水利基础设施的数量、规模和能力状况，摸清了我国水资源开发、利用、治理、保护等方面的情况，掌握了水利行业能力建设的状况，形成了基于空间地理信息系统、客观反映我国水情特点、全面系统地描述中国水治理状况的国家基础水信息平台。

水利普查空间数据库建设采集超过 550 万个水利普查对象的空间信息，涉及 28 类对象，集成了近亿个对象的属性信息；形成了覆盖全国陆域范围的 250m、30m、5m 和 2.5m 共计 4 种分辨率正射影像。此项成果服务于全国近百万水利普查工作人员，降低了工作难度，提高了工作效率。

3.2.2 水利普查空间数据特点

1. 水利普查空间数据类型

空间数据是描述空间实体的位置、形状、大小及其分布特征等信息的数据，是对现实世界的抽象模型。水利普查工作要准确获取并正确描述 6 个普查主题的对象，具体包括河流湖泊、水利工程、经济社会用水、河湖开发治理保护、水土保持、水利行业能力建设情况。水利普查对象空间形态见表 3.2 - 1。

表 3.2 - 1   水利普查对象空间形态

序号	大类	小类	点	线	面
1	自然类	河流		√	
2		湖泊			√
3		土壤侵蚀单元			√
4		侵蚀沟道		√	
5	管理类	地表水水源地			√
6		地下水水源地			√
7		县级行政区划			√
8		村级行政区划			√
9	水利单位类	水利机关	√		
10		水利事业	√		
11		水利企业	√		
12		水利社团	√		
13		水利管理站	√		
14	独立工程类	水文站和水位站	√		
15		水库		√	
16		水电站	√		
17		水闸		√	
18		泵站	√		

续表

序号	大类	小 类	点	线	面
19	独立工程类	引调水工程		√	
20		堤防(段)		√	
21		农村供水工程	√		
22		取水井	√		
23		河湖取水口	√		
24		入河湖排污口	√		
25		灌区			√
26		治沟骨干工程		√	
27	用水用户	居民生活	√		
28		灌区用水户	√		
29		规模化畜禽养殖场	√		
30		公共供水企业	√		
31		工业、企业	√		
32		建筑业与第三产业	√		

2. 水利普查空间数据关系

空间数据通常定义为点、线、面三种类型,由于空间数据中各实体不是独立存在的,还存在各种空间拓扑关系,空间拓扑关系是描述由点、线、面构成的要素实体之间空间位置上的关系,如点落在线上、线落在面内等。除了空间关系,水利普查对象中还存在业务关系,例如水利工程及其管理单位的关系就属于业务的关联关系,此种关系是无法通过空间关系来表达的。

依据水利普查数据模型的设计要求,水利普查空间对象共包含了六类关系:包含关系、压盖关系、衔接关系、跨越关系、不相交关系和关联关系。其中关联关系指普查业务关系,表示"依附""指向"等关联关系。如泵站与其管理单位之间的指向关系,水闸与其所在河流的依附关系,组合工程与其对应的多个独立工程之间的指向关系等,其他关系都属于空间关系,表示水利空间对象间存在的空间拓扑关系。水利普查空间数据关系见表3.2-2。

表 3.2-2　　　　　　　　水 利 普 查 空 间 数 据 关 系

关系代号	关系名称	详 细 描 述
1	关联关系	(1)依附关联:不同对象之间存在主次依附关系(生命周期相同),如,水闸依附于河流,当河流不存在时,水闸也不存在; (2)简单关联:不同对象之间存在关联指向关系,如堤防和河流的关系,由河流可关联查询到对应的堤防
2	包含关系	(1)同类对象包含:同类对象之间,在空间上,一个对象属于另一个对象的一部分,如大流域与其子流域之间; (2)不同类对象包含:不同类对象之间,在空间上,一个对象属于另一个对象的一部分

续表

关系代号	关系名称	详　细　描　述
3	衔接关系	同层对象之间，在空间上，一个对象的一端与另一个对象的一端相互衔接，对象之间存在衔接关系。如堤段与堤段之间、堤段与水闸之间、河流上下级之间
4	跨越关系	水流之间，一个对象从另一个对象的上方或地下跨过去，形成立交，对象之间存在跨越关系。如渠道与河流之间
5	压盖关系	点落在线上、点落在面的岸线上、线和面的边界重合。如水文站、水位站落在河的岸线上
6	不相交关系	线与线不相交，线与面也不相交。如堤防和水系轴线

3.2.3　数据质量控制内容

水利普查空间数据质量控制的总体目标是各级的上报成果合格，并最终汇总建库成功。为保证各级质量控制内容统一、方法一致，由国家统一定制开发质量检查软件，并定制统一的质量检查规则[54]。空间数据成果检查分为人工检查和软件检查两部分，软件检查按照成果100%全部检查，人工检查按规定比例抽查的方式进行。检查内容与方式见表3.2-3。

表3.2-3　　　　　　　　　　　检查内容与方式

检　查　内　容		检查方案名称	检　查　方　式
成果的规范性	成果内容不全	文件完整性检查	软件检查
	数学基础错误	要素一致性检查	软件检查、人工检查
采集与处理的准确性	对象采集不完整	标绘精度检查	人工检查
	标绘精度超限	标绘精度检查	人工检查
	接边超限	接边检查	人工检查
	GPS实测点精度超限	标绘精度检查	人工检查
	标绘、判读错误	标绘精度检查	人工检查
工程体系的完备性	工程体系不完备	工程体系完备性检查	人工检查
	组合工程缺少对象	工程体系完备性检查	人工检查
逻辑的一致性	空间数据成果中的对象与普查表中描述的不一致	对象位置检查	人工检查
	空间数据成果中的业务关系与普查表中的不一致	业务关系检查	软件检查
	空间拓扑关系	拓扑关系检查	软件检查
其他质检项目	空间数据结构不正确	空间数据结构检查	软件检查
	空间数据属性不正确	空间数据属性检查	软件检查
	关系表不正确	关系表检查	软件检查
	元数据表不正确	元数据检查	软件检查

其中由质量检查软件进行检查的内容所占比重较大。通过梳理，软件检查项分类统计见表3.2-4。

表3.2-4　　　　　　　　　　软件检查项分类统计表

分　　类	内　　容	数　　量
拓扑检查	点重叠	15个图层
	线重叠	13个图层
	碎线	12个图层
	碎面	13个图层
	线自相交	12个图层
	面重叠	13个图层
	空间关系拓扑检查	22个图层
图表一致性	对象编码名称一致性检查	19个图层
	业务关系一致性检查	23项关系
表结构及属性检查	表结构和属性检查	40张表
	空间数据属性表、元数据表、关系表空值检查	92张表
	空间数据属性表、元数据表枚举类型检查	12个字段
	元数据检查	9张表
	关系表检查	43张表

人工检查以抽查的方式进行，除机电井外的水利工程与河湖开发治理专项抽查对象数量占总数量的20%以上；省级处理对象水功能区划和水文站水位站抽查比例在30%以上；经济社会用水和行业能力专项对象抽查比例在2%以上，见表3.2-5。

表3.2-5　　　　　　　　　　检查数量分类统计表

序号	对　　象	抽检比例/%	估计总数量/个	抽检数量/个
1	水库	20	1586200	317240
2	水电站			
3	水闸			
4	泵站			
5	堤防			
6	农村供水工程			
7	引调水工程			
8	灌区			
9	规模以上机电井	0.10	4500000	4500

续表

序号	对象	抽检比例/%	估计总数量/个	抽检数量/个
10	河湖取水口			
11	入河湖排污口	20	653000	130600
12	地表水水源地			
13	畜禽养殖场			
14	公共供水企业	2	471000	9420
15	工业、企业、建筑业与第三产业			
16	水利行业单位	2	140000	2800
17	淤地坝	30	未知	未知
18	组合工程	30	未知	未知
19	渠道	20	未知	未知
20	水功能区划	30	未知	未知
21	水文站和水位站	30	未知	未知

3.2.4　数据质量控制方法

1. 软件检查

利用全国统一下发的数据审核汇集系统软件的质量审核功能，参考调查工作底图提供的影像图层和相关要素图层，对区域调查评价数据进行全面检查，对数据采集过程及汇总后的成果进行质量检查和质量评价，将检查结果进行分类整理，输出报表及时提交数据质检人员进行处理。

软件支持"任务、方案、模板和规则"四要素质检模型，质检方案可灵活定制，具有很强的通用性和灵活性。针对常规矢量数据质量检查内容通过方案的组合与配置完成，对于特殊的质量要求如数据图表一致性检查、关系检查等内容通过软件二次开发实现，保证软件功能全面覆盖设计的检查规则。

检查主要包括图层完整性检查，数学基础检查，属性数据的结构符合性、值域范围检查，属性逻辑一致性检查，图形数据的拓扑与空间关系检查和碎线碎面等检查。

2. 人工目视检查

人工目视检查是指通过人机交互的方式，利用参考资料检查数据成果的质量情况。根据调查评价数据的特点，可利用经验判断、资料对比、异常值分析、抽样判断、地区对比等开展目视检查工作。

（1）经验判断。根据专家或具有丰富经验的工作人员对调查评价对象和数据情况的了解，判断数据质量。

（2）资料对比。利用已经掌握的资料，包括收集的参考资料以及外业调查过程中的照片、GPS路线等对调查数据进行对比分析，检查数据的全面性、合理性和可靠性。对比用的参考资料要提前收集整理，并根据调查数据在调查范围和指标含义等方面进行一致性处理。根据资料情况，可进行数据的直接对比，也可推算出相关数据再进行对比。

（3）异常值分析。根据各类调查对象的数据特点，通过分析调查对象的分布规律、指标间的相关关系、指标值的变异性特征等，发现数据中存在的异常值，并对异常值进行重点审核。异常值一般是同类地区、同类对象中出现的离群值或孤立点。异常值不一定是错误，但有可能是错误，需要重点分析、检查和确认。

（4）抽样判断。利用抽样技术，通过随机抽取部分调查数据进行内业审核或外业复核，并根据样本数据质量推断总体数据质量。

（5）地区对比。依据地理、气候等条件以及社会经济发展水平，对于条件相似的调查区的各类调查对象的数量和分布、主要调查指标的数值进行比对，分析其合理性和匹配性。

3. 外业复核

派工作人员到调查单位现场，通过座谈、调阅相关资料、实地检查和测量等方式，对调查数据重新进行复核确认，比对两次数据差异和原因，检查调查数据采集的真实性。现场复核主要用于数据质量抽查评估、重点调查对象的逐一复核、审核质疑数据的复核确认。

县级单位对软件检查和人工检查提出的全部质疑数据，逐一进行外业复核、确认和修改；市级、省级单位对内业检查提出的质疑数据，分别抽取 20%、10% 的质疑数据进行外业复核、确认、修改和重报。如果质疑的数据经抽查复核的出错率高于 10%，需要责任单位在规定上报期限前，对全部质疑数据再次进行外业复核、确认、修改和重报。

4. 外业验证

对于外业采集空间对象及外业补测数据，需要采用外业 GPS 检测采集点的方式进行精度评价（并填写表 3.2-6）。较差中误差在 1″ 以内的被认定为采集精度满足要求，如果调查对象按照规定的空间关系要求进行移位处理，可适当放宽此项标准。外业 GPS 点精度评价见表 3.2-6。

表 3.2-6　　　　　　　　　　　外业 GPS 点精度评价表

点　号	采集坐标		检测坐标		较　差
	经度	纬度	经度	纬度	

RMS（中误差）=

较差中误差计算公式：$RMS = \sqrt{\dfrac{\sum\limits_i (x_i - X_i)^2 + \sum\limits_i (y_i - Y_i)^2}{n}}$　　　　（3.2-1）

式中：RMS 为检查点较差中误差；n 为检查点个数；x_i、y_i 分别为 GPS 初测点的横、纵坐标；X_i、Y_i 分别为 GPS 外业检查点的横、纵坐标。

3.2.5 数据质量评定方法

1. 数据质量评定标准

在数据质量检查、抽查、审核各阶段，按照数据质量标准开展调查数据的质量检查、分析和评估工作。

根据检查内容将错误类型分为严重缺陷 A、重缺陷 B、轻缺陷 C 三级，见表 3.2 - 7。

表 3.2 - 7　　　　　　　　　检查内容与错误分级表

检 查 内 容		错 误 分 级		
		A	B	C
成果的规范性	成果内容不全	√		
	数学基础错误	√		
	对象采集不完整			√
采集与处理的准确性	标绘精度超限		√	
	接边超限		√	
	GPS 实测点精度超限		√	
	标绘、判读错误	√		
工程体系的完备性	工程体系不完备			√
	组合工程缺少对象			√
逻辑的一致性	空间数据成果中的对象与普查表中描述的不一致		√	
	空间数据成果中的业务关系与普查表中描述的不一致			√
	空间拓扑错误			√

2. 质量评定流程和方法

（1）确定样本。成果质量评定由市级及以上防汛办公室组织进行，市级复检评价单元为县，样本单元为乡，抽取比例为 10%，不少于 2 个乡；省级复检评价单元为地市，样本单元为乡，抽取比例为 3%，不少于 4 个乡；国家级验收评价单元为省，样本单元为县，抽取比例为 1%，不少于 1 个县。样本确定后，不得擅自更换。

（2）抽取样本。复检或验收时抽取样本，抽样时应考虑地形类别、困难程度、各级单位处理的成果、对象类型和空间分布等情况，保证样本均匀分布于调查区域内，且具有代表性。

（3）检查。按照本要求规定的检查内容和要求，参照样本区参考数据和外业调查数据，检查样本区内的全部采集和处理成果，并统计存在的各类问题。经检查合格的成果，被检单位要对检查中发现的问题进行处理；经检查不合格的成果，要将成果由被检单位重新修改处理，然后再重新复检。对于复检的成果，必须重新抽样。

（4）成果质量评定。质量评定采用百分制，得分采用扣分法计算。调查评价成果按照错误类型进行相应的扣分。错误类型及扣分标准见表 3.2 - 8。

表 3.2 - 8   错误类型及扣分标准

错误类型	错误类型代码	扣分标准/(分/处)	备　　注
严重缺陷	A	26	严重影响成果正常使用
重缺陷	B	10	影响成果正常使用
轻缺陷	C	3	轻微影响成果正常使用

根据检查结果，将成果质量等级分为优、良、合格和不合格四级，见表3.2-9。

表 3.2 - 9   成 果 评 定 等 级

质量得分 S/分	质　量　等　级	质量得分 S/分	质　量　等　级
$90 \leqslant S \leqslant 100$	优	$60 \leqslant S < 75$	合格
$75 \leqslant S < 90$	良	$S < 60$	不合格

（5）编制评定报告。根据评定结果编制评定报告，报告内容包括但不限于以下内容：概述、抽样方法和样本组成、评定内容、标准与方法，检查方法及评定结果等。

3.3　山洪灾害调查评价数据质量控制

3.3.1　山洪灾害调查评价项目简介

2013—2016 年，国家防汛抗旱总指挥部办公室组织全国 29 个省（自治区、直辖市）和新疆生产建设兵团、305 个地市和 2058 个县，全面系统深入地开展了山洪灾害调查评价工作。通过开展山洪灾害调查评价，调查了全国山丘区 157 万个村庄，进一步明确了山洪灾害防治区的范围、人员分布、社会经济和历史山洪灾害情况；基本查清了山丘区 53 万个小流域的基本特征和暴雨特性；分析了小流域暴雨洪水规律，对 16 万个重点沿河村落的防洪现状进行了评价，更加合理地确定了预警指标；具体划定了山洪灾害危险区，明确了转移路线和临时避险点。形成了全国统一的山洪灾害调查评价成果数据库。

3.3.2　山洪灾害调查评价数据特点

山洪灾害调查评价数据最细粒度到自然村，包括自然村人口、面积、房屋、村貌照片、沿河村落住户宅基高程、住户信息、河道断面、沿河村落预警指标等，涉及省、市、县、乡、村、组的 600 多万个调查点，参与调查的单位 600 余家，参与人员 12 万余人。各级调查评价数据经过多批次逐层级汇总，形成全国汇总数据集。由于山洪灾害调查评价数据调查单元多、空间范围广、参与人员多，调查方法或人员认识水平的差距，易造成调查数据存在异常。为保证最终成果的质量，需对每批次数据进行审核。

山洪灾害调查评价全国汇总数据记录超过 1 亿条，多媒体文件数超过 5000 万个，总数据存储容量超过 100TB，数据审核工作量巨大。另外，各省调查单位在上报数据后，需要及时得到反馈的审核意见，以改进调查工作。如此海量的数据，传统的自动审核方法无法进行合理性审核，人工审核工作量又十分巨大。

综合以上分析，山洪灾害调查评价数据的审核，既要保证数据审核精度，又要保证审核效率。针对此需求，设计了一种数据质量审核方法，用于山洪灾害调查评价数据的审核。

3.3.3 数据质量控制方法

1. 逻辑性质量检查

参考水利普查数据模型、ArcHydro 数据模型等方面的理论和经验，采用面向对象方法设计山洪灾害调查评价数据模型。通过梳理实体对象和对象属性，以自然村和小流域为核心对象，以行政区划隶属关系和小流域汇流关系为主线，梳理山洪灾害调查评价数据中的承灾体、孕灾环境、致灾因子、灾情数据等数据对象。利用行政区划隶属关系，以自然村为核心，关联山洪灾害防治区内的人口、财产、企事业单位等相关社会经济类对象；以小流域为核心，关联地表环境（地形、地貌、植被覆盖、土地利用）、水利工程（水库、堤防、闸门）、影响溪河洪水的涉水工程［桥梁、路涵、塘（堰）坝］、历史水雨情、暴雨资料等自然类对象。在此基础上，进行实体对象之间的关系分析，最后利用属性值域和各种关联关系进行数据审核。属性值域包括属性字段的数值范围、数据格式、是否为空等；对象关系包括对象内部属性关系和对象间关系，对象内部属性关系是指对象记录的属性字段之间有汇总或比值关系；对象间关系包括拓扑关系（存在于有空间属性的对象实体之间）、关联关系（实体对象之间的依存关系、隶属关系等）、数值逻辑关系（存在于同类的不同实体对象间的字段属性值或不同类对象之间的字段属性值之间）。对象间关系见表 3.3 - 1。

表 3.3 - 1　　　　　　　　　　对　象　间　关　系　表

关系类型	关系内容	举例描述
拓扑关系	包含关系、衔接关系、不相交关系、依存关系等	居民户包含在居民区内、山洪沟不能交叉
关联关系	汇流（上下游）关系、指向关系、简单关联	同一流域的降雨站点与雨量站点之间的汇流关系
数值逻辑关系	比较关系、汇总关系	防治区人口数小于总人口数、乡镇人口数之和等于县人口数

利用对象关系，可以通过软件自动校核对象关系是否符合要求。

（1）拓扑关系审核。利用空间对象之间的拓扑关系进行空间标绘数据的审核，见公式（3.3 - 1）。一方面，可以判断空间对象是否在正确的区域范围以内；另一方面，可以校验数据的拓扑关系是否准确。例如，按照山洪灾害调查技术要求，危险区定义为受山洪灾害威胁的居民区，危险区与村落居民区为包含关系，可以依此拓扑关系来校验危险区的标绘是否合理。

$$TopoC = \begin{cases} poly, inc \& dsj \& dep \& vali \\ line, join \& dsj \& dep \\ point, inc \& dep \end{cases} \qquad (3.3-1)$$

式中：$poly$、$line$、$point$ 为空间图层对象类型［在 GIS 中，空间对象分为点（point）、线（line）、面（poly）三种类型］；inc 为包含关系检查；dsj 为相邻关系检查；dep 为依存关系检查；$vali$ 为拓扑关系一致性检查；$join$ 为相交关系检查。

（2）关联关系审核。利用关联关系审核数据的逻辑合理性，见公式（3.3－2）。在水文气象资料收集中，需要收集历史降雨洪水信息进行小流域汇流模型参数的率定。其中要求：①雨量站和水位站必须在同一流域，两者之间有汇流关系；②雨量站与水位站的数据为同一洪水场次。利用数据模型中的这种关联关系，可以判断所收集的水文气象数据是否可用。

$$RelaC = \begin{cases} hydro, flow \\ natu, indi \\ fac, indi\&rela \end{cases} \qquad (3.3-2)$$

式中：$hydro$ 为流域、水系、站点等水文类对象；$natu$ 为村庄、断面等自然对象；fac 为堤防、大坝、桥梁等人工建筑类对象；$flow$ 为汇流关系检查；$indi$ 为标识关系检查；$rela$ 为关联关系检查。

（3）数值逻辑关系审核。利用数值逻辑关系检查数据中的数值逻辑错误，见公式（3.3－3）。例如，所调查的村落人口数之和要小于等于全县的总人口数（在实际工作中，由于统计口径等方面的问题，设定了一个误差范围，两者的误差小于此范围即可判定为数据合理）。

$$ValueC = \begin{cases} pop\&area, sum\&comp \\ ele\&len, ran \\ all, null\&norm \end{cases} \qquad (3.3-3)$$

式中：pop、$area$ 分别为人口、面积等有汇总关系或大小比较关系的字段；ele、len 分别为高程、工程长度等类型字段；all 为所有字段；sum 为汇总数数据；$comp$ 为数值之间的大小关系检查；ran 为值域检查；$null$ 为空值检查；$norm$ 为字段格式规范性检查。

逻辑性检查包括以上三类检查，见公式（3.3－4）。

$$LC = \bigcup (TopoC, RelaC, ValueC) \qquad (3.3-4)$$

利用逻辑性检查规则，借助软件逐字段进行审核，数据通过率计算方法见公式（3.3－5）。

$$P_i = \frac{\sum_{j=1}^{A_i} E_{ij}}{A_i \cdot n} \times 100\% \qquad (3.3-5)$$

式中：P_i 为第 i 类调查表格的通过率；A_i 为第 i 类调查表格的总记录数；n 为该类调查表格字段数；E_{ij} 为第 j 条记录的错误字段数。

数据集总体通过率计算方法见公式（3.3－6）。

$$P_a = \frac{\sum_{i=1}^{z} \sum_{j=1}^{A_i} E_{ij}}{\sum_{i=1}^{z} A_i \cdot n} \times 100\% \qquad (3.3-6)$$

式中：P_a 为数据集的总体通过率；z 为调查表格数。

2. 异常检测

（1）异常值检测。山洪灾害调查数据的数值型数据包括时间、高程、人口等调查对象的属性项，以及基于调查单元（行政区划、流域等）汇总的数量和密度数据。致灾因素突发异常的特点和自然条件的空间异质性，会在调查数据中形成正常的离群点，调查工作偏差也会形成离群点，这就需要人工判读这些异常值是否合理。人工判读的基础是能够从海量数据中快速检测出离群点，从而进行专业确认或人工审核。采用统计学中的基于正态分布的离群点一元检测统计方法，可以快速提取异常数值，利用数据项的绝对值和标准差进行检测，如图 3.3-1 所示。

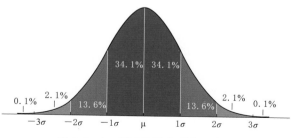

图 3.3-1　标准差及离群点示意图

某数据项与全部数据项统计的四分位数 Q3 或 Q1 差值的绝对值大于 1.5 倍四分位数极差，该数据项检测为离群点：$x + Q3 > 1.5 \times IQR$，$Q1 - x > 1.5 \times IQR$（$IQR = Q3 - Q1$）。

某数据项减去所有数据项平均值的绝对值大于 3 倍标准差（分布在 6σ 外）为离群点，即 $|x - \overline{X}| > 3\sigma$。

不符合正态分布的属性项，则通过排序选取最高最低 1% 作为离群点。

通过离群点检测方法，可以从海量调查数据中快速筛选出异常值。

（2）异常空间分布模式检测。山洪灾害受气候、植被、地形、高程、人口分布等因素影响，空间分布模式复杂多样。调查人员对灾害样本的主观判断差异，以及调查方法、工作习惯，会造成不合理的异常空间分布单元，这些分布模式存在于各级调查单元中。异常空间分布模式检测的目的是从海量数据中快速自动提取这些异常分布模式。根据地理学第一定律，相近的单元更相似，在灾害调查中，异常检测使用的原则是如果某一调查单元与周边单元存在自然条件和社会经济条件的相似性，则调查结果应该也具有相似性。利用 Anselin Local Moran's I 方法来识别数据对象的空间分布模式是否异常。该方法的输出结果为 Local Moran's I 指数、z 得分、p 值和聚类/异常值类型。z 得分和 p 值用来度量统计量的显著性，判断输入对象的相似性或相异性。如果要素的 z 得分是一个较高的正值，则表示输入对象与周围的对象相似；如果要素的 z 得分是一个较低的负值，则表示有一个具有统计显著性的异常对象，输出的结果中将显示该调查单元是否是高值而四周围绕的是低值，或者该要素是低值而四周围绕的是高值。

调查单元的 Local Moran's I 计算方法见公式（3.3-7）。

$$I_i = \frac{x_i - \overline{X}}{S_i^2} \sum_{j=1, j \neq i}^{n} w_{i,j}(x_j - \overline{X}) \tag{3.3-7}$$

其中

$$S_i^2 = \frac{\sum\limits_{j=1, j \neq i}^{n} (x_j - \overline{X})^2}{n-1} - \overline{X}^2 \tag{3.3-8}$$

式中：x_i 为第 i 个调查对象或调查单元的指标值；$\overline{X}$ 为所有调查对象或调查单元相应指标

的平均值；$w_{i,j}$ 为对象 i 和 j 之间的空间权重；n 为调查对象或调查单元的总数。

z_{I_i} 得分的计算方法见公式（3.3-9）：

$$z_{I_i} = \frac{I_i - E[I_i]}{\sqrt{V[I_i]}} \tag{3.3-9}$$

其中

$$E[I_i] = -\frac{\sum\limits_{j=1, j \neq i}^{m} w_{ij}}{n-1} \tag{3.3-10}$$

$$V[I_i] = E[I_i^2] - E[I_i]^2 \tag{3.3-11}$$

通过 Local Moran's I 指数，可以判断任一调查单元与周边调查单元的空间分布模式，从而可以快速筛选出异常调查单元。

3. 多尺度数据质量控制流程

山洪灾害调查数据经过县、市、省、中央各级汇总，形成全国数据集，各级汇总数据的总量、密度、比值等合理性需要得到有效控制。首先，检测各级汇总指标中的异常值，如人口、面积、高程、财产等数值类信息是否存在明显的离群值，在确认离群值合理性的基础上，进行异常空间分布模式检测，从省级尺度到乡镇尺度逐级检测，逐层提取异常调查单元，作为人工判读的基础。

3.3.4　各级调查数据质量控制方案

1. 数据质量控制体系

（1）审核汇集对象。山洪灾害调查评价内容包括七大类：行政区划类、防治区类、涉水工程类、监测预警设施类、历史山洪灾害类、水文气象类、文档报告类。

1）行政区划类：包括行政区划名录表、行政区划图层，企事业单位名录表、防治区企事业单位汇总表、企事业单位图层，居民家庭财产分类对照表、居民住房结构类型对照表。

2）防治区类：包括防治区基本情况调查成果汇总表、村貌照片、防治村信息表，危险区基本情况调查成果汇总表、危险区图层、安置点图层、转移路线图层，需防洪治理的山洪沟基本情况成果表、沟道纵断面成果表、沟道纵断面图层、沟道纵断面测量点表、沟道横断面成果表、沟道横断面图层、沟道横断面测量点表，分析评价村名录表、设计暴雨成果小流域数、设计洪水成果小流域数、控制断面水位-流量-人口关系村数、防洪现状评价村数、临界雨量成果村数、预警指标雨量成果村数、预警指标水位成果村数、危险区划分示意图数。

3）涉水工程类：包括塘（堰）坝工程调查成果汇总表、塘（堰）坝工程图层、塘（堰）坝照片，路涵工程调查成果汇总表、路涵工程图层、路涵照片，桥梁工程调查成果汇总表、桥梁工程图层、桥梁照片。

4）监测预警设施类：包括自动监测站点汇总表、自动监测站图层，无线预警广播站汇总表、无线预警广播站图层，简易雨量站汇总表、简易雨量站图层，简易水位站汇总表、简易水位站图层。

5）历史山洪灾害类：包括历史山洪灾害情况汇总表、图层，历史洪水调查资料、洪水痕迹。

6）水文气象类：包括水文气象资料、图集，实测水文资料（水文站洪水要素摘录资料、雨量站降雨量摘录资料、日水面蒸发量资料），历史洪水资料。

7）文档报告类：包括调查报告、分析评价报告、历史洪水调查报告、水文气象报告等。

数据成果涉及 4 种数据格式：表格数据、空间数据、文档数据、多媒体数据。

（2）各级审核目标。山洪灾害调查评价数据采用县、市、省、中央逐级审核汇总。各级节点的管理职责不同，审核重点不同，如图 3.3-2 所示。上报方式灵活，采用年度成果、内业填报成果、外业调查成果、分析评价成果等多批次上报。审核方法总体以软件为主，人工为辅。对于确定型规则，利用基于数据模型构建的规则引擎，自动审核，对于质疑型规则，采用软件为主、人工为辅的方式进行审核。

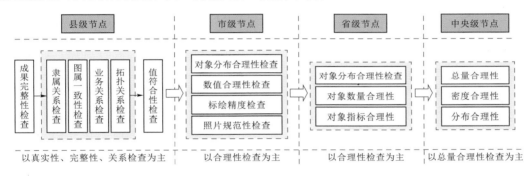

图 3.3-2　县、市、省、中央各级节点审核重点

1）县级节点审核内容。县级节点审核首先要保证数据的真实性，在此前提下，从成果完整性、关系一致性、值符合性、数据合理性四个方面进行审核。审核过程按照先整体后局部，自动检查为主、人工检查为辅的原则。首先检查数据是否完整、格式是否符合要求；将数据入库，利用软件自动审核关系一致性和值符合性，人工检查数据合理性。

2）省市级节点审核内容。省市级审核重点是数据合理性检查。以省级节点为例，省级接收地市级调查单位上报的成果数据，开展质量审核工作，成果不合格的，要求上报单位修改重报，审核合格的成果进行汇总，最终形成省级的山洪灾害调查评价成果数据库。省级首先以软件自动审核来保证数量完整、关系一致、格式规范。在此基础上，利用软件统计各县调查对象的密度和比例，结合遥感影像、地形等实际情况，人工判断调查评价对象的密度、比例、分布是否合理。

3）中央级节点审核内容。首先采用省级数据审核规则，对数据进行复核。保证数据的完整性、规范性、一致性。中央级审核侧重宏观上对数据质量进行评定。

A. 总量合理性检查。将调查的社会经济、监测站点等调查数据与国家统计年鉴中的县域统计指标、已有非工程措施项目建设进度表等数据进行对比，判断调查对象数量的合理性。统计防治区数量、分析评价对象数量，以及占行政区总数的比例，评估调查评价工作的质量与合理性。

B. 空间分布合理性检查。以遥感影像、地形数据、行政边界数据为背景，制作调查评价对象专题图，结合流域综合分类，分析统计涉水工程、监测预警设施等调查对象的区域分布情况，判断调查对象分布合理性。

C. 密度合理性检查。在密度统计基础上，利用空间聚类方法，筛选异常区域。对上报数据中明显的异常值或异常区域，人工辅助判断数据合理性。

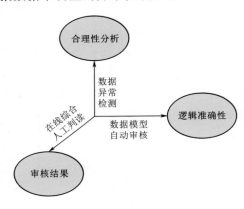

图 3.3-3　山洪灾害调查评价数据质量控制体系

（3）数据质量多维控制。根据山洪灾害调查评价数据质量控制目标和数据内容，基于数据质量控制方法（DM-Moran），建立了一套数据质量控制体系，如图 3.3-3 所示。利用数据模型和对象关系，进行数据记录和字段层面的数据逻辑性审核，统计数据的错误率，对数据准确性进行定量评估；利用统计方法、空间数据挖掘方法，提取数据特征，进行数据合理性评估，包括数据类内合理性和类间合理性；最后，即时统计数据特征指标，以报告或地图的形式，将数据总体情况实时展现出来，进一步利用人工判读其合理性。

2. 逻辑性质量检查及精度评价

在山洪灾害调查评价工作中，根据相关技术要求，构建了一套面向中央、省、市、县四级节点的山洪灾害调查评价数据审核规则与指标体系，如图 3.3-4 所示。

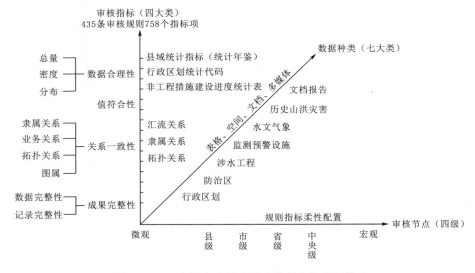

图 3.3-4　山洪灾害调查评价数据审核指标体系

按照审核内容，审核指标分为成果完整性、关系一致性、值符合性、数据合理性四大类。按照职责和管理权限，审核指标分为县级、市级、省级和中央级 4 级。按照调查评价数据内容和特点，审核指标分为行政区划类、防治区类、涉水工程类、监测预警设施类、水文气象类、历史山洪灾害类和文档报告类。按照审核方法，审核指标又可分为空间规则指标和数值规则指标，如利用拓扑关系检查沿河村落危险区的范围是否包含在居民区范围之内，属于空间规则指标；检查行政村包含的自然村人口数之和是否小于等于行政村总人口数，属于数值规则指标。最终构建了一套包含四大类 435 条审核规则和 758 个指标项的多级指标体系。在部分省、市实际应用中进行了检验，通过修改完善后形成山洪灾害调查评价数据审核汇集的指标体系。利用该套审核指标体系作为审核规则进行逻辑性质量检查。数据库中的数据模型对象关系和值域表如图 3.3 − 5 所示。

TABID	FLID	MINVALUE	MAXVALUE	ISUSED	OBJTYPE	CKFIELD	RTYPE
IA_ECB_HOUSELEVEL	COST	0	1000000	0	居民住房类型对照	造价（元）	值符合性检查
IA_ADC_PREVAD	PTCOUNT	0	10000	0	防治区基本情况调查成果	总人口	值符合性检查
IA_ADC_PREVAD	LDAREA	0	50000	0	防治区基本情况调查成果	土地面积	值符合性检查
IA_ADC_PREVAD	PLAREA*0.000667		LDAREA	0	防治区基本情况调查成果	耕地面积	值符合性检查
IA_ADC_PREVAD	ETCOUNT	0	2500	0	防治区基本情况调查成果	合计家庭户数	值符合性检查
IA_ADC_PREVAD	PTCOUNT*1.00/ETCOUNT		4	0	防治区基本情况调查成果	总人口/合计家庭户数	值符合性检查
IA_ADC_PREVAD	ECOUNT1	0	ETCOUNT	0	防治区基本情况调查成果	Ⅰ类经济户数	值符合性检查
IA_ADC_PREVAD	ECOUNT2	0	ETCOUNT	0	防治区基本情况调查成果	Ⅱ类经济户数	值符合性检查
IA_ADC_PREVAD	ECOUNT3	0	ETCOUNT	0	防治区基本情况调查成果	Ⅲ类经济户数	值符合性检查
IA_ADC_PREVAD	ECOUNT4	0	ETCOUNT	0	防治区基本情况调查成果	Ⅳ类经济户数	值符合性检查
IA_ADC_PREVAD	HTCOUNT	0	10000	0	防治区基本情况调查成果	总房屋数	值符合性检查
IA_ADC_PREVAD	HCOUNT1	0	HTCOUNT	0	防治区基本情况调查成果	Ⅰ类房数	值符合性检查
IA_ADC_PREVAD	HCOUNT2	0	HTCOUNT	0	防治区基本情况调查成果	Ⅱ类房数	值符合性检查
IA_ADC_PREVAD	HCOUNT3	0	HTCOUNT	0	防治区基本情况调查成果	Ⅲ类房数	值符合性检查
IA_ADC_PREVAD	HCOUNT4	0	HTCOUNT	0	防治区基本情况调查成果	Ⅳ类房数	值符合性检查
IA_ECC_BSNSSINFO	LGTD	73.67	135.04	1	防治区企事业单位汇总	经度	值符合性检查
IA_ECC_BSNSSINFO	LTTD	3.87	53.55	1	防治区企事业单位汇总	纬度	值符合性检查
IA_WSC_WATNAME	NLGTD	73.67	135.04	1	小流域名称和出口位置汇总	出口位置经度	值符合性检查
IA_WSC_WATNAME	NLTTD	3.87	53.55	1	小流域名称和出口位置汇总	出口位置纬度	值符合性检查
IA_WSC_WATNAME	PLGTD	73.67	135.04	1	小流域名称和出口位置汇总	节点经度	值符合性检查
IA_WSC_WATNAME	PLTTD	3.87	53.55	1	小流域名称和出口位置汇总	节点纬度	值符合性检查

图 3.3 − 5　数据审核规则

如图 3.3 − 5 所示，数据规则表中存储每一条规则的审核对象（某表中的某个字段）、值域范围、判断规则、规则类型等。

表 3.3 − 2 为某批次数据的审核情况。总体错误率为 21.19%，其中 C02、C03、C10、C25 错误率较高，分别为 37.06%、38.46%、86.93%、37.70%。C02 和 C03 主要错误为数值关系错误，C10 主要为空值较多，C25 主要为拓扑关系错误。

表 3.3 − 2　　　　　　　　　逻 辑 性 质 量 检 查 结 果

序号	表号	表　　名	记录数	TopoC	RelaC	ValueC	错误记录数	错误率/%
1	C02	行政区划总体情况表	27689	133	0	10129	10262	37.06
2	C03	县（市）社会经济基本情况统计表	26	0	0	10	10	38.46
3	C04	居民家庭财产类型划分汇总表	120	0	0	0	0	0.00
4	C05	农村住房情况典型样本汇总表	361	0	0	70	70	19.39
5	C07	防治区基本情况调查成果汇总表	12834	3	358	1730	2091	16.29
6	C08	危险区基本情况信息调查成果表	354	56	1	2	59	16.67

续表

序号	表号	表　名	记录数	TopoC	RelaC	ValueC	错误记录数	错误率/%
7	C10	防治区企事业单位汇总表	9734	1	560	7901	8462	86.93
8	C12	历史山洪灾害情况汇总表	150	0	0	29	29	19.33
9	C15	沿河村落居民户信息汇总表	11182	88	65	1157	1310	11.72
10	C18	自动监测站汇总表	1451	0	0	65	65	4.48
11	C19	无线预警广播站汇总表	2926	0	188	549	737	25.19
12	C20	简易雨量站汇总表	3168	0	325	627	952	30.05
13	C21	简易水位站信息表	153	0	24	10	34	22.22
14	C25	塘（堰）坝工程调查成果表	382	97	12	35	144	37.70
15	C26	路涵工程调查成果汇总表	468	23	4	10	37	7.91
16	C27	桥梁工程调查成果汇总表	594	17	4	139	160	26.94
17	M01	沟道纵断面成果表	259	14	0	0	14	5.41
18	M02	沟道纵断面测量点表	11362	12	0	0	12	0.11
19	M03	沟道历史洪痕测量点表	27	0	0	0	0	0.00
20	M04	沟道横断面成果表	1324	0	0	68	68	5.14
21	M05	沟道横断面测量点表	31165	0	0	3	3	0.01
…	…	…	…	…	…	…	…	…
		总　计	115729	—		—	24519	21.19

为了验证审核结果的准确性，对审核发现的错误数据和无错误数据进行抽样复查。逻辑性质量检查结果中，有 301 个字段违反审核规则，但符合实际情况，数据没有错误；69 个字段数值错误，但审核未发现，见表 3.3-3。

表 3.3-3　　　　　逻辑性质量检查结果检验表

检　验　项	实际有问题	实际无问题	合　计
审核结果有问题	24218	301	24519
审核结果无问题	69	91141	91210
合计	24287	91942	115729

利用 kappa 系数（Cohen's kappa）衡量审核结果的精度。

kappa 系数是一种基于混淆矩阵的分类精度计算方法，计算公式见公式（3.3-12）。

$$k = \frac{Pr(a) - Pr(e)}{1 - Pr(e)} \tag{3.3-12}$$

$Pr(a)$ 是每一类正确分类的样本数量之和除以总样本数，也就是总体分类精度。

假设每一类的真实样本个数分别为 A_1，A_2，$\cdots$，A_n，分类结果中每一类的样本个数分别为 B_1，B_2，$\cdots$，B_n，总样本个数为 n，则

$$Pr(e) = \frac{A_1 \times B_1 + A_2 \times B_2 + \cdots + A_n \times B_n}{n \times n} \tag{3.3-13}$$

kappa 计算结果为 $-1 \sim 1$，但通常是落在 $0 \sim 1$ 之间，可分为 5 组来表示不同级别的一致性：$0.0 \sim 0.20$ 为极低、$0.21 \sim 0.40$ 为一般、$0.41 \sim 0.60$ 为中等、$0.61 \sim 0.80$ 为高度、$0.81 \sim 1$ 为几乎完全一致。

逻辑性质量检查的 kappa 系数为 0.99，表明审核结果有相当高的精度。

3. 异常值（模式）检测及精度评价

针对山洪灾害调查评价数据范围广、数据量大、层级多等特点，根据山洪灾害调查评价数据质量审核要求，为各级调查单元分别构建相应的数据审核指标，作为异常值和异常空间分布模式检测的基础，见表 3.3-4。

表 3.3-4　　　　　　　　　山洪灾害调查评价数据异常数据检测指标

数据尺度	调查对象/类别	审 核 指 标
村级	防治村	人口、户数、土地面积、耕地面积
	危险区	人口、总户数、各类经济户数、各类房屋数
	监测预警设施	自动监测站的集水面积
	山洪沟	集水面积、长度、比降、影响耕地、影响人口等
	涉水工程	塘（堰）坝：容积、坝高、坝长；路涵：涵洞高、长、宽；桥梁：桥长、宽、高
	历史山洪	过程降雨量、死亡人数、经济损失、损毁房屋等
	洪水调查	最高水位、各时段降雨强度、洪水流量
	断面测量	历史最高水位、糙率、高程等
乡镇级	数量	各类工程总数、历史山洪灾害总数、企事业单位总数等
	比值	单位河流长度各类工程数量、企事业单位数量/县域内人口数量、监测预警设施数量与各县非工程措施建设成果、各乡镇人口与户数比值
	密度	各类工程密度、危险区内单位面积居民户数量
县级	数量	各类工程总数、历史山洪灾害总数、企事业单位总数等
	比值	单位河流长度各类工程数量、企事业单位数量/县域内人口数量、监测预警设施数量与各县非工程措施建设成果，各经济指标、人口与 2014 年统计年鉴对比
	密度	各类工程密度、危险区内单位面积居民户数量
省级	数量	各类工程总数、历史山洪灾害总数、企事业单位总数等
	比值	单位河流长度各类工程数量、企事业单位数量/县域内人口数量、监测预警设施数量与各县非工程措施建设成果，各类调查对象与 2013—2016 年实施方案对比
	密度	各类工程密度、危险区内单位面积居民户数量（以省内山丘区面积作为分母）

以历史山洪灾害事件和防治区乡镇土地面积两个指标项为例进行说明。历史山洪灾害点为汇总型数据，重点要保证数据分布合理；防治区乡镇土地面积为乡镇对象的属性项，要保证属性值在合理范围内。

（1）历史山洪灾害事件。根据《山洪灾害调查与评价技术规范》（SL 767—2018），历史山洪灾害调查以县级行政区划为工作单元，每个防治县都要调查自中华人民共和国成立以来发生的历次山洪灾害。该批次数据包括 1736 个县级单元，空间分布异常检测结果发现，94 个县高值聚集，13 个县高值异常，16 个县低值异常，1613 个县无异常，见表 3.3－5。

表 3.3－5 异 常 检 测 结 果 检 验 表

检 验 项	实际有问题	实际无问题	合 计
审核结果有问题	114	9	123
审核结果无问题	0	1613	1613
合 计	114	1622	1736

异常检测结果的 kappa 系数为 0.96，证明审核结果有很高的精度。

（2）防治区乡镇土地面积。调查初期某批次数据中 29502 个乡镇的土地面积统计结果不符合正态分布特征，因此采用极值百分比方式，选取面积最大的 1% 的乡镇。1% 最大值乡镇和 Anselin Local Moran's I 指数异常检测结果中 1% 面积最大的乡镇数为 295 个，Anselin Local Moran's I 指数检测异常乡镇数为 121 个。检查确认发现，1% 最大的 295 个乡镇，有 82 个为错误数据，其他 213 个数据无问题。Anselin Local Moran's I 指数检测异常的 121 个乡镇，其中 3 个乡镇数据无问题，其他 118 个乡镇数据填写错误。

使用属性绝对值进行异常检测，对于实际情况差异明显的区域，会将正常属性值检测为异常值，如新疆维吾尔自治区、西藏自治区等西部地区的部分乡镇面积是东部省份乡镇面积的几十倍，就会将正常的面积值检测为异常值。异常空间分布模式的检测，以空间单元与周边单元的相对关系为检测依据，可检测与周边调查单元差异过大的调查单元。在山洪灾害调查评价数据审核中，综合运用了两种异常检测方法。

4．在线综合与人工判读

对于海量调查数据，人工审核是一个非常重要的环节。异常值检测和异常模式检测，都是按照一定的规则或算法，由软件自动实现，但在实际调查中，存在各种情况，依靠软件自动审核的单一手段是无法满足审核要求的。因此，在山洪灾害调查评价数据审核中，基于数据仓库 ETL 和 GETL（GIS＋ETL）工具对调查对象进行多维汇总并进行地理可视化展示，利用汇总表和分布图进行数据合理性分析。

采用 C♯语言编写程序，实现海量数据的自动汇总。

数据汇总结果见表 3.3－6［为河北省调查评价成果总体（批次）统计表］。

表 3.3－6 山洪灾害调查评价数据汇总表

序号	项目 ①	数量 ②	审核公式 ③	比例/% ④	密度 ⑤
(1)	防治县个数	64			
(2)	一、上报县个数	67	④=(2)/(1)	105	—
(3)	行政区划面积（km²）	176631	—	—	—
(4)	防治区面积（km²）	107019	④=(4)/(3)	61	—
(5)	年鉴行政村数（2014 年）	20238	⑤=(5)/(3)×100	—	11.5
(6)	上报乡镇数	1052	—	—	—
(7)	上报行政村数	20525	④=(7)/(5)	101	—
(8)	上报自然村数	38667	≥866	—	—
(9)	防治区行政村数	11178	④=(9)/(7) ⑤=(9)/(4)×100	54	10.4
(10)	一般防治区行政村数	8215	—	—	—
(11)	重点防治区行政村数	2963	—	—	—
(12)	防治区自然村数	30092	④=(12)/(8) ⑤=(12)/(4)×100	78	28.1
(13)	一般防治区自然村数	22415	④=(13)/(8)	58	—
(14)	重点防治区自然村数	7677	④=(14)/(8)	20	—
(15)	非防治区行政村数	9347	④=(15)/(7)	46	—
(16)	非防治区自然村数	8575	④=(16)/(8)	22	—
(17)	分析评价村数	7805	④=(17)/(12) ⑤=(17)/(4)×100	26	7.3
(18)	危险区数	21010	④=(18)/(12) (18)/	70	—
	危险区标绘数	20471			
(19)	企事业单位数	17548	—	—	—
(20)	历史山洪灾害记录数	677	—	—	—
(21)	需治理山洪沟数（条）	1583	—	—	—
(22)	自动监测站数	3064	⑤=(4)/(22)	—	34.9
(23)	简易雨量站数	10253	④=(23)/(12) ⑤=(4)/(23)	34	10.4
(24)	简易水位站数	1329	—	—	—
(25)	无线预警广播站数	11428	④=(25)/(12)	38	—
(26)	桥梁数	11411	④=(26)/(12)	38	—
(27)	路涵数	4999	④=(27)/(12)	17	—
(28)	塘（堰）坝数	1324	④=(28)/(12)	4	—

续表

序号	项目 ①	数量 ②	审核公式 ③	比例/% ④	密度 ⑤
(29)	断面测量组数	9727	④＝(29)/(12) ⑤＝(4)/(29)	32	11.0
(30)	多媒体文件数	457874	⑤＝(30)/(12)/13	—	1.2
(31)	空间标绘对象数	405779	⑤＝(31)/(12)/20	—	0.7
(32)	二、实测水文资料收集站数	442			
(33)	降雨量摘录总记录数	10172	22 年		
(34)	洪水水文要素总记录数	2857	22 年		
(35)	水文站年流量总记录数	1391	64 年		
(36)	日水面蒸发量总记录数	4942	59 年		
(37)	暴雨统计参数总记录数	1336			
(38)	历史洪水调查场次数	0			
(39)	三、分析评价村数	7805			
(40)	设计暴雨成果记录数	15178			
(41)	设计洪水成果记录数	38634			
(42)	控制断面水位-流量-人口关系记录数	26984			
(43)	防洪现状评价村数	6358			
(44)	临界雨量成果村数	55			
(45)	预警指标雨量成果村数	6655			
(46)	预警指标水位成果村数	98			
(47)	危险区划分示意图数	5600			
(48)	四、文档报告总数	266			

　　利用汇总表和分布图，结合遥感图像和行政区划等，可进行人工判断。各省上报数据的人工审核工作利用数据质量控制方法（DM－Moran）从上报数据中快速检测异常数据，判读异常数据的合理性，先后支持了 168 个批次分省数据的审核汇集，极大地提高了审核汇集效率，有效控制了数据质量。

　　在山洪灾害调查评价数据审核工作中，发现调查评价中容易发生如下一些典型问题：

　　(1) 调查数量不足。如防治县行政村调查数低于统计数，未调查非防治行政村；监测预警设施调查数明显低于 2010—2015 年度山洪灾害防治非工程措施补充完善项目统计表中的数量等。在初期上报阶段，各省均有部分县存在此问题。

　　(2) 空间分布不合理。如部分防治县上报涉水工程差别较大；历史山洪灾害次数差异明显，将同一场极端降雨造成的山洪，按小流域来统计，就会统计为多场山洪灾害。在批次上报阶段，各省均有少数县存在此问题。

　　(3) 数值异常。如土地面积、耕地面积、县总人口、涉水工程指标等数值项，由于单位错误或误操作，导致数据异常。在批次上报阶段，各省均或多或少存在此类问题。

　　(4) 标绘精度差。如危险区标绘不规范，将多个分散的自然村标绘为一个危险区，部分防治村未标绘危险区，危险区标绘随意等。部分省的少数县级调查单元此类问题较多。

（5）关系一致性问题。如基于隶属关系汇总各村人口、面积，与县级填报的差别较大，危险区与居民区拓扑关系错误等。在初期上报阶段，各县均存在此类问题。

3.4 数字孪生流域数据底板质量控制

3.4.1 数字孪生流域数据底板介绍

数字孪生流域是以物理流域为单元、时空数据为底座、水利模型为核心、水利知识为驱动，对物理流域全要素和水利治理管理活动全过程进行数字映射、智能模拟、前瞻预演，与物理流域同步仿真运行、虚实交互、迭代优化，实现对物理流域的实时监控、发现问题、优化调度的新型基础设施。

数据底板汇聚水利信息网传输的各类数据，为智慧水利提供"算据"，包括基础数据、监测数据、业务管理数据、跨行业共享数据、地理空间数据以及多维多时空尺度数据模型。

依据《数字孪生流域建设技术大纲（试行）》要求，数据底板应在全国水利一张图基础上升级扩展，完善数据类型、数据范围、数据质量，优化数据融合、分析计算等功能，主要包括数据资源、数据模型和数据引擎。

3.4.2 数据审核原则

1. 总体质量要求

（1）准确性。保证整编处理和该项目新标绘的空间数据位置、拓扑关系的准确性。

（2）规范性。保证整编入库数据符合该项目数据表结构设计规范及编码规则，针对数据和文件格式进行约束。

（3）完整性。汇集整合的数据无缺漏，空间数据覆盖整个项目建设范围内各分项功能所需的水利对象和管理单元，文件类型数据需保证内容和形式完整。

（4）一致性。保证整编处理数据的图形与属性、属性与属性之间关系一致性，包括图形与属性之间关系一致性，属性指标项之间逻辑关系一致性，对象间隶属关系一致性等。

（5）合理性。汇集的空间数据位置合理，落在相应的管理单元内，属性项在合理数值范围内。

2. 质量控制原则

数据底板成果按照数据类型可分为数据库表、空间数据、多媒体数据、图件资料及文档报告，针对不同数据类型设计相应的质量审核内容，通过软件检查和人工检查两种方式进行检查。

（1）数据库表。数据库表的质量审核主要从字段值以及字段之间关系、图形与属性一致性、调查内容完整性几个方面进行，通过数据底板数据资源共享管理子系统内配置相应的审核规则自动实现。审核规则设计时，有规范要求的内容参考设计文件进行设置，人口、经济等数值的合理性参考统计年鉴资料进行设置，水利业务及工程相关指标值参考水利相关技术要求进行设置。

（2）空间数据。空间数据的质量审核重点是图形拓扑和空间关系审核，拓扑与空间关系规则主要参考 GIS 中常用图形拓扑错误类型，并结合流域防洪业务数据类型及关系特点进行设置。

（3）照片、图件及文档资料。针对现场调研收集的图件及文档报告等资料，以及采集生产的照片等资料，主要审核其完整性和规范性，能够明确资料名称和类型的成果可通过软件审核，无法明确的由人工目视审核资料内容。

（4）数据之间一致性审核。对于同一类对象可能存在属性表、图形、照片等多种数据类型成果，通过对数据之间关联关系的审核，保证数据的属性与图形、数据与资料之间的一致性。

（5）图形与属性之间的关联审核。可通过软件自动审核，例如桥梁所在行政区检查，通过叠置分析可查询出桥梁图形落在哪个行政区划范围内，检查其与属性表中所填行政区名称是否一致。

（6）数据与资料之间的关联审核。该审核可通过人工审核，例如断面成果检查，通过数据底板资源目录子系统可查询断面对象所拍摄照片。

3.4.3　数据审核方法

采用软件和人工相结合的方式，对成果数据的完整性、规范性、一致性和合理性进行审核检查。

（1）软件检查。软件检查主要针对数据的准确性、规范性、一致性和合理性进行检查。针对空间数据质量检查使用易智瑞桌面软件并配置相应的质检规则，完成数据的检查，并输出检查结果。

入库后的数据通过数据底板的数据资源共享管理子系统进行自动质检，按照数据模型设计规范，对汇聚入库的数据进行规范性、一致性、合理性等检查。

（2）人工检查。依照相关技术要求，用人工方式进行审核。通过人机交互的方式，利用参考资料或根据已掌握的情况和经验，对数据进行抽样或全面检查。检查内容主要包括空间数据标绘精度、完整性、规范性和合理性等。

3.4.4　数据审核内容

数据审核内容包括数据的准确性、完整性、规范性、一致性和合理性审核，检查内容和对应的审核方式见表 3.4-1。

表 3.4-1　　　　　　　　　数　据　审　核　方　式

检 查 内 容		审 核 方 式
准确性	空间参考准确性	软件检查
	空间拓扑关系准确性	软件检查
	标绘精度准确性	人工检查
完整性	数据文件完整性	人工检查
	数据内容完整性	软件检查和人工检查

检 查 内 容		审 核 方 式
规范性	属性数据规范性	软件检查
	数据格式规范性	软件检查和人工检查
	文件命名规范性	人工检查
	对象编码规范性	软件检查
一致性	业务逻辑一致性	软件检查
	图属一致性	软件检查和人工检查
合理性	数值范围合理性	软件检查
	空间位置合理性	人工检查

1. 数据准确性

数据准确性主要指空间数据的空间参考、空间拓扑关系和标绘精度。

该项目空间数据要求统一采用 CGCS2000 经纬度坐标系统，对不符合要求的数据将进行投影和坐标系转换，检查规则中不再逐一列举。

空间拓扑关系包括衔接、包含、相交、不相交、自相交、碎线、碎面等拓扑关系检查，按照水利对象的空间表达方式进行细化定义。

标绘精度指人工参考影像底图在进行空间数据标绘时的绘制精度，需满足与参考影像套合。

2. 数据完整性

数据完整性审核内容包括数据文件完整性和数据内容完整性。

数据文件完整性审核是对各类成果文件的完整性审核，保证文件可正常使用并避免信息丢失，例如，shapefile 格式的空间数据应至少包含主文件、索引文件和 dBASE 表 3 个文件。

数据内容完整性审核指对数据内容完整性进行检查，例如，采集的空间数据是否覆盖完整的项目区域或与名录清单数量一致。

3. 数据规范性

数据规范性审核主要包括属性数据规范性、数据格式规范性、文件命名规范性和对象编码规范性。

属性数据规范性主要依据该项目数据库表结构设计中规定的主外键、字段类型、字段长度、表/字段命名、数据字典、非空等约束条件进行质量检查。具体检查规则依据该项目数据库表结构设计文档。

数据格式规范性主要指各类空间数据和非结构化数据，空间数据包括矢量、影像、断面测量成果等，非结构化数据包括文档、图片、BIM、倾斜摄影等，各类成果数据格式是否符合要求，如：矢量图层是否为常用空间格式 SHP、GDB 等。

文件命名规范性主要是该项目采集和整合的地理空间数据命名是否符合相关技术要求。

对象编码规范性主要是该项目加工处理的水利实体对象编码是否符合相关编码要求，不同来源实体对象编码需保持一致。

4. 数据一致性

数据一致性审核包括业务逻辑一致性和图属一致性。

业务逻辑一致性审核是根据相关技术要求和业务逻辑对各类成果数据业务关系的逻辑一致性审核，包括业务属性逻辑一致性、隶属关系一致性、表间关系逻辑一致性。业务属性逻辑一致性指属性字段间逻辑关系要一致，例如，水库工程的库容字段与工程级别字段要一致，汛限水位应大于死水位等。隶属关系一致性针对具有嵌套包含关系的实体对象，检查其包含关系是否一致，如行政区划、流域单元等数据。表间关系逻辑一致性指属性表中的关联属性字段应与相关表中记录对应一致。

图属一致性审核是指空间对象的位置描述信息应与图上位置一致。

5. 数据合理性

数据合理性审核包括属性数值范围和空间位置合理性审核。

属性数值应在合理的数值范围内，不存在异常值，例如，闸门开度值、人口数量等应有相对合理数值范围。空间数据的落图位置应在合理范围内，例如，水位站应分布在水域附近，不可能在山上。

3.4.5 质量控制和整编一体化流程

数据审核处理分为 3 个阶段：第一阶段是针对调研收集到的数据资料进行完整性数据检查，以确保资料的完整性，该阶段主要依靠人工目视审核；第二阶段是按照数据规范对加工处理后的数据进行检查，以确保数据符合汇聚入库标准，该阶段采用人工与软件相结合的方式，对数据进行质检；第三阶段是基于数据模型设计标准，对汇聚入库的数据进行数据质检，只有质检通过的数据才能上线共享，该阶段主要通过软件自动审核的方式完成数据审核。数据底板中的数据审核处理一体化流程如图 3.4-1 所示。

（1）数据底板通过数据调研，收集整编各类业务资料，主要数据来源包括水利普查数据、山洪灾害调查评价成果数据、水旱灾害风险普查数据、洪水风险图成果数据、1∶25 万水利专题图、公共专题数据、本包测量成果、监测数据、省市县水利部门业务资料和其他包段数据等。数据收集会分阶段完成：第一阶段是中国水利水电科学研究院自有数据收集整理，第二阶段是大汶河流域调研资料收集整编，第三阶段是该项目测量成果和其他包段数据收集，第四阶段是沂沭河流域调研资料收集整编，第五阶段是网络资源补充收集。针对收集的数据资料，采用人工方式进行整理和检查，主要对资料的完整性进行审核，如果资料不完整，需要补充收集。

（2）为了满足流域防洪业务应用要求，收集整编的数据资料需要进行加工融合处理，包括数据空间化、统一空间基准、统一数据范围、多来源水利基础对象融合处理、实体关系挂接处理、数据脱敏等处理。为了确保处理后的数据符合业务应用要求，需要采用软件与人工相结合的方式，基于数据建模人员制定的数据规范对数据进行质检。如果质检不通过，要求数据处理人员对数据进行整改，直至符合成果数据汇聚接入要求。

（3）加工融合处理后的数据需要汇聚到业务信息资源库中，数据入库后，软件按照建模人员建立的数据标准，实现数据的自动审核。如果质检未通过，数据不能实现上线共享，将退回至数据管理人员修改、完善，直至质检通过后，才能上线共享数据。

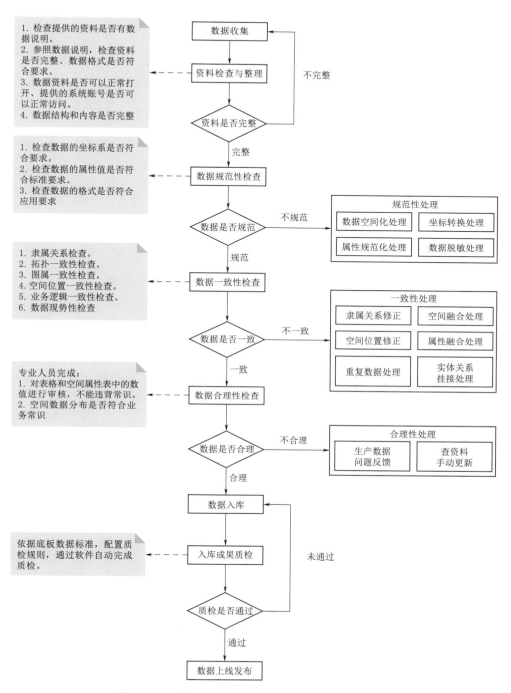

图 3.4-1 数据底板中的数据审核处理一体化流程图

第4章

多源异构数据
融合技术

水利行业涉及人们生活的方方面面，水利数据来源丰富，跨行业特征明显。从行业维度来看，包括水利、气象、统计、国土等多个部分；从格式来看，包括栅格、矢量、表格、文本等；从管理体系来看，包括行政体系、流域体系等，尤其复杂的一点是，水利数据以流域为基本单元，将各类数据按水利管理体系整合、融合，是水利数据治理要解决的主要问题之一。本章结合大汶河数字孪生流域数据底板建设过程中遇到的实际问题，从核心对象抽取汇聚、融合目标、融合标准、融合方法等方面阐述了水利行业多源异构数据的融合思路。

4.1 数据规范性处理

4.1.1 统一时空基准

1. 空间坐标系问题

我国于 20 世纪 50 年代和 80 年代分别建立了北京 54 坐标系和西安 80 坐标系，测制了各种比例尺地形图，在国民经济、社会发展和科学研究中发挥了重要作用。北京 54 坐标系采用的是克拉索夫斯基椭球体，该椭球体在计算和定位的过程中，没有采用我国的数据，该系统在我国范围内符合得不好，不能满足高精度定位以及地球科学、空间科学和战略武器发展的需要。20 世纪 70 年代，我国大地测量工作者经过 20 多年的艰苦努力，终于完成了全国一等、二等天文大地网的布测，经过整体平差，采用 1975 年 IUGG 第十六届大会推荐的参考椭球参数，建立了西安 80 坐标系，西安 80 坐标系在我国经济建设、国防建设和科学研究中发挥了巨大作用。随着社会的进步，国民经济建设、国防建设和社会发展、科学研究等对国家大地坐标系提出了新的要求，迫切需要采用原点位于地球质量中心的坐标系统（以下简称"地心坐标系"）作为国家大地坐标系。采用地心坐标系，有利于采用现代空间技术对坐标系进行维护和快速更新，测定高精度大地控制点三维坐标，并提高测图工作效率。我国很多数据采用的 WGS84 坐标系（World Geodetic System—1984 Coordinate System）是一种国际上采用的地心坐标系。WGS84 坐标系坐标原点为地球质心，其地心空间直角坐标系的 Z 轴指向 BIH（国际时间服务机构）1984.0 定义的协议地球极（CTP）方向，X 轴指向 BIH 1984.0 的零子午面和 CTP 赤道的交点，Y 轴与 Z 轴、X 轴垂直构成右手坐标系，也称为 1984 年世界大地坐标系统。

自 2008 年 7 月 1 日起，我国全面启用 2000 国家大地坐标系（CGCS2000），国家测绘局授权组织实施。按照水利部《数字孪生流域建设技术大纲（试行）》中数字孪生平台数据底板的建设要求，数据资源时间基准统一采用北京时间，空间基准采用 2000 国家大地坐标系，高程基准采用 1985 国家高程基准。我国 1∶400 万基础地理数据集采用的就是北京 54 坐标系，1∶25 万水利专题图、大部分水利专题数据都采用西安 80 坐标系，而遥感影像类数据则是以 WGS84 坐标系为主（主要是国外卫星影像），有些大比例尺数据则采用地方坐标系。

水利空间数据主要存在以下几方面问题：①数据投影不同，导致不同来源的空间数据难以叠加；②投影信息丢失；③大比例尺数据经常采用本地坐标系，如北京、深圳等

1：10000 以上比例尺数据大多采用本地坐标系。

因此，数据空间坐标系统是首先要解决的问题，数据需要按照设计要求统一空间参考。针对空间参考不一致的数据，借助专业 GIS 软件相应的工具实现空间参考的批量转换处理。针对投影信息丢失的数据，需要明确数据的真实空间参考，再借助专业 GIS 软件相应的工具为数据定义参考；如果数据的真实空间参考与要求的空间参考不一致，再使用投影转换工具实现数据的投影转换。

2．时间基准问题

收集的数据资料通常在属性中不会标识数据的生产或发布时间，为了明确数据的时效性，需要在数据中添加时间标识信息，通常有两种处理方式：

（1）如果数据需要按照不同的时期分别存储数据成果，则通过建立不同的表分别存储数据，并在表名上添加日期标识进行区分。比如不同年份的土地利用成果，会分别创建不同年份的数据表来存储对应的数据内容，如：geo ＿ landuse ＿ 2022、geo ＿ landuse ＿ 2023。

（2）如果同一类数据需要统一存储管理，通过创建时间标识字段来区分不同对象的采集时间。比如每年需要生产四期的 2m 分辨率 DOM 数据，在元数据表中添加时间标识字段，区分不同年份不同季度的数据成果。

另外，收集的数据资料还会存在时间信息表达格式不一致的问题，比如采用时间戳记录时间，通过开发小工具，将时间戳转换为北京时间，直观表达时间信息。

4.1.2　数据格式转换

1．空间数据格式统一

整编成果矢量空间数据统一采用 SHP 或 GDB 格式存储，栅格空间数据统一采用 GeoTIFF 格式存储。汇集的数据资料中，如果有其他格式的数据，需要借助专业 GIS 软件的格式转换工具或定制开发格式转换工具实现格式的统一处理。如：气象部门提供的公里格网预报降雨以 JSON 接口格式或 GRB2 格式居多，需通过开发格式解析工具，实现预报降雨 GeoTIFF 格式成果的转换生成。

2．表格空间化

很多具有空间信息的数据，在生产存储过程中，考虑到易于存储或其他原因，以属性表格的形式保存（Excel、csv 等格式），需根据数据的经纬度信息，对表格进行空间化处理，转成 SHP 或者 GDB 格式。如：水文监测站基本信息表是 csv 格式，包含站点的经纬度信息，需通过 GIS 软件实现数据的空间化处理，转换生成 SHP 格式的点图层数据；断面测量成果以 Excel 格式记录横断面和纵断面信息，需开发空间化处理工具，实现横断面线和纵断面点图层的自动生成；市、县级统计年鉴数据是 Excel 格式，开发空间化处理工具，根据行政区划名称实现数据的空间化。

3．属性结构化

收集的数据资料中包含文档类型的成果，需要将文档中的相关属性信息结构化。如：大中水库防御洪水方案和汛期调度运行计划是 pdf 格式的，资料中包含水库的基础信息和汛期调度指标信息，通过人工摘录的方式，实现水库属性的结构化处理；闸坝控制运用计划是 pdf 格式的，通过人工摘录的方式，实现闸坝特征指标信息的结构化处理。

4.1.3 属性规范化处理

1. 字段属性规范化处理

制定的数据标准，会定义每类实体的属性项，以及属性项存储的单位、使用的编码字典等。收集的数据资料会存在数据单位和属性值与标准定义不一致的情况，需要针对这类问题进行处理。如：全国水利普查的水库基本信息表中水库类型填写的是山丘区水库、平原区水库等，与标准定义的山丘水库、平原水库不一致，需要按照对应含义统一处理成水库类型编码；大中水库库容曲线数据，库容单位有"万 m³"和"亿 m³"两种，需要统一处理成"万 m³"进行存储。

2. 实体编码规范化处理

不同来源收集的同一类数据会存在实体编码不统一的情况，如：同一水库在水利普查中的编码和在水旱灾害风险普查中的编码是不同的，数据融合前需要按照编码规范对水库进行统一编码处理；自建的视频测流和闸门工情监测站，需要按照建库标准制定的编码规范，完成测站的标准编码处理。

4.2 数据融合与异常处理

4.2.1 矢量与影像数据一致性处理

4.2.1.1 矢量与影像数据冲突处理

遥感影像和矢量图层作为两种主要的地理信息表达方式，其格式、时相、精度往往不一致，导致数据之间存在冲突。收集到的水利实体空间位置数据往往因为生产精度的问题，与采集生产的高精度 DOM 数据叠加显示时空间不匹配，如：水库点没有落在大坝上、河流的边线与高清影像不一致、堤防的边线与影像不一致等。另外，部分数据资料由于数据时效性较低，与采集生产的高精度 DOM 数据存在冲突，如：来自 2017 年山洪灾害调查评价的村落点数据，某些村庄点在最新 DOM 中显示落在了水体面中。遥感影像每年都会采集新数据，数据的时效性很高，遇到矢量与影像数据冲突的情况，通过人工方式，基于影像底图调整矢量数据的位置，如：没有落在大坝上的水库点，需移动到大坝上；河流边线与影像中的河道不匹配，需调整河流边线，使河流边线沿着影像河道中心线，并保持河道的拓扑连通性；落在影像水体面中的村庄点，需移动到影像的居民地区域。

4.2.1.2 矢量数据缺失处理

1. 河流数据处理

河流数据主要来源包括 1∶25 万水利专题图中的干流、一级支流和二级支流图层，山洪灾害专题中的河段图层和网络资源 OSM 中的水系图层。数据存在小支流缺失、河流名称缺失等问题，需结合最新高清影像和山东省天地图，补充缺失的河流线和名称。

（1）河流线补充。流域范围内 143 条山丘区中小河流名单中，核对现有河流数据，梳理出缺失的河流信息（河流名称、所在乡镇和区县信息），再依据高清影像定位河流所在位置，并绘制河流边线。

根据收集的河道防洪资料和流域内相关图件，需梳理缺失的河流信息，然后依据高清影像定位河流所在位置，并绘制河流边线。

（2）河流名称补充。河流数据有较多支流的名称属性缺失，通过人工方式，从河道防洪资料、天地图、互联网地图等途径查找河流名称，补充缺失的名称属性，如图 4.2 - 1 和图 4.2 - 2 所示。

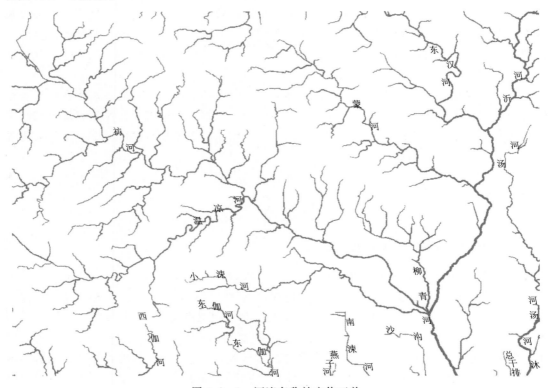

图 4.2 - 1　河流名称补充修正前

2．水利对象数据处理

水利对象资料主要来源于山洪灾害调查评价数据、水旱灾害风险普查、全国水利普查数据、全国洪水风险图成果数据、全国水利一张图、1∶25 万水利专题图、全国水库运行管理系统、堤防水闸基础信息数据库和防洪预案等。收集的数据资料格式多样，其中矢量数据内容不全，存在关键属性信息缺失、水利对象缺失等问题，需要根据其他格式的资料补充数据内容。

（1）水利对象补充。

1）险工险段数据。险工险段数据主要是表格格式的，主要记录了险工险段地点（所在的河流、乡镇、村庄）、岸别、名称、桩号、长度、险情状况及危及目标等文字信息，无法通过工具直接空间化，需结合高清影像、行政区划、河流等数据，实现险工险段的空间化、结构化处理。另外，需要每年根据最新的流域防御洪水方案，人工更新险工险段数据。

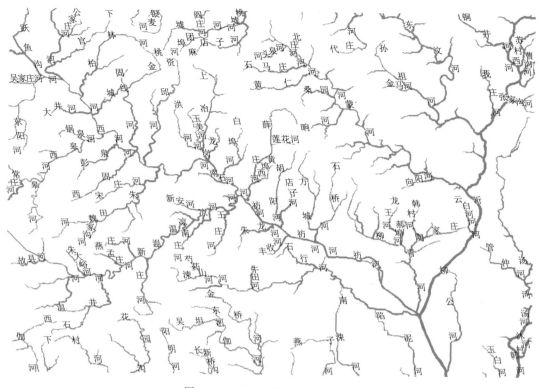

图 4.2－2 河流名称补充修正后

2）水闸数据。水闸数据主要来源包括山洪灾害调查评价专题数据和水旱灾害风险普查隐患调查成果。融合后存在水闸数据缺失和关键属性信息空缺的问题，需要通过人工方式，从收集到的两个流域防洪资料中摘取缺失的重要闸坝信息，并基于高清影像结合描述信息完成空间化处理。另外，位于山东省临沂市的水闸需要通过人工方式，从堤防水闸基础信息数据库系统中查找缺失的信息，同样基于高清影像结合描述信息完成空间化处理。

3）水库汇流面。通过开发处理工具，基于小流域数据批量生成两个流域大中水库的汇流面成果。

（2）水利对象特征信息补充。

水利对象矢量数据一般特征信息不全，比如水库缺失允许壅高水位、允许最高水位、防洪高水位、防洪库容等信息；断面缺失防洪特征信息，包括左堤高程、右堤高程、警戒水位、警戒流量、保证水位、保证流量、不同重现期设计水位和洪峰流量等。下面以水库和断面的处理为例，说明处理方法。

1）水库特征信息补充。水库特征信息主要通过人工方式从最新收集的水库防御洪水方案和汛期调度运用计划中提取相应的信息。

2）断面特征信息补充。断面的特征信息主要来自收集的填报资料，通过人工方式找到匹配的断面记录，提取特征信息。填报资料中不是所有断面都有警戒水位和保证水位信息，需要开发小工具，根据每个断面堤顶最低点计算保证水位和警戒水位。

4.2.2　多尺度（精度）数据融合

（1）多层数据多尺度融合处理。不同对象图层数据来源不同，往往存在冲突情况，如堤防数据和河流数据存在空间拓扑关系错误，堤防和河流有压盖、交叉的情况。

（2）同类数据多尺度融合处理。河流空间数据来源有山洪灾害河道数据、河道预警指标河流数据以及网络资源 OpenStreetMap 河流数据。基于不同来源、不同尺度的河流数据，叠加高清影像整合出一套属性全、空间位置准确的河流数据。

4.2.3　数据叠加互补

4.2.3.1　空间互补处理

主要利用不同区域的数据汇总实现全流域覆盖，如山洪灾害数据集中的村庄数据主要覆盖山丘区，缺少平原区的村庄数据，而洪水风险图里是平原区的村庄数据，两套村庄数据空间互补，属性融合后得到完整的村庄数据。

4.2.3.2　工程数据互补

通过将不同数据集中不同规模的工程数据融合，如水利普查水库数据主要是小（2）型规模及以上的（库容大于 10 万 m^3），山洪灾害的塘坝数据库容小于 10 万 m^3，两套数据的水库规模互补。

4.2.4　数据属性校正处理

1. 行政区划数据调整

行政区划数据经常变化，如根据中华人民共和国民政部最新行政区划代码，对较早版本的行政区划数据进行调整，部分行政区近年间多次变更，需要追溯到历年变更情况。

2. 库容曲线数据校正

水库水位-库容关系数据和现场调研收集到的防洪资料文档中的水位-库容关系曲线不一致，如雪野水库数据，当水位是 230m 时，项目资料是 9854 万 m^3，防洪预案收集资料时该水位库容大约是 12500 万 m^3。

3. 河流流向校正处理

河流存在流向错误问题，根据调研相关资料检查、查阅后，修改河流走向，如图 4.2－3所示。

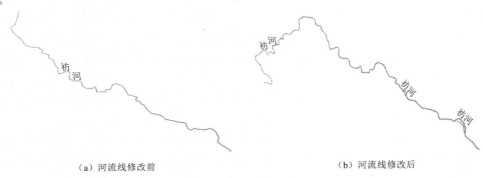

　　　（a）河流线修改前　　　　　　　　　　　　　（b）河流线修改后

图 4.2－3　河流流向校正

4.2.5　多源影像一致性处理

遥感影像包含丰富的信息，处理技术比较成熟，是建设三维场景的主要数据源之一。系统使用的遥感影像主要包括 30m 分辨率的 TM 影像、15m 分辨率的 ETM 影像、1m 分辨率的航空遥感影像、2.5m 分辨率的 SPOT 卫星数据和 5.8m 分辨率的印度 P6 卫星数据等。在三维场景建设中采用了多种影像处理技术，如几何校正和投影转换、多源遥感影像配准、影像融合、彩色合成、影像增强等。

1. 几何校正和投影转换

遥感影像一般都有变形，影像变形主要有外部变形和内部变形两种：①通常获取的遥感影像因为传感器位置与姿态的变化，地球曲率的影响，以及地形起伏地球旋转等原因会导致影像外部变形；②影像的内部变形是因为传感器本身性能技术指标偏离标称数值。因此，影像校正主要是利用控制点信息、DRG 或正射影像等参考数据对遥感影像的变形进行了校正。对每景图像分别进行几何精校正和投影转换，使之与图形库中矢量数据一致的大地坐标系相匹配。

2. 多源遥感影像配准

多源遥感影像配准是对多种不同来源、不同分辨率的遥感影像进行配准，包括 1km 分辨率的气象卫星数据、30m 分辨率的 TM 数据、2.5m 分辨率的 SPOT 卫星数据、1m 分辨率的航空遥感影像等。由于在三维场景建设中往往同时采用多种不同来源、不同比例尺的遥感影像，因此，需要利用参考数据对这些多源卫星影像进行配准或选取控制点进行配准。

3. 影像融合

将不同空间分辨率的多光谱影像进行精度融合，融合后的影像可以综合高光谱分辨率与高空间分辨率的优势，影像效果得以增强。尝试了这种数据处理技术，即同时使用了 0.3m 分辨率的影像、2.5m 和 5m 高空间分辨率全色波段影像及 10m 分辨率的 SPOT5 多光谱影像。2.5m 分辨率全色波段影像具有相对较高的空间分辨率，反映的地面纹理、线条都非常清晰，但是只有单个波段，只能灰度显示，地物层次不够明显，显示效果单调；使用的 10m 分辨率的 SPOT5 多光谱影像，可以合成彩色图像，地物层次丰富，显示效果好，但空间分辨率相对不高。为了充分发挥两种数据各自的优势，需要进行图像精度融合处理，融合后的图像分辨率得以提高，且可以进行彩色合成。融合之前，要对两种分辨率的匹配图像进行高精度配准，尽管几何精校正已经保证了坐标一致，但总有可能存在微小的误差，这些误差会严重影响融合后图像的效果，空间配准精度要求在 2 个像元内。

4. 彩色合成

图像融合完成后，选择合适的波段进行 RGB 彩色合成，选择多波段影像的 3 个不同波段分别放置在对应的红、绿、蓝通道，显示不同效果的彩色合成影像。

5. 影像增强

直接使用预处理后的影像时，其显示效果较差，比如整体灰暗、不清晰、对比度差、阴影重，应该进行适当的增强处理。通过增强处理可以突出图像中有用的信息，使其中感兴趣的特征得以加强，线形地物如河流、堤防，或面状水体如湖泊等，增强后图像会变得清晰。比较常规使用的增强方法有彩色合成、线性拉伸、比值变换、直方图变换、亮度对比度调整、卷积运算、中值滤波、滑动平均、边缘增强等。

另外，对于关键区域，如果有阴云遮盖，应当进行去云处理，或者用其他图像替代、补充。

6. 其他处理

根据区域范围与应用需要，通常要对图像进行拼接、裁剪、拉伸、滤波等处理，根据 ETM 不同波段组合及颜色拉伸，调整出不同的显示效果图。

4.2.6 时序监测数据异常处理

降雨监测数据由于受设备质量、安装位置、周边环境等常规因素以及雷电、设备断电、通信中断等突发因素影响，会产生大量的异常数据，如某段时间数据中断、不合理的雨量极值、相邻雨量站数据不匹配等，因此提出了一种降雨监测异常数据自动监测及插补方法，主要实现从多年监测数据中筛选出可用雨量站，并检测出这些可用雨量站中存在的异常数据，然后进行插补。

该方法的主要技术点包括：①计算某雨量站某年的总降雨量与周边相邻几个雨量站的年总雨量的平均值的比值，如果小于 0.5 或大于 1.5，则提出该雨量站；②以场次为单元，利用每个站降雨过程与周边站平均降雨过程的相关系数，筛选出数据异常雨量站；③按反距离权重法，利用相邻雨量站逐时段的降雨数据插补得到数据异常雨量站逐时段的降雨数据。主要步骤如图 4.2-4 所示。

（1）绘制所有雨量站的泰森多边形，借助泰森多边形，确定每个雨量站的相邻雨量站，如图 4.2-5 所示。

（2）筛选数据不完整的雨量站。统计所有雨量站逐年总雨量，如果某个雨量站的年总雨量与相邻雨量站年总雨量的平均值的比值小于 0.5 或大于 1.5，则认为该雨量站数据不完整。雨量站 s 的相邻雨量站某年总雨量的平均值采用反距离权重法计算，见公式（4.2-1）。

$$\overline{P}_{s,y} = \frac{\sum_{i=1}^{n}(P_{i,y}/d_{s,i})}{\sum_{i=1}^{n}(1/d_{s,i})} \tag{4.2-1}$$

式中：$\overline{P}_{s,y}$ 为雨量站 s 的相邻雨量站在 y 年的总雨量平均值，mm；$P_{i,y}$ 为相邻的雨量站 i 在 y 年的总雨量，mm；$d_{s,i}$ 为雨量站 s 和雨量站 i 的距离，km；n 为雨量站 s 的相邻雨量站的个数。

（3）将雨量监测数据划分为场次。当有雨量站降雨量超过 0.5mm 时，则认为降雨开始，如果后面连续 4h 所有站点均未降雨，则认为降雨结束，从降雨开始到降雨结束算作一个完整的降雨场次。

（4）逐场次计算每个雨量站逐 5min 降雨过程与相邻雨量站逐 5min 降雨过程均值的皮尔逊相关系数 r。如果某雨量站某场次的相关系数 $r<0.4$，则认为该雨量站在该场次中为数据异常雨量站。场次 j 中雨量站 i 的相关系数计算见公式（4.2-2）。

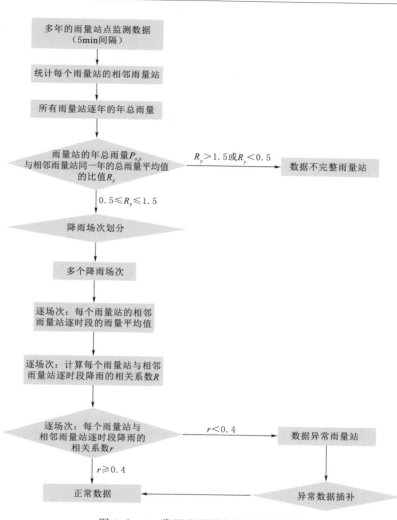

图 4.2-4 降雨监测异常数据插补流程

$$r_{i,j} = \frac{\sum_{t=1}^{n}(P_{i,t}-\overline{P}_{i,j})(A_{i,t}-\overline{A}_{i,j})}{\sqrt{\sum_{k=1}^{n}(P_{i,t}-\overline{P}_{i,j})^2(A_{i,t}-\overline{A}_{i,j})^2}} \quad (4.2-2)$$

式中：$r_{i,j}$ 为 j 场次雨量站 i 的相关系数；n 为 j 场次的时段数；$P_{i,t}$ 为雨量站 i 在 t 时段的雨量值，mm；$\overline{P}_{i,j}$ 为 j 场次中站点 i 的时段雨量均值，mm；$A_{i,t}$ 为雨量站 i 的相邻雨量站在 t 时段的降雨量算数平均值，mm；$\overline{A}_{i,j}$ 为 j 场次中所有 $A_{i,t}$ 的平均值。

其中，$A_{i,t}$ 按照反距离权重法计算，见公式（4.2-3）。

$$A_{i,t} = \frac{\sum_{s=1}^{n}(p_{s,t}/d_{s,i})}{\sum_{s=1}^{n}(1/d_{s,i})} \quad (4.2-3)$$

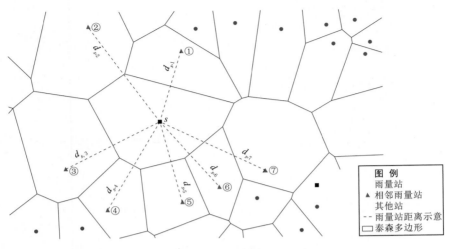

图 4.2-5　雨量站 s 和相邻站示意图

式中：$A_{i,t}$ 为雨量站 i 的相邻雨量站在 t 时段的降雨量算数平均值，mm；$p_{s,t}$ 为相邻雨量站 s 在 t 时刻的雨量值，mm；$d_{s,i}$ 为雨量站 s 和雨量站 i 的距离，km；n 为相邻雨量站的个数。

雨量站与相邻雨量站降雨过程的相关系数见表 4.2-1。

表 4.2-1　　　　　　　　　雨量站与相邻雨量站降雨过程的相关系数

站点编号	场次 1	场次 2	场次 3	场次 4	场次 5	场次 6	场次 7	场次 8	场次 9
60114700	0.294	0.561	0.768	0.405	0.872	0.375	0.648	0.389	0.907
60115000	0.849	0.692	0.882	0.965	0.938	0.819	0.612	0.921	0.119
62503200	0.777	0.947	0.987	0.959	0.818	0.948	0.866	0.879	1.000
62519004	0.782	0.860	0.909	0.592	0.557	0.864	0.737	0.748	0.807
62519034	0.593	0.823	0.938	0.743	0.862	0.905	0.802	0.585	0.357
62519054	0.782	0.856	0.896	0.788	0.522	0.901	0.915	0.865	0.449
62521300	0.842	0.602	0.821	0.898	0.830	0.784	0.784	0.641	0.925
62522700	0.772	0.838	0.914	0.578	0.024	0.770	0.894	0.814	0.077
62524400	0.855	0.940	0.983	0.768	0.644	0.954	0.938	0.912	0.367
62549014	0.907	0.925	0.982	0.990	0.978	0.997	0.972	0.967	0.884
62549034	0.717	0.680	0.938	0.634	0.231	0.521	0.919	0.746	0.955
62549054	0.644	0.624	0.877	0.865	0.386	0.768	0.741	0.707	0.960
62631200	0.628	0.722	0.917	0.649	0.459	0.944	0.904	0.580	0.114
62631400	0.706	0.888	0.932	0.907	0.935	0.835	0.882	0.806	0.263
62631800	0.688	0.908	0.981	0.943	0.582	0.934	0.709	0.689	−0.100
62700110	0.558	0.969	0.850	1.000	1.000	1.000	0.806	0.880	0.783

站点编号	场次 1	场次 2	场次 3	场次 4	场次 5	场次 6	场次 7	场次 8	场次 9
62700200	0.507	0.942	0.938	0.635	0.881	0.826	0.656	0.673	0.633
62700400	0.763	0.827	0.949	0.861	0.924	0.908	0.973	0.422	0.688
62700500	0.814	0.840	0.902	0.576	0.654	0.719	0.588	0.718	0.246
62700604	0.329	0.656	0.917	0.477	0.825	0.820	0.547	0.396	0.432
62700700	0.680	0.695	0.698	0.787	0.065	0.655	0.599	0.257	0.129
62700710	0.596	0.591	0.796	0.249	−0.005	0.621	0.691	0.383	0.370
62710234	0.413	0.674	0.863	0.651	0.854	0.430	0.557	0.915	0.929
62711044	0.731	0.799	0.426	0.787	0.586	0.768	0.717	0.423	0.415
62711064	0.065	0.264	0.640	0.931	0.843	0.597	0.865	0.572	0.420
62711084	0.694	0.867	0.400	0.849	0.682	0.739	0.725	0.220	0.300

（5）对数据不完整雨量站和数据异常雨量站，采用反距离权重法，逐时段进行插补。i 雨量站在 t 时段的雨量值插值方法见公式（4.2-4）。

$$P_{i,t} = \frac{\sum_{s=1}^{n}(p_{s,t}/d_{s,i})}{\sum_{s=1}^{n}(1/d_{s,i})} \tag{4.2-4}$$

式中：$P_{i,t}$ 为待插值的雨量站 i 在 t 时刻的雨量值，mm；$p_{s,t}$ 为相邻雨量站 s 在 t 时刻的雨量值，mm；$d_{s,i}$ 为雨量站 s 和雨量站 i 的距离，km；n 为相邻站点的个数。

降雨数据插补前后效果分别如图 4.2-6 和图 4.2-7 所示。

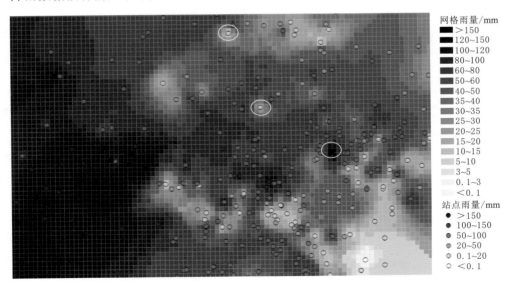

图 4.2-6　降雨数据插补前效果

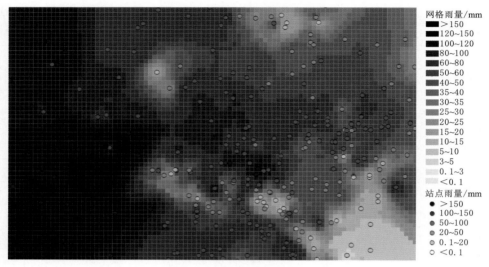

网格雨量/mm
- >150
- 120~150
- 100~120
- 80~100
- 60~80
- 50~60
- 40~50
- 35~40
- 30~35
- 25~30
- 20~25
- 15~20
- 10~15
- 5~10
- 3~5
- 0.1~3
- <0.1

站点雨量/mm
- ● >150
- ● 100~150
- ● 50~100
- ● 20~50
- ◐ 0.1~20
- ○ <0.1

图 4.2-7 降雨数据插补后效果

4.3 水利对象融合处理

4.3.1 数据对象抽取

数据底板的基础数据来源包括水利普查数据、山洪灾害调查评价成果数据、1∶25 万水利专题图、水旱灾害风险普查数据和洪水风险图成果数据等。融合前需对不同来源数据对象进行抽取汇聚，见表 4.3-1～表 4.3-10。

表 4.3-1 水 库 对 象 抽 取

序号	数据来源	处 理 内 容
1	水利普查数据	（1）通过水库的经纬度坐标，生成水库点数据。 （2）按照流域边界范围，提取出流域内的水库点数据。 （3）通过水库编码挂接水库的主要指标信息，包括水库基本信息（名称、规模、位置、水库类型、建成时间、管理单位、安全类别等）、特征水位库容信息（总库容、兴利库容、调洪库容、死库容、校核洪水位、设计洪水位、兴利水位、死水位、设计洪水标准、校核洪水标准、汛限水位、汛中限制水位、允许最高水位、允许壅高水位、汛末蓄水位、汛末相应库容、超蓄相应库容、汛中超蓄水位、汛中相应库容等）、泄水信息〔溢洪道堰顶宽、溢洪道堰顶高程、最大泄流量、放水洞断面尺寸、放水洞设计流量、溢洪闸（孔）〕、挡水信息（坝体类型、坝顶高程、最大坝高、坝顶宽度、坝顶长度、防浪墙顶高程）和工程效益信息（设计灌溉面积、有效灌溉面积、保护人口、保护耕地）等
2	山洪灾害调查评价成果数据	（1）从水库点空间图层中，提取出两个流域范围内的水库数据。 （2）根据水库编码挂接防治区水库工程属性表相关信息，获取小流域代码、河流（湖泊）编码、水库类型、主要挡水建筑物类型、挡水主坝类型、主要泄洪建筑物型式、坝址多年平均年径流量、工程类别、主坝坝高、主坝坝长、最大泄洪流量、设计洪水位、总库容和水面面积等

序号	数据来源	处理内容
3	水旱灾害风险普查数据	（1）从水库图层中，根据空间关系提取出两个流域范围内的水库点数据。 （2）获取水库的属性信息，包括水库位置、挡水主坝类型、安全评价/鉴定开展情况、安全评价/鉴定完成时间、安全评价/鉴定结论、除险加固是否完成
4	洪水风险图成果数据	（1）从防洪保护区洪水风险图编制项目成果的水利工程面状要素中，根据空间关系提取出大汶河流域范围内的水库面数据。 （2）获取水库的基本属性信息，包括水库名称、要素编码
5	1:25万水利专题图	从大（2）型水库面图层和中型水库面图层中，提取合并出两个流域范围内的大中型水库面数据
6	小水库数据库	收集小水库基础数据，包括小水库的点位信息、基础特征信息（编码、名称、所在河流、水库功能、大坝类型按材料分、大坝类型按结构分、坝址以上流域面积、工程等级、设计洪水位标准、校核洪水位标准、设计洪水位、校核洪水位、正常蓄水位、正常高水位、汛限水位、校核水位、设计水位、兴利水位、死水位、年径流量、总库容、调洪库容、防洪库容、兴利库容、死库容、汛限库容、设计标准、校核标准、地震烈度、坝顶高程、堰顶高程、最大坝高、坝顶宽度、坝顶坝长、主要泄洪建筑物型式、溢洪道堰顶高程、溢洪道堰顶宽度、溢洪道进口宽度、溢洪道位置、溢洪道高程、放水设施型式、最大泄量、设计流量、防水洞位置、防水洞尺寸、设计灌溉面积、有效灌溉面积、保护人口、保护耕地、近期鉴定时间、水库规模、安全类别、闸门数量、闸门类型、管理单位、描述）和三大责任人信息
7	文档资料	（1）整理大中水库三大责任人信息，包括政府责任人、主管部门责任人和管理单位责任人的姓名、单位和职务信息。 （2）整理出两个流域大中水库库容曲线数据，包括水库的水位、面积和库容关系

表4.3-2 河流对象抽取

序号	数据来源	数据名称	处理内容
1	山洪灾害调查评价数据	河段	（1）从河段线空间图层中，提取出两个流域范围内的河段数据。 （2）根据河段编码挂接防治区堤防工程属性表相关信息，获取堤防编码、堤防名称、行政区划代码、小流域代码、河流编码、河流岸别、堤防跨界情况、堤防类型、堤防型式、堤防级别、规划防洪标准［重现期］、堤防长度、达到规划防洪标准的长度、高程系统、设计水位、堤防高度（最大值）、堤顶宽度（最大值）、工程任务、堤防高度（最小值）、堤顶宽度（最小值）、堤顶高程的起点高程、堤顶高程的终点高程
2	洪水风险图成果数据	河流	（1）从防洪保护区洪水风险图编制项目成果的水利工程面状要素中，根据空间关系提取出大汶河流域范围内的河流面数据。 （2）从防洪保护区洪水风险图编制项目成果的水利工程线状要素中，根据空间关系提取出大汶河流域范围内的河流线数据。 （3）获取河流的基本属性信息，包括河流名称、要素编码

续表

序号	数据来源	数据名称	处　理　内　容
3	1∶25 万水利专题图	河流	从一级支流、干流和二级支流线图层中,提取合并出两个流域范围内的部分河流线空间数据
4	文档资料	河道	整理出河道相关的图件(水利工程图件)

表 4.3－3　　　　　　　　　　湖 泊 对 象 抽 取

序号	数据来源	处　理　内　容
1	洪水风险图成果数据	(1)从防洪保护区洪水风险图编制项目成果的水利工程面状要素中,根据空间关系提取出大汶河流域范围内的湖泊面数据。 (2)获取湖泊的基本属性信息,包括湖泊名称、要素编码
2	文档资料	从防洪预案中,整理湖泊基础特征数据,包括所在位置、水面面积、湖泊容积、平均水深、总库容等

表 4.3－4　　　　　　　　　　水 闸 对 象 抽 取

序号	数据来源	处　理　内　容
1	水利普查数据	(1)通过水闸的经纬度坐标,生成水闸点数据。 (2)按照流域边界范围,提取出流域内的水闸点数据。 (3)通过水闸编码挂接水闸的主要指标信息,包括水闸名称、所在位置、管理单位、所在河流、所在灌区(引调水工程)名称、工程建设情况、建成时间、开工时间、工程等别、闸孔数量、闸孔总净宽、水闸类型、主要建筑物级别、过闸流量、设计洪水标准[重现期]、橡胶坝坝长、橡胶坝坝高、橡胶坝高程系统、橡胶坝坝顶高程
2	山洪灾害调查评价数据	(1)从水闸点空间图层中,提取出两个流域范围内的水闸数据。 (2)根据水闸编码挂接防治区水闸工程属性表相关信息,获取水闸编码、水闸名称、河流编码、行政区划代码、小流域代码、水闸类型、闸孔数量、闸孔总净宽、过闸流量、橡胶坝坝高、橡胶坝坝长
3	水旱灾害风险普查数据	(1)从水闸图层中,根据空间关系提取出两个流域范围内的水闸点数据。 (2)获取水闸的属性信息,包括所属政区、工程名称、工程编码、工程位置、工程等别、水闸类型、安全评价/鉴定开展情况、安全评价/鉴定完成时间、安全评价/鉴定结论、除险加固是否完成
4	洪水风险图成果数据	(1)从防洪保护区洪水风险图编制项目成果的水利工程点状要素中,根据空间关系提取出大汶河流域范围内的水闸点数据。 (2)获取水闸的基本属性信息,包括水闸名称、要素编码
5	1∶25 万水利专题图	从水闸点图层中,提取出两个流域范围内的水闸点空间数据
6	文档资料	整理出水闸相关的图件(水利工程相关图件)

表 4.3 - 5   堤 防 对 象 抽 取

序号	数据来源	处 理 内 容
1	山洪灾害调查评价数据	（1）从堤防线空间图层中，提取出两个流域范围内的堤防数据。 （2）根据堤防编码挂接防治区堤防工程属性表相关信息，获取堤防编码、堤防名称、行政区划代码、小流域代码、河流编码、河流岸别、堤防跨界情况、堤防类型、堤防型式、堤防级别、规划防洪标准［重现期］、堤防长度、达到规划防洪标准的长度、高程系统、设计水位、堤防高度（最大值）、堤顶宽度（最大值）、工程任务、堤防高度（最小值）、堤顶宽度（最小值）、堤顶高程的起点高程、堤顶高程的终点高程
2	水旱灾害风险普查数据	（1）从堤防图层中，根据空间关系提取出两个流域范围内的堤防线数据。 （2）获取堤防的属性信息，包括所属政区、堤防名称、堤防编码、所在河流（湖泊）编码、所在河流（湖泊）名称、河流岸别、堤防长度、堤防级别、堤防型式、规划防洪（潮）标准［重现期］、现状防洪（潮）标准［重现期］、是否达标
3	洪水风险图成果数据	（1）从防洪保护区洪水风险图编制项目成果的水利工程线状要素中，根据空间关系提取出大汶河流域范围内的堤防线数据。 （2）获取堤防的基本属性信息，包括堤防名称、要素编码
4	1：25 万水利专题图	从一级堤防线图层和其他堤防线图层中，提取合并出两个流域范围内的堤防线空间数据
5	文档资料	整理出堤防相关的图件（水利工程相关图件）

表 4.3 - 6   蓄 滞 洪 区 对 象 抽 取

序号	数据来源	处 理 内 容
1	水旱灾害风险普查数据	（1）从蓄滞洪区图层中，根据空间关系提取出两个流域范围内的蓄滞洪区点数据。 （2）获取蓄滞洪区的属性信息，包括所属政区、蓄滞洪区名称、蓄滞洪区编码、蓄滞洪区类型、围堤达标情况、安全建设完成情况
2	洪水风险图	从防洪保护区洪水风险图编制项目成果的水利工程面状要素中，根据空间关系提取出大汶河流域范围内的东平湖蓄滞洪区面数据
3	文档资料	从防洪预案中提取出蓄滞洪区基础特征信息，包括总面积、湖区面积、防洪运用水位、相应库容、主要作用等

表 4.3 - 7   山 洪 灾 害 对 象 抽 取

序号	数据来源	处 理 内 容
1	小流域	（1）从小流域面空间图层中，提取出两个流域范围内的小流域数据。 （2）获取小流域基本信息和出口位置信息，包括小流域编码、小流域名称、分类码、入流流域编码、出流流域编码、出流节点编码、流域级别、类型、面积、周长、平均坡度、形状系数、最长汇流路径长度、最长汇流路径比降、形心高程、出口高程、最大高程、糙率、稳定下渗率、出口位置地址、出口位置经度、出口位置纬度

序号	数据来源	处　理　内　容
2	村落	（1）从行政区划空间图层（TABZQ）中提取出两个流域范围内的村落点空间数据。 （2）根据行政区划代码挂接行政区划总体情况表（IA_ADC_ADINFO），获取村落的基本情况，包括总人口、总户数、土地面积、耕地面积、总房屋数
3	重要城（集）镇居民户	（1）从重要城（集）镇居民户空间图层中，提取出两个流域范围内的重要城（集）镇居民点数据。 （2）根据编码挂接重要城（集）镇居民调查成果表，获取城（集）镇名称、地址（门牌号）、楼房号、户数、总人数、宅基高程、建筑面积、临水、切坡、建筑类型、结构型式等
4	沿河村落居民户	（1）从沿河村落居民户空间图层中，提取出两个流域范围内的沿河村落居民户点数据。 （2）根据编码挂接重要沿河村落居民户调查成果表，获取户主名称、家庭人口、建筑面积、建筑类型、结构形式、宅基高程、临水、切坡、小流域代码、行政区划代码等
5	企事业单位	（1）从企事业单位空间图层中，提取出两个流域范围内的企事业点数据。 （2）根据单位编码挂接防治区企事业单位汇总表，获取单位名称、危险区代码、单位类别、组织机构代码、地址、占地面积、在岗人数、房屋数量、固定资产、年产值、小流域代码、行政区划代码等
6	防治区	（1）从行政区划总体情况表（IA_ADC_ADINFO）中提取出防治区类型字段值为1和2的数据，即为防治区数据；该数据带有经度和纬度信息，可以空间化生成防治区点图层；提取出两个流域范围内的防治区点图层数据。 （2）通过行政区划代码挂接防治区基本情况调查成果汇总表（IA_ADC_PREVAD），获取防治区内的基本社会经济情况，包括总人口、土地面积、耕地面积、总户数、Ⅰ类经济户数、Ⅱ类经济户数、Ⅲ类经济户数、Ⅳ类经济户数、总房屋数、Ⅰ类房屋数、Ⅱ类房屋数、Ⅲ类房屋数、Ⅳ类房屋数
7	危险区	（1）从危险区空间图层中，提取出两个流域范围内的危险区面数据。 （2）根据编码挂接危险区基本情况调查成果汇总表，获取危险区名称、危险区内人口、危险区内总户数、危险区内Ⅰ类经济户数、危险区内Ⅱ类经济户数、危险区内Ⅲ类经济户数、危险区内Ⅳ类经济户数、危险区内总房屋数、危险区内Ⅰ类房屋数、危险区内Ⅱ类房屋数、危险区内Ⅲ类房屋数、危险区内Ⅳ类房屋数、小流域代码、行政区划代码等
8	安置点	从安置点空间图层中，提取出两个流域范围内的安置点数据，获取临时安置点编码、临时安置点名称、小流域代码等
9	转移路线	从转移路线空间图层中，提取出两个流域范围内的转移路线数据，获取转移路线编码、转移路线名称、小流域代码等
10	无线预警广播站	（1）从无线预警广播站空间图层中，提取出两个流域范围内的无线预警广播站点数据。 （2）根据编码挂接无线预警广播站汇总表，获取站点位置、设备类型、建设日期、小流域代码、行政区划代码等

续表

序号	数据来源	处　理　内　容
11	简易雨量站	（1）从简易雨量站空间图层中，提取出两个流域范围内的简易雨量站点数据。 （2）根据编码挂接简易雨量站汇总表，获取站点位置、设站日期、测雨量、语音报警、光报警、设置预警阀、查前期雨量、小流域代码、行政区划代码等
12	简易水位站	（1）从简易水位站空间图层中，提取出两个流域范围内的简易水位站点数据。 （2）根据编码挂接简易水位站汇总表，获取站点位置、建设日期、测水位、语音报警、光报警、小流域代码、行政区划代码等
13	山洪沟	（1）从需防洪治理山洪沟空间图层中，提取出两个流域范围内的山洪沟线数据。 （2）根据山洪沟编码挂接需防洪治理山洪沟基本情况成果表，获取山洪沟名称、集水面积、沟道长度、沟道比降、有无设防、现状防洪标准、已有堤防防护工程长度、已有护岸防护工程长度、受影响乡镇、受影响行政村、受影响自然村、影响人口、影响耕地、小流域代码、行政区划代码等
14	沟道纵断面	（1）从沟道纵断面空间图层中，提取出两个流域范围内的沟道纵断面线数据。 （2）根据纵断面编码挂接沟道纵断面成果表，获取沟道、位置、是否跨县、起点高程、起点经度、起点纬度、终点高程、终点经度、终点纬度、控制点高程、控制点经度、控制点纬度、高程系、测量方法、行政区划代码等
15	历史山洪灾害	（1）从历史山洪灾害空间图层中，提取出两个流域范围内的历史山洪灾害点数据。 （2）根据山洪灾害编码挂接历史山洪灾害情况汇总表，获取灾害发生时间、灾害发生地点、过程降雨量、死亡人数、失踪人数、损毁房屋、转移人数、直接经济损失、灾害描述、小流域代码、行政区划代码等
16	成灾水位	从成灾水位点（CZSW）空间图层中，提取出两个流域范围内的成灾水位点数据，包含行政区划编码、流域编码、成灾水位点名称等信息
17	历史洪痕	（1）从历史洪痕测量点空间图层中，提取出两个流域范围内的历史洪痕点数据，主要包含纵断面编码、洪痕编号信息。 （2）根据洪痕编号挂接沟道历史洪痕测量点表，获取所在沟道、行政区划代码、测量方法、是否跨县、高程、洪水场次
18	塘（堰）坝	（1）从塘（堰）坝工程图层（DAMINFO）中，提取出两个流域范围内的塘（堰）坝点数据。 （2）根据塘堰编码挂接塘（堰）坝工程调查成果汇总表（IA_C_DAMINFO）相关信息，获取塘堰名称、容积、坝高、坝长、挡水主坝类型、行政区划代码、小流域代码
19	路涵	（1）从路涵工程图层（CULVERT）中，提取出两个流域范围内的路涵点数据。 （2）根据路涵编码挂接路涵工程调查成果汇总表（IA_C_CULVERT）相关信息，获取路涵名称、涵洞高、涵洞长、涵洞宽、涵洞类型、行政区划代码、小流域代码

续表

序号	数据来源	处 理 内 容
20	桥梁	(1) 从桥梁工程图层（BRIDGE）中提取出两个流域范围内的桥梁点数据。 (2) 根据桥梁编码挂接桥梁工程调查成果汇总表（IA_C_BRIDGE）相关信息，获取桥梁名称、桥长、桥宽、桥高、桥梁类型、行政区划代码、小流域代码
21	村落预警指标	(1) 从临界雨量模型分析法成果表（IA_A_FXCGTB）中提取村落预警指标数据，获取行政区划代码、土壤含水量、时段、临界雨量、分析方法。 (2) 通过行政区划代码与村落数据进行挂接，生成村落预警指标空间图层

表 4.3-8　　　　　　　　　社 会 经 济 对 象 抽 取

序号	数据来源	处 理 内 容
1	山洪灾害调查评价成果数据	(1) 从社会经济情况表（IA_C_VLGESTAT）中获取县级的宏观经济数据，包括行政区划代码、土地面积、乡镇个数、村民委员会个数、年末总户数、乡村户数、年末总人口、乡村人口、年末单位从业人员数、乡村从业人员数、农林牧渔业从业人员数、农业机械总动力、固定电话用户、第一产业增加值、第二产业增加值、地方财政一般预算收入、地方财政一般预算支出、城乡居民储蓄存储余额、年末金融机构各项贷款余额、粮食总产量、棉花产量、油料产量、肉类总产量、规模以上工业企业个数、规模以上工业总产值（现价）、固定资产投资（不含农户）、普通中学在校学生数、小学在校学生数、医院/卫生院床位数、各种社会福利收养性单位数、各种社会福利收养性单位床位数。 (2) 从行政区划总体情况表（IA_ADC_ADINFO）中获取乡镇和村级的基本经济数据，包括总人口、总户数、土地面积、耕地面积、总房屋数
2	网络资源	从统计局网站下载最新的统计年鉴数据，更新对应行政区的人口、GDP 等信息

表 4.3-9　　　　　　　　　基 础 地 理 对 象 抽 取

序号	数据来源	处 理 内 容
1	断面测量成果	(1) 断面测量成果目录整编，按照河道-桩号-照片分级分类组织数据。 (2) 断面测量 Excel 成果空间化处理，每个断面按照河道＋桩号生成唯一编码。 (3) 根据断面照片目录存储结构，自动化生成断面与对应照片的关联表
2	DOM	(1) 检查数据范围、精度和坐标系。 (2) 按照 DOM-数据精度-流域名称-文件名组织数据
3	DEM	(1) 检查数据范围、精度和坐标系。 (2) 按照 DEM-数据精度-流域名称-文件名组织数据
4	BIM	(1) 检查 12 个水利工程三维模型文件的完整性。 (2) 按照流域名称-水利对象名称-文件名组织数据
5	倾斜摄影数据	(1) 检查两个流域的实景三维模型数据的完整性。 (2) 按照流域名称-osgb 数据规范组织数据

表 4.3 - 10　　　　　　　　　水 利 业 务 数 据 抽 取

序号	数据来源	处 理 内 容
1	省、市、县水利部门业务资料	（1）对数据资料进行目录整编，按照河道防洪类、水库工程类、闸坝工程类和总体预案类进行一级目录组织。 （2）河道防洪类资料，按照河道名称进行分类组织。 （3）水库工程类资料，按照区县名称－水库名称进行分类组织（不同区县会有同名的水库）。 （4）闸坝工程类资料，按照闸坝名称进行分类组织。 （5）总体预案类资料统一存放在一类文件夹中。 （6）业务资料元数据信息抽取、整理

4.3.2　水库数据融合处理

水库相关信息主要来源于水利普查、1:25万水利专题图、防洪业务资料、小水库数据库等。大中型水库点数据主要采用水利普查表格数据，通过空间化转为空间数据，大中型水库面数据来源于1:25万水利专题图，小型水库点数据来源于其他，经过坐标转化和高精度影像叠加，修改水库点位置以及水库面轮廓边线，从相关资料补充水库正常蓄水位、防洪库容、防洪高水位等信息，从水旱灾害数据里面抽取最新的安全鉴定信息；将收集的三大责任人表格数据挂接到水库属性表，补充水库相关描述信息，挂接BIM模型数据，并从互联网、政府公开网站查询相关水库信息，最终得到水库点、面实体数据，将水库数据与其他地理实体数据，主要包括流域、行政区划、河流、水闸、测站等实体进行挂接，生成关系表，水库实体数据经过数据质检，质检合格后将水库实体数据和相关关系表导入数据库，处理流程如图4.3-1所示。

4.3.3　河流数据融合处理

河流数据主要采用山洪灾害河流数据，经过坐标转化和高精度影像叠加，修改河流空间位置，通过收集的调研资料、业务资料、山洪灾害数据、断面数据、互联网地图等资源补充河流名称，通过防洪特征值河流数据补充河流上游空间数据，通过调整后得到河流实体数据，将河流数据与其他地理实体数据，主要包括流域、行政区划、断面、拦河闸坝、堤防等实体进行挂接，生成关系表，河流实体数据经过数据质检，质检合格后将河流实体和相关关系表导入数据库，处理流程如图4.3-2所示。

4.3.4　堤防数据融合处理

堤防数据主要来源于1:25万水利专题图、山洪灾害堤防数据、水旱灾害堤防数据、洪水风险图堤防数据，将数据统一到CGCS2000坐标系，将各来源数据经过属性和空间融合、统一字段单位、数据内容标准化处理，得到一套空间数据和属性信息较完善的堤防实体数据，将堤防数据与其他地理实体数据进行挂接，生成关系表，堤防实体数据经过数据质检，质检合格后将堤防实体和相关关系表导入数据库，处理流程如图4.3-3所示。

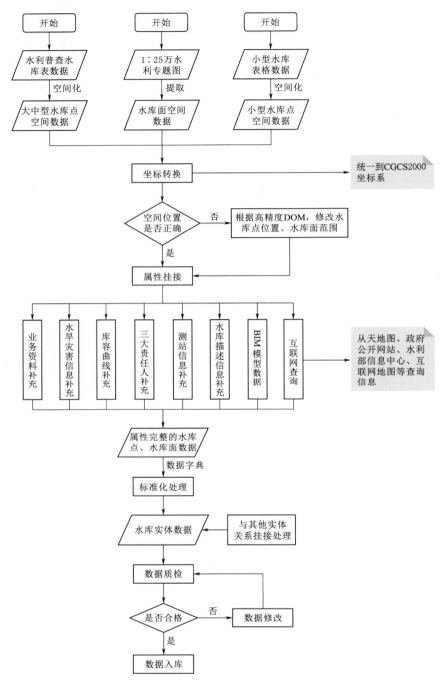

图 4.3-1　水库数据融合处理流程

4.3.5　水闸数据融合处理

水闸数据主要来源于 1∶25 万水利专题图、山洪灾害水闸数据、水旱灾害水闸数

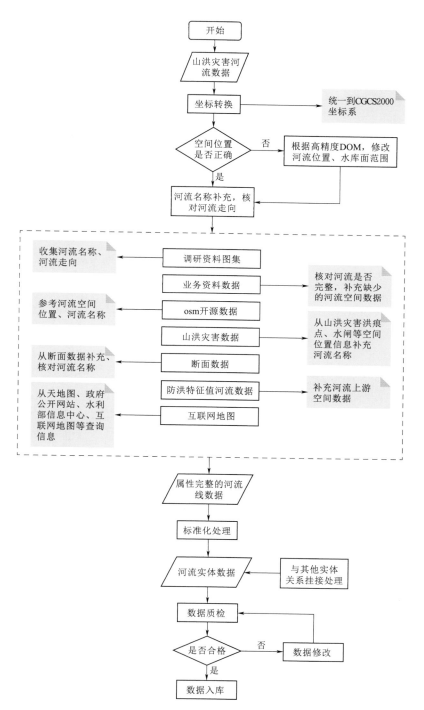

图 4.3 - 2　河流数据融合处理流程

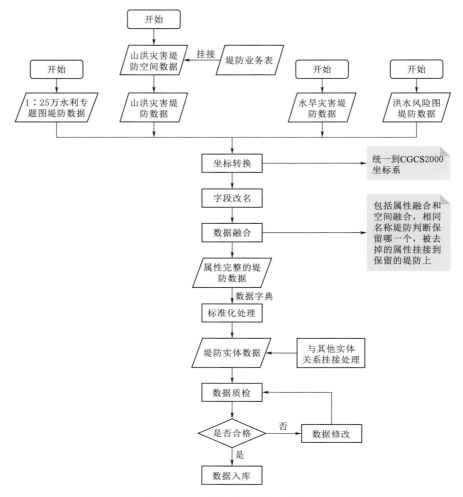

图 4.3-3　堤防数据融合处理流程

据、洪水风险图水闸数据，将数据统一到 CGCS2000 坐标系，将各来源数据经过属性和空间融合、统一字段单位、数据内容标准化处理，得到一套空间数据和属性信息较完善的水闸实体数据，将水闸数据与其他地理实体数据进行挂接，生成关系表，水闸实体数据经过数据质检，质检合格后将堤防实体和相关关系表导入数据库，处理流程如图 4.3-4 所示。

4.3.6　断面数据融合处理

　　断面数据主要来源于测量采集数据，包括断面属性和断面形状 Excel 表格数据、断面照片以及阻水建筑 Excel 表格数据。先对接收到的断面数据进行目录整编处理，将表格数据空间化，对采集的照片进行改名处理，添加断面所在河流的前缀，即"大汶河-照片名称"，并将照片挂接到对应断面数据属性表上，生成断面实体数据，上述章节河流数据已经和断面数据生成关系表，不用重复处理，质检合格后可直接导入数据库，处理流程如图

4.3-5 所示。

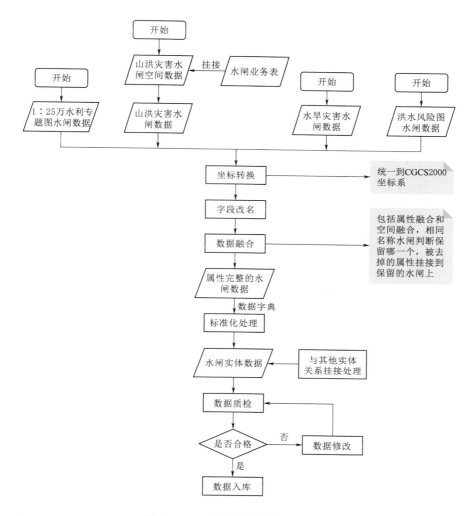

图 4.3-4　水闸数据融合处理流程

4.3.7　实体关系挂接处理

　　根据防洪调度业务需要，对水利工程数据进行关系挂接处理，例如和水闸相关的河流、水库，需要将水闸编码和河流编码、水库编码进行关联，生产关联表，供防洪调度业务需要。首先需要对数据元模型进行设计，数据关系挂接处理主要有三种方式，分别是空间挂接处理、属性挂接处理以及手动挂接处理，对数据进行分析，选择处理方式，生成关系表，处理流程如图 4.3-6 所示。

　　（1）空间挂接处理。空间挂接处理主要是通过空间数据之间包含或者相交的空间关系进行计算，能使用空间挂接的图层主要包括流域和行政区划数据与堤防、水闸、湖泊、河流、水库、村落等数据进行一对一或者一对多的关系挂接。

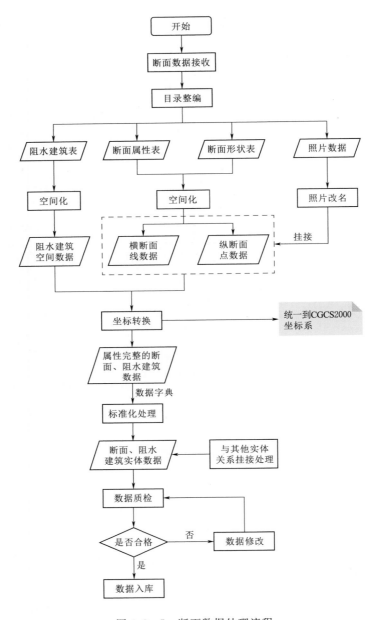

图 4.3 - 5 断面数据处理流程

（2）属性挂接处理。数据之间能够通过某个关联字段进行挂接处理，比如通过村落的行政区划代码挂接防治区、危险区、安置点数据。

（3）手动挂接处理。手动挂接处理主要处理那些没有特定空间关系也没有属性字段可以挂接的情况，例如河流和堤防、水闸、断面、拦河闸坝等数据的关系需要手动进行挂接处理。水闸关联关系模型如图 4.3 - 7 所示。

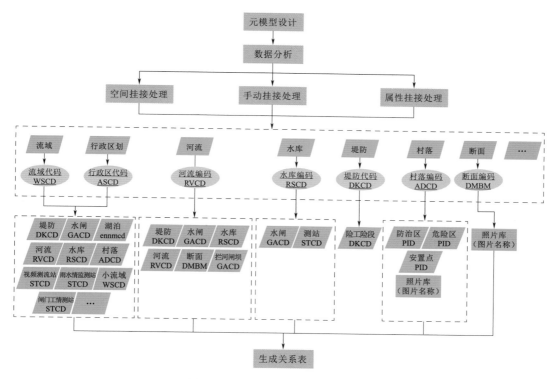

图 4.3-6 实体关系挂接处理流程

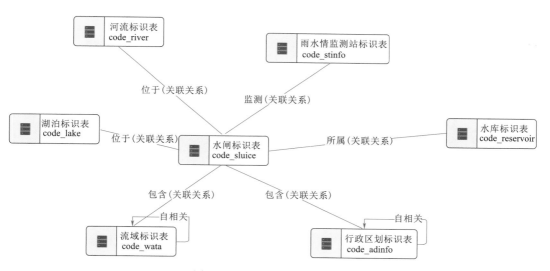

图 4.3-7 水闸关联关系模型

第5章

数字孪生流域数据
模型构建技术

　　数据模型是数据治理必要的环节，数据模型设计根据应用场景和业务需求可选择不同的设计思路，包括面向过程、面向事件、面向对象等方法。针对时空数据类型需要在数据模型设计过程中考虑加入时间和空间特征。ArcHydro 数据模型专注于地表水水文数据的组织，采用 Geodatabase 地理数据库技术，将对象的属性和对象的行为很好地结合在一起。水利普查数据模型采用面向对象数据建模理论与方法，以基于对象表达的信息组织为核心研制水利数据模型，实现空间、属性、关系的一体化管理。山洪灾害数据模型重点针对数据多维度、逻辑关系复杂等特点，用时空数据模型对数据进行组织与管理，解决自然类和社会经济类统计数据的融合问题。本章最后结合山东省数字孪生流域试点项目需求介绍水利数据模型设计方法和内容，包括水利数据模型和水利网格模型。

5.1　数据模型综述

5.1.1　时空数据组织管理进展

　　数据模型是多源时空数据有效组织管理的必备基础。数据模型是数据特征的抽象。数据是描述事物的符号记录，模型是现实世界的抽象。数据模型从抽象层次上描述了系统的静态特征、动态行为和约束条件，为数据库系统的信息表示与操作提供了一个抽象的框架。数据模型将杂乱无章的数据组织成有序的整体[55]。

　　在数据模型基础上扩展出了"空间数据模型"。空间数据模型是关于 GIS 中空间数据组织的概念和方法，反映现实世界中空间实体及其相互之间的联系，是描述 GIS 空间数据组织和进行空间数据库设计的理论基础[56]。

　　"时空数据模型是一种有效组织和管理时态地理数据，属性、空间和时间语义更完整的地理数据模型。"自从 20 世纪 60 年代 GIS 出现之后，时空数据模型就一直是时空数据研究者研究的热点之一，尤其是 GIS 学者，更是热衷于时空数据模型的改进与研究[57]，如 Hägerstrand[58] 于 1970 年提出的时空立方体模型、Armstrong[59] 提出的序列快照模型、Langran 等[60] 于 1988 年提出的时空复合模型、Peuquet 等[61] 于 1995 年提出的基于事件的时空数据模型、舒红等[62] 于 1997 年提出的面向对象的时空数据模型、Wilcox 等[63] 于 2000 年提出的基于图论的时空数据模型等。时空数据模型在很多行业都有很深入的应用，如张广平[64] 进行了基于过程的流域水利时空数据模型研究，刘晓慧等[65] 进行面向对象的地质灾害数据模型与时空过程表达研究，薛存金等[66] 以海洋数据的过程化组织为例研究了面向过程的时空数据模型应用，陈秀万等[67] 进行了基于事件的土地利用时空数据模型研究。

　　邬群勇等[68] 梳理了近 50 年来时空数据模型发展族谱，认为时空数据模型的发展主要经历了 20 世纪 70 年代的酝酿开创阶段、20 世纪 80 年代的探索时期、20 世纪 90 年代的大发展阶段和 21 世纪以来的应用阶段，认为对于时空数据模型而言，最重要的是对时间和空间的研究，当前时空数据模型对于地理实体时空信息的表达还是相对分离的，应该加强时间和空间的联系，构建结合多空间尺度和多时间粒度的时空数据模型。李晖等[69] 在对时空数据模型进行分类的基础上，对比了时空立方体模型、序列快照模型、时空复合模型、基于事件的时空数据模型、面向对象的时空数据模型、基于图论的时空数据模型以及多版本时空对象模型的基本原理、特点和缺陷，认为尽管时空数据模型研究已取得了长足的进展，但在模型对象的表达、数据的统一性及模型的移植性等方面仍存在问题。薛存金等[70] 分析了时空表达与建模理论的 5 个发展阶段，认为现有时空数据模型主要以地理实体存在状态的"对象视图"或"事件视图"，而不是"过程视图"作为表达载体，割裂了数据内在联系，无法实现复杂地理实体的时空语义描述和动态过程分析，提出以地理实体演变为核心的时空语义描述方法和融入地理对象变化的时空动态表达将是时空表达与建模理论的发展趋势。周成虎[71] 认为应该具有全地理信息系统思路，要发展大数据的时空关联和陆地表层曲面模型，进行时空地理要素数据场分析，识别多元空间体系下的时空关联关键性因子，构建地理系统认知体系，将大数据区分为空间平稳和空间非平稳两种类型，形成区域参量空间分布模式，建立相应的时空算法库，发展高效的批处理模型。

我国水利行业的重大信息化项目中，均采用了数据模型技术，在第一次全国水利普查、国家水资源监控能力建设项目、防汛抗旱指挥系统二期项目中都进行了相应的数据模型设计与应用。尤其是在第一次全国水利普查中，针对数据资源组织的困难，结合普查数据内容，采用面向对象数据建模理论与方法，以基于对象表达的信息组织为核心研制水利数据模型，实现了空间、属性、关系的一体化管理，保证了数据的完整描述和有序管理，为水利数据资源体系的整体规划奠定了基础。水利普查数据模型包含对象的空间、属性、关系等特征组成的对象模型及相应元数据模型，有效地解决了水利空间数据与属性数据的统一组织问题，为成果管理中数据的持续更新维护打下了良好基础，并为数据成果的后续应用服务提供了有力支撑。构建的对象-对象类-数据集三级元数据体系，提出基于日志自动抽取和逐级萃取的元数据处理方法，实现了伴随实体数据操作的元数据自动采集，解决了元数据库与实体数据库的同步问题[72-73]。

5.1.2　ArcHydro 数据模型

ArcHydro 数据模型专注于地表水水文数据的组织，它是把 GIS 和水文地理领域知识相结合的水文地理数据模型。该模型针对流域水文信息与水文模型集成存在的问题，在分析流域水文系统结构、总结目前水文模型需要参数的基础上，采用 Geodatabase 地理数据库技术构建的水文数据模型，将对象的属性和对象的行为很好地结合在一起，在全球水利行业具有广泛的应用[74]。

ArcHydro 是 ArcGIS 软件在水利行业的数据模型，由 David R. Maidment 教授设计，他是美国得克萨斯大学水资源研究中心主任、美国大学水文科学联合会信息化项目的牵头人。基于 ArcHydro 数据模型可以进行流域提取、汇流关系设计、时序数据集成、水文模型集成等。

ArcHydro 数据框架是一个简单、紧凑的结构，存储了水文系统中最重要的数据。该框架可以满足一般基础性水文研究和建模需要。同时，以它为起点，还可进行具有更多数据的更高级的水文研究和建模。数据框架中包含了 5 个最常使用的水文要素类，由监测站点要素类、水体要素类、流域要素类和水文网络组成，是对地表水对象最基本的描述。ArcHydro 数据模型由水文地理要素、流域要素、河槽要素和几何网络四大部分组成。其中几何网络是数据模型的骨架。

5.1.3 水利普查数据模型

第一次全国水利普查构建的水利数据模型包含对象的空间、属性、关系等特征组成的对象模型及相应元数据模型，针对数据资源组织的困难，结合普查数据内容，采用面向对象数据的建模理论与方法，以基于对象表达的信息组织为核心研制水利数据模型，实现空间、属性、关系的一体化管理。通过采用先进 GIS 技术手段，面向对象的建模方法对水利普查空间数据成果进行建模，梳理各类水利普查对象的关系，集成水利普查基础数据空间和业务资源，建立共享、规范、统一的水利普查空间数据库[75]。该数据模型在支撑全过程系统实施层面保证了数据在对象层次的完整性和一致性，为成果管理中数据的持续更新维护打下了良好基础。同时，为普查数据成果的后续应用服务提供了有力支撑，创新了水利普查成果的形式，提高了水利普查成果的应用技术水平[76]。

根据《第一次全国水利普查实施方案》（水规计〔2010〕498 号），水利普查分为河流湖泊、水利工程、经济社会用水、河湖开发治理保护、水土保持、水利行业能力建设等 6 个方面。水利普查采集与处理的空间数据含有 28 个对象类型，分别为流域单元、河流（水系轴线和水系岸线）、面积大于 $1km^2$ 的湖泊、水文站和水位站、水库工程、水闸工程、泵站工程、堤防工程、水电站工程、引调水工程、农村供水工程、组合工程、渠道、灌区、地下水取水井、公共供水企业、规模以上用水户、规模化畜禽养殖场、河湖取水口、地表水水源地、入河湖排污口、水功能区划、水资源分区、淤地坝、土壤侵蚀分类分级、侵蚀沟道、水利行业单位。

水利普查对象之间存在空间、管理（业务）关系。

（1）空间关系。水利普查对象在空间上以点、线、面 3 种形式出现。它们在空间上的主要关系有依附关系、位于关系、衔接关系、跨越关系、包含关系、没有关系（不相交），通过对水利普查对象之间空间关系的建立，为水利普查成果数据空间分析打下了基础。

（2）管理（业务）关系。水利单位类水利普查对象和其他类的水利普查对象之间存在管理和被管理的关系。任何一个水利普查对象至少存在一个直接管理者，这些管理者大部分是水利单位类中的一员，因此在众多水利普查对象中，相互之间就存在了一种管理和被管理的关系，简称管理关系。

水利数据模型通过对水利对象多尺度空间表达、多维度业务属性、多重业务/空间关系与时态特征的完整描述和松耦合组织，使面向对象的数据组织能适应面向事件的对象重组、面向过程的时态追踪等多种应用需要，实现数据成果由静态数据库变为可维护的时态数据库。

5.1.4　山洪灾害数据模型

1. 数据模型设计

山洪灾害时空数据具有多维度、逻辑关系复杂等特点，需用时空数据模型对数据进行组织与管理。时空数据模型相关研究，如地质灾害数据模型、基于事件的数据模型等，从不同角度出发，解决了相应领域的问题。然而，自然类数据和社会经济类数据，尤其是统计数据的融合问题一直没有很好解决。山洪灾害时空数据模型，需要融合自然类与社会经济类数据，尤其需要能够表达两类数据的时空关系。

综合运用面向对象建模理论，遵从统一建模语言（UML）标准，借鉴水利普查数据模型、ArcHydro 数据模型等方面的理论和经验，设计山洪灾害时空数据模型。建模过程采用从实体对象到数据对象、从逻辑结构到物理存储、从数据存储到业务应用的技术路线，实现从山洪灾害调查评价实体对象到空间要素对象，再到逻辑数据对象，再到物理存储对象的层层深化与设计。建立山洪灾害时空数据对象的全息模型，实现基于更新汇总机制的多级元数据控制，体现多尺度数据的概化、抽取、融合[77]。

在分析山洪灾害防御业务和数据特点的基础上，结合山洪灾害防御实践对数据进行抽象处理，确定数据对象分类、对象属性以及对象之间的关系，构建了山洪灾害时空数据模型。将山洪灾害防御时空数据分为人类活动、地表环境、实时监测预警、综合挖掘四大类。四大类数据通过行政区划隶属关系、多级流域汇流关系以及行政区划与流域的关联关系有机结合，形成山洪灾害时空数据模型的架构，如图 5.1－1 所示。

以自然村和小流域为核心对象，按照行政区划和小流域两条主线，梳理山洪灾害系统中的承灾体、孕灾环境、致灾因子、历史灾情等数据对象。利用行政区划隶属关系，以自然村为核心，梳理山洪灾害防治区内的人口、财产、企事业单位等相关社会经济信息；通过小流域对象，梳理地表环境（地形、地貌、植被覆盖、土地利用）、涉水工程〔桥梁、路涵、塘（堰）坝〕、历史水雨情、暴雨资料等自然类信息。

人类活动数据以七级行政区划隶属关系为主线，通过行政区划编码串联，包括行政区划类、防治区类、历史山洪灾害类。行政区划类主要包含各级行政区划汇总信息，县域社会经济统计、居民家庭财产分类、房屋分类等信息。防治区类主要包含一般防治区、重点防治区、危险区、转移路线、安置点、重要沿河村落分析评价、居民户等信息。历史山洪灾害类主要包含历史山洪灾害、历史洪水、洪痕点等信息。

地表环境数据以各级流域水系汇流关系为主线，通过流域代码进行串联，包括流域水系类、水利工程类、涉水工程类、监测预警设施类、水文气象类。流域水系类包含各级流域水系的基本信息，水文气象类包含设计暴雨、设计洪水、汇流时间、洪峰模数等信息，水利工程类包含水库、水闸、堤防，涉水工程类包含塘（堰）坝、桥梁、涵洞，监测预警设施类包含自动监测站、简易雨量站、简易水位站、无线预警广播站。

实时监测预警数据以时间为主线，关联到行政区划或流域水系，包括实时降雨、雷达数据、气象数据、预警数据、响应反馈数据等。

综合挖掘数据通过对数据进行统计、分析、挖掘、再加工，形成历史山洪灾害格局、历

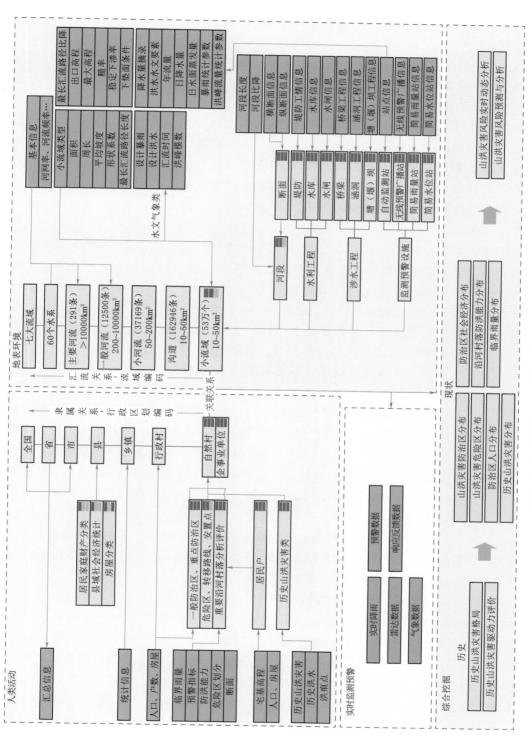

图 5.1-1 山洪灾害时空数据模型（FFSTDM）架构

史山洪灾害驱动力评价、山洪灾害防治区分布、山洪灾害危险区分布、防治区人口分布、历史山洪灾害分布、防治区社会经济分布、沿河村落防洪能力分布、临界雨量分布等专题。

通过分析数据逻辑关系，将对象关系分为三类：拓扑关系、关联关系、数值关系。拓扑关系反映实体之间的空间逻辑关系；关联关系反映对象之间有逻辑上或指向上的关联；数值关系反映实体数值型属性字段之间的关系。

山洪灾害时空数据模型是数据库构建的基础，规范各个对象实体的数据结构与实体间的关系，使山洪灾害时空数据能够脱离上层应用系统和平台的制约，完整地存储和描述整个业务逻辑，长久地发挥数据的应用价值，使数据二次衍生及应用扩展更加方便，同时为后期的维护和更新降低难度，极大地方便了数据的管理，保障了山洪灾害时空数据的规范性与高效应用。

2. 多源数据尺度综合

山洪灾害时空数据要满足多尺度应用以及实时查询、管理，更重要的是对成果进行在线分析、统计、深度挖掘，基于此，引入数据仓库技术。数据仓库的概念，由"数据仓库之父"比尔·恩门（Bill Inmon）在1991年出版的 *Building the Data Warehouse* 一书中提出。作为一个面向主题的、集成的、相对稳定的、反映历史变化的数据集合，数据仓库用于支持管理决策，可为业务应用提供准确、及时的报表，可以赋予管理人员更强大的分析能力，尤其是联机分析处理（OLAP），可支撑数据挖掘、知识发现。数据仓库技术在通信、银行、保险等数据密集型行业，都已经有成熟应用。在水利行业的数据质量管理、工程管理、大坝安全、调度决策中，也有成功的应用案例。

采用 GIS-ETL 方式，对现场调查数据、分析评价数据、水文气象数据、多媒体数据等进行多维深入分析，根据主题对数据进行抽取与聚集，形成山洪灾害成果的多维视角，为山洪灾害防御工作提供统一的、面向分析的决策支持环境。山洪灾害数据具有多种管理维度，包括全国、省、市、县、乡、村的隶属关系维，包括表格、图层、多媒体的格式维，包括社会经济、历史灾害、自然条件的属性维，还包括基于流域汇流关系的汇流关系维度。基于 OLAP 技术，采用星型及雪花模型，以事实表为基础，建立多维数据集，通过切片、旋转、上卷、下钻等分析模型剖析数据，能够从多角度、多侧面观察数据仓库中的数据，最后利用可视化工具进行表达，可以更直观、深入地理解数据的内涵。山洪灾害时空数据多维综合流程如图 5.1-2 所示。

山洪灾害数据按数据来源可分为现场调查、分析评价、水文气象、基础统计、基础专业等多个专题。除传统的报表、图表之外，按数据主题结合 GIS 制图技术进行表达，对数据指标进行抽取汇总。由于山洪灾害数据对象具有空间位置信息，因此采用 GIS-ETL 方式进行数据信息的综合，以沿河村落临界雨量为例，通过分析评价名录表，关联临界雨量信息表，读取临界雨量，通过关联行政区划名录表，获取沿河村落坐标，用沿河村落坐标与所在流域进行空间查询，得到流域各时段设计暴雨，临界雨量与设计暴雨比对，确认所选区域沿河村落的临界雨量成果信息表和分布图。

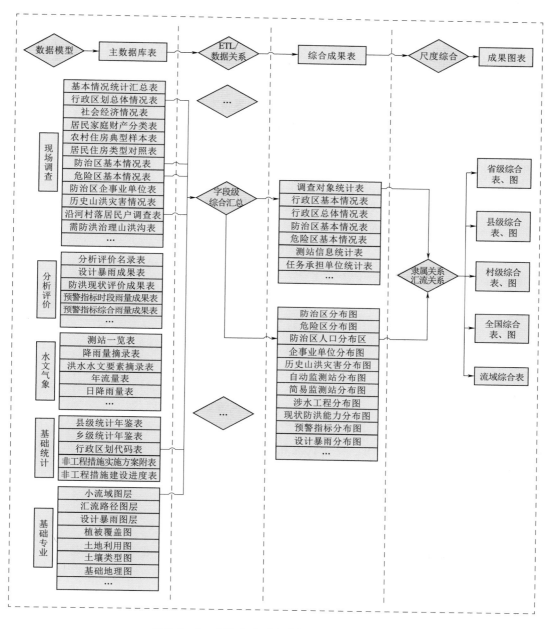

图 5.1-2　山洪灾害时空数据多维综合流程图

5.2　水利数据模型设计

本节以山东省数字孪生流域试点项目为例介绍数据模型设计相关内容。

数据模型是描述一个系统中的数据内容、数据内容之间的关联关系，以及对数据约束的一组完整性的概念。它是对数据库的结构与定义的描述，是对现实世界的抽象表达，是数据库系统的核心和基础。

数据库概念模型实际上是现实世界到机器世界的一个中间层次。数据库概念模型用于信息世界的建模，是现实世界到信息世界的第一层抽象，是数据库设计人员进行数据库设计的有力工具，也是数据库设计人员和用户之间进行交流的语言，所以概念模型应该能够方便、准确地表示信息世界中的常用概念。现实世界极其复杂，任何计算机构建的数字世界都不可能完整地对其进行描述。实体是指现实世界中客观存在的并可以相互区分的对象或事物。就数据库而言，实体往往指某类事物的集合，可以是具体的人事物，也可以是抽象的概念、联系。

实体模型的设计思路为：通过将现实世界中的事物或现象对象化，并将具有共同特征的相关对象归类、抽象，形成概念化认知，为客观事物建立概念模型；以空间的认知经验与知识为基础，复杂混沌的现实世界通过概念化被理解，为有关概念理解与结构分析提供依据，结合地理空间认知与建模相关理论，对概念模型进一步抽象、分解和细化，形成逻辑数据模型，反映全空间认知的世界；最终，将现实世界转变为机器能够识别的形式，在计算机内部以具体的物理存储模型记录实体模型的数据和属性，从而反映、表达和认知现实世界。实体模型设计思路如图 5.2-1 所示。

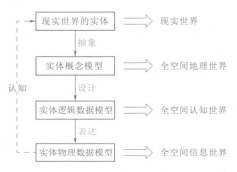

图 5.2-1 实体模型设计思路

基础对象的基本描述内容，包括了空间、时间和其他属性等三个方面的内容。空间特征刻画了实体的空间位置、空间分布和空间相关性；时间特征刻画了实体的存在时间、变化状况和时间相关性；属性特征记录了实体的隶属领域、行业、业务、主体等内容。

数字孪生水利实体概念结构设计如图 5.2-2 所示。

5.2.1 江河湖泊

江河湖泊包括流域、河流、湖泊。以流域为例介绍水利数据模型设计成果。

流域是指地表水及地下水的分水线所包围的集水或汇水区域。流域实体对象模型设计如图 5.2-3 所示。

5.2.2 水利工程

水利工程包括水库、大坝、水电站、渠道、水闸、渡槽、倒虹吸、泵站、涵洞、引调水工程、塘坝、蓄滞洪区、堤防、治河工程、橡胶坝、跨河桥梁。以水库为例介绍模型设计成果。

水库是指在河道、山谷、低洼地有水源或可从另一河道引入水源的地方修建挡水坝或堤堰，形成的蓄水区域。水库实体对象模型设计如图 5.2-4 所示。

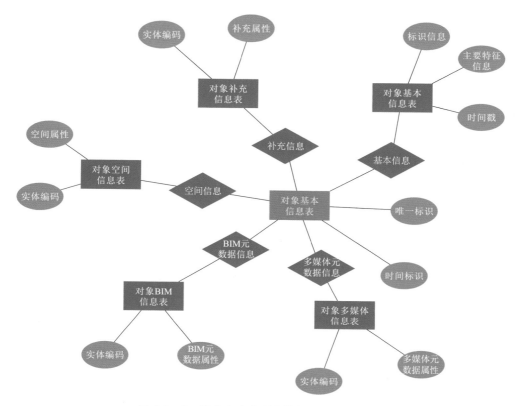

图 5.2-2 数字孪生水利实体概念结构设计图

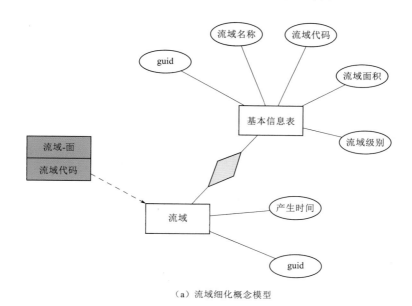

(a) 流域细化概念模型

图 5.2-3 (一) 流域实体对象模型设计图

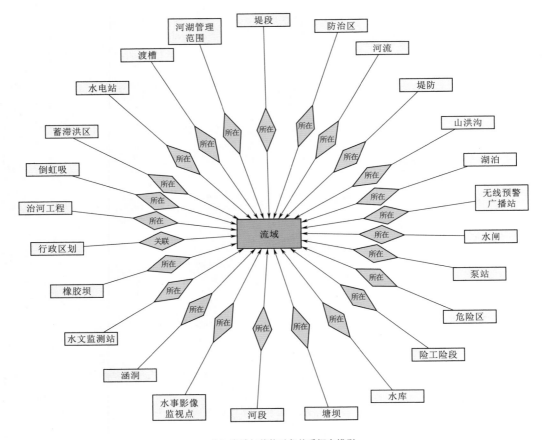

（b）流域与其他对象关系概念模型

图 5.2-3（二）　流域实体对象模型设计图

5.2.3　监测站（点）

监测站（点）包括水文监测站和水事影像监视点。本节以水文监测站为例介绍水利数据模型设计成果。

水文监测站是为收集水文数据而在河、渠、湖、库上或流域内设立的各种水文观测场所的总称，包括水文站、水位站、雨量站、水面蒸发站、水质站、土壤墒情站、地下水站（井）、气象站、水生态监测站等。水文监测站实体对象模型设计如图 5.2-5 所示。

5.2.4　其他管理对象

其他管理对象包括河湖管理范围、河段、堤段、险工险段、行政区划、防治区、危险区、山洪沟、无线预警广播站、组织机构。本节以河段为例介绍水利数据模型设计成果。

河段是指根据管理需要或河流河床演变特点，对河流进行的分段划分。河段实体对象模型设计如图 5.2-6 所示。

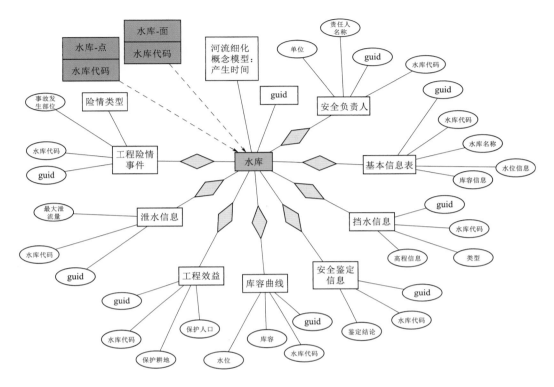

（a）水库细化概念模型

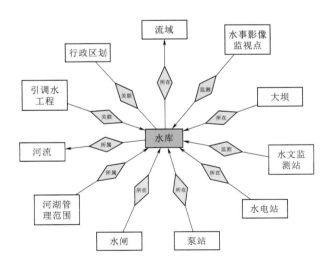

（b）水库与其他对象关系概念模型

图 5.2-4 水库实体对象模型设计图

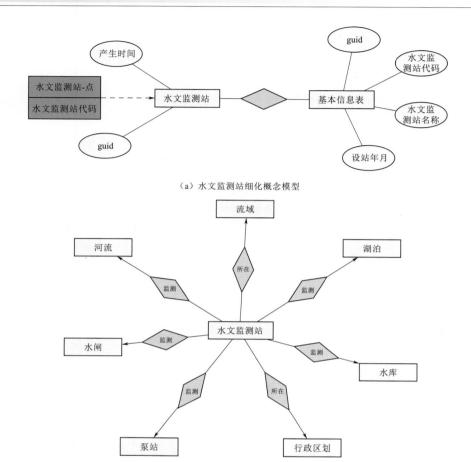

（a）水文监测站细化概念模型

（b）水文监测站与其他对象关系概念模型

图 5.2－5　水文监测站实体对象模型设计图

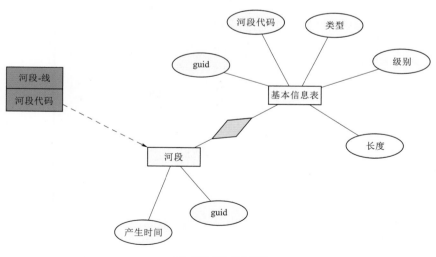

（a）河段细化概念模型

图 5.2－6（一）　河段实体对象模型设计图

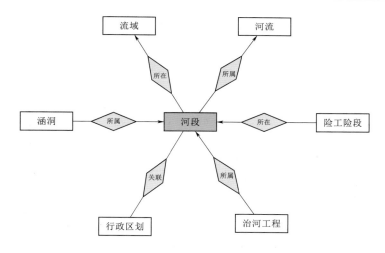

（b）河段与其他对象关系概念模型

图 5.2 - 6（二） 河段实体对象模型设计图

5.3 水利网格模型设计

大汶河流域和沂沭河流域内的小流域划分成果为暴雨洪水计算提供小流域几何参数信息、下渗特性、坡面糙率等基本水文参数和拓扑模型要素，为模型组提供基础数据支撑。小流域划分采用国家基础地理信息中心提供的 1：5 万 DEM 和 DLG 数据，结合水文监测站点和水利工程数据，以及高分辨率的影像数据、土地利用和植被类型、土壤质地类型数据和行政区划，在《中国河流代码》（SL 249—2012）的基础上，按 $10\sim50km^2$ 集水面积划分小流域，建立了小流域界、面、河段、最长汇流路径、节点等 16 个矢量图层，分析提取了小流域基本属性信息、下垫面坡面糙率和下渗特性，分析计算小流域标准化单位线，构建小流域基础属性信息数据库。按照《山洪灾害调查评价小流域划分及基础属性提取技术要求》的小流域编码规则，对划分的小流域、河段等进行统一编码，建立了两个流域完整的水系、流域拓扑关系。

5.3.1 水文网格

5.3.1.1 技术路线

流域水系数据开发过程，包括基础数据收集整理、小流域划分及基础属性提取、小流域统一编码、空间拓扑关系建立、逐级合并大流域、小流域标准化单位线提取等过程，具体技术路线如图 5.3 - 1 所示。

5.3.1.2 河流分级

任何河网都是由大小不等的、各种各样的水道连接而成，而一个较大的水道往往也是由若干较小的水道汇流而成，流域水系这种天然的层次结构有助于建立河网水系拓扑结构和对水系的构成做进一步的分析。

流域的层次结构可通过对河网水系中的各个支流按照其汇入特性进行分级而实现，目

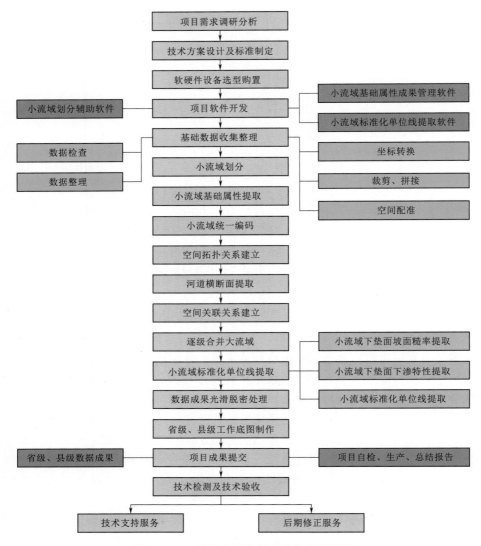

图 5.3-1　流域水系数据开发技术路线图

前常用的河网分级方案有 Strahler 方法、Horton 方法等。其中 Strahler 分级方法由于是从形态与水文要素综合分析中提出的而得到广泛的认可。河流编码方案考虑到全国山洪灾害防治工作的实际需要，以及为构建全国尺度分布式水文模型提供基础数据的复杂性，参考 Strahler 分级方案，提出一个类似优化的河流分级方案（如图 5.3-2），其主要原理如下：

（1）所有的外部河道段（没有其他河道段加入的河道段）为第一级。

（2）两个同级别（设其级别为 k）的河道段汇合，形成新的河道级别为 $k+1$。

（3）如果级别为 k 的河道段加入级别较高的河道段，级别较高的河道段增加 1 级。

如图 5.3-2 所示，该分级方案既与 Strahler 分级方法法类似，又存在显著不同：Strahler 分级方法中不同级的两条河流（k 级和 $k+1$ 级）交汇形成的河流的级（$k+1$ 级）

等于两者中较高者，而优化分级方案中交汇形成的河流的级（$k+2$级）比交汇前较高级别河流（$k+1$级）增加一级。Strahler分级方法能将通过全流域水量的河流作为水系中最高级的河流，但其不足主要是不能反映流域内河流级越高，通过的水量也越大的事实。优化分级方案恰好能弥补这一缺点，也更方便进行数值化处理。

5.3.1.3 小流域统一编码

按照《山洪灾害调查评价小流域划分及基础属性提取技术要求》规定的小流域编码规则，在《中国河流代码》（SL 249—2012）基础上对划分的小流域、河段进行统一编码，建立完整的水系、流域拓扑关系。编码对象为山洪灾害防治区划分出来的小流域、河段和流域出口节点。

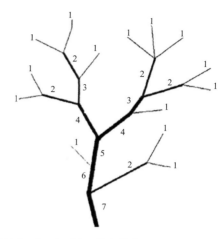

图 5.3 - 2　Strahler 类似优化河流分级示意图

1. 编码原则

参考有关水利信息化的行业规范，依据《中国河流代码》（SL 249—2012），并借鉴水利普查等工作经验，制定山丘区小流域编码原则。

（1）统一原则：小流域编码在全国三级河流代码的基础上扩展，形成编码体系。

（2）唯一原则：在全国范围内，确保每一个山丘区小流域编码的唯一性。

（3）稳定原则：编码体系以各要素相对稳定的属性或特征为基础，保证在较长时间内不发生重大变更。

（4）兼容原则：编码必须和现在的系统兼容，确保系统改动最小。

（5）扩展原则：以后小流域调整或增加级别时，可以对编码方案进行拓展。

（6）拓扑正确性原则：编码构成能体现各级流域及山丘区小流域的逻辑联系，并且准确反映地表水汇流关系。

（7）分级递推原则：按各级流域包含或并列的拓扑关系分级编制、逐级递推。

（8）自上而下原则：同级流域，按照水流方向，自上而下，自左岸至右岸，依次编码。

2.《中国河流代码》（SL 249—2012）编码定义

（1）编码对象。流域面积大于 500km^2 的河流，以及大型、重要中型水库和水闸所在的河流。对于流域面积难以确定的区域，以河流长度 30km 为标准。

（2）代码采用拉丁字母（I、O、Z 舍弃）和数字的混合编码，共 8 位，分别表示河流所在流域、水系、编号及类别。

（3）代码的格式：ABTFFSSY。

（4）编码次序：河流编码按从上游到下游、先干流后支流、先左岸后右岸的次序，依汇流关系编码。取 FF 的 00～09 作为干流或干流不同河段的代码，自上游至下游顺次编码。对三级、四级或更低级别的支流，按先高级后低级的顺序编码。《水利工程代码编制规范》（SL 213—2012）确定的水系中，单独入海或汇入内流区的河流均作为水系一级支流编码。

3. 小流域编码定义

小流域编码位数为 16 位，每位的取值为大写字母（A～Z）、小写字母（a～z）或数字（0～9），该方法可容纳数百万个小流域。流域和河段采用同一编码，小流域编码结构如图 5.3-3 所示，小流域编码位规定见表 5.3-1。

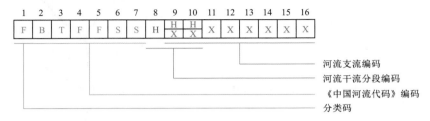

图 5.3-3 小流域编码结构图

表 5.3-1 小 流 域 编 码 位 规 定

编 码 位	编码位的含义	编码位的取值
F	该位表示分类码，区分流域、河道、节点	W：流域；A：河道；Q：节点
BTFFSS	该段表示一级流域、二级流域、一级支流、二级支流编码	同《中国河流代码》（SL 249—2012）
H（1～3 位）	该段表示干流编码，默认为 1 位。当干流河段过多，自动向后增加码位，最多 3 位	数字（1～9），大写字母（A～Z），小写字母（a～z）
XXXXXXXX（6～8 位）	该段表示干流以下支流编码，无支流时用 0 填充。下级干支流依此原则逐级编码	大写字母（A～Z），小写字母（a～z）

4. 编码方法

（1）以《中国河流代码》（SL 249—2012）中已编码河流为基础，从该河流出口向上游寻找流域面积最大的河流为干流，按小流域出口节点分段，自上而下进行编码；汇入此干流的支流也自上而下进行编码；再以此支流作为下级支流的干流，依此原则逐级编码。

（2）《中国河流代码》（SL 249—2012）中没有编码的独立水系（独流入海河流、内陆河流、出境河流等），先依据《中国河流代码》（SL 249—2012）编码规则编制前 7 位代码，再按小流域编码规则编制后 9 位代码。

（3）《中国河流代码》（SL 249—2012）中编码河流与 1∶5 万数字线划地图中河流名称、位置、流向不一致时，依据现场核查资料进行相应修改，或按上级河流重新编码。

目前，《中国河流代码》（SL 249—2012）中的河流编码只有 8 位，而一些主干河流的河段过多或支流级别过多，导致干流 1 位码编码不足，须动态添加编码位来编码，增加了编码的难度；同时，编码字符不区分大小写，对于全国小流域划分来说，会出现某级的河段过多的情况，这时编码字符将无法唯一标识这些河段。因此，目前的编码位数不足以描述全国 53 万个小流域、河流等的信息。在《中国河流代码》（SL 249—2012）的基础上将编码位数扩展至 16 位，显著扩充了编码流域、河流的数量，足以容纳 53 万个小流域、河流的汇流关系等信息，形成了全国全尺度流域水系统一的编码体系和自动编码技术，具有较好的实用性和先进性，能满足全国小流域、河流信息的编制、存储、检索等需求。

5.3.1.4 空间拓扑关系建立

小流域、水系、节点空间拓扑关系是以自然地表汇水关系为依据，自动建立上下游拓扑关系，保证河流水系的连通性和方向性。空间拓扑关系建立方法如下：

（1）通过河段图层属性表中（FRVCD、TRVCD）字段来建立水系上下游拓扑关系。FRVCD 表示流入该河段的上接河段编码，TRVCD 表示流出该河段的下接河段编码。

（2）根据河段上下游汇水关系，通过小流域图层属性表中（IWSCD、OWSCD）字段建立小流域上下游拓扑关系。IWSCD 表示汇入该流域的上接流域编码，OWSCD 表示流出该流域的下接流域编码。

（3）小流域与河段之间的拓扑关系是通过河段图层属性表中（BWSCD）字段来建立关系。该字段（BWSCD）表示该河段所在的流域编码。

（4）小流域出口节点之间汇水关系是通过节点图层属性表中（FNDCD、TNDCD）字段来建立上下游拓扑关系。FNDCD 表示汇入该节点的上接节点编码，TNDCD 表示流出该节点的下接节点编码。

（5）节点与小流域、河道的空间拓扑关系是通过节点图层属性表中（AWSCD、ARVCD）字段来建立关系。AWSCD 表示汇流该节点的流域编码集，ARVCD 表示汇入该节点的河道编码集。

流域水系划分与拓扑关系构建的过程中，常涉及流域水系的拆分合并，拆分与合并其难点主要在于拆分合并后不影响其他对象的编码和拓扑关系构建。

拆分技术可以对添加关注点的地方进行二次拆分而不影响其他成果，拆分后数据的空间拓扑关系会自动进行修正。合并技术也可以在不影响其他成果前提下对指定的流域进行合并，并自动修正空间拓扑关系。

通过以上技术，大大简化了数据修正的操作流程，提高了操作效率，保证了成果数据的质量，为后期提出的数据修正需求提供了有力的支撑。小流域拆分合并示意图如图 5.3-4 所示。

主干与分支无缝拼接时，需要把主干河流的 DEM 外扩裁剪。提取主干时把汇入主干分支的一小部分提取出来。在主干上找到主干河滩附近的节点，把节点以上叶子的流域、河道、节点进行删除，形成分支在主干上留有一个流域面。提取分支时，将分支的出口点点击在节点上进行提取，这样就可以达到主干与分支的拼接完好，处理结果如图 5.3-5 所示。

小流域、水系编码本身即可反映流域、水系的空间拓扑关系，但是水库（湖泊）、内陆河（湖）、沙漠边缘河流、海岸线河流等特殊区域，其水系结构不满足二叉树结构，需要构建其空间拓扑关系，以满足二叉树结构进行统一编码，形成全国完整的流域、水系编码体系。

小流域水系通过汇流节点相互连接形成完整的河网水系，在空间上存在着连接和关联关系（拓扑关系），这种关系不仅是河网水系的层次结构和网络结构的自然体现，也是分布式水文建模的重要环节。构建好的流域水系拓扑关系，可为解决复杂流域的洪水演算问题提供数据基础。

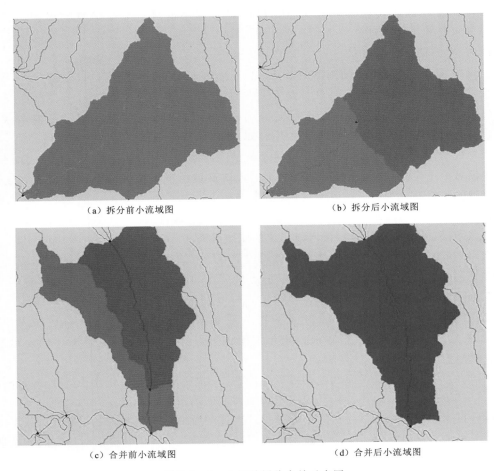

（a）拆分前小流域图　　　　　　　　　　（b）拆分后小流域图

（c）合并前小流域图　　　　　　　　　　（d）合并后小流域图

图 5.3-4　小流域拆分合并示意图

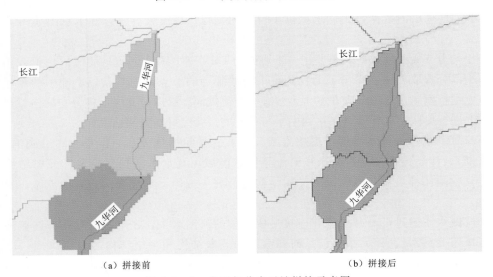

（a）拼接前　　　　　　　　　　　（b）拼接后

图 5.3-5　主干与分支无缝拼接示意图

5.3.1.5 主要流程

小流域划分及属性提取是整个数据处理工作最主要的部分,它包含了自原始 DEM 数据至相关流域、河道、节点图层详细属性信息的提取以及工作底图处理的过程。小流域划分以《中国河流代码》(SL 249—2012)的水系为主,结合行政区划,合理划分工作单元。小流域划分及属性提取处理流程如图 5.3-6 所示。

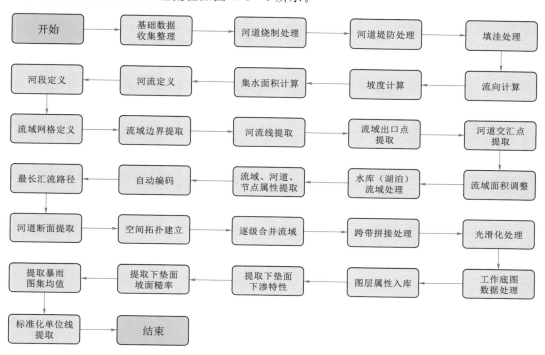

图 5.3-6 小流域划分及属性提取处理流程图

从 DEM 中提取河网,最根本的就是确定水流的流路。最复杂的部分是对地形中洼地进行处理。洼地的存在,使得在计算水流方向时,会出现水流逆流的情况,给以后的水流流路的跟踪带来困难。在实际的地表径流漫流过程中,水流是在填充洼地后,从洼地的最低出流点流出的,需要修正原始 DEM 网格的高程值,使凹地成为了一个可以确定流向的平坦区域,要求填洼后的成果图无洼地存在。此外,考虑现势性,如水利工程、交通道路建设等,使 DEM 不能真实反映实际地形,因此在小流域划分时需加载堤防等数据来修正小流域边界和水流走向,而在提取坡度、河段比降时又要依据原始 DEM 分析,以保证成果的正确性。

在流域水系划分过程中,除了常用的 DEM 填洼等预处理外,还有几种特殊区域,包括水库(湖泊)、内陆河(湖)、沙漠边缘河流、海岸线河流等。自然界的天然水系一般属于二叉树的形状,对于水利工程而言,其修筑与调控显著地改变了天然水系的地貌形态和流向,水库(湖泊)具有一个以上的入流口和一个出流口;内陆河(湖)、沙漠、海岸线等具有一个以上的入流,没有出流,均不满足二叉树结构,需要结合 DOM、DLG 图层和相关水利图册等确定水流流向,将上述特殊区域的水系结构转化为二叉树结构,构建统一的河道分级、小流域编码体系。

　　具体解决途径为：对于水库（湖泊）而言，将其压盖的流域合并处理，将其压盖的河道，从入口到出口生成一条河道（虚拟河道线），重新构建流域、河道、节点间的拓扑关系；对于内陆河（湖）、沙漠边缘河流、海岸线河流等，提取其边缘线作为小流域的主河道（虚拟主河道），其他需提取的河流以支流的方式汇入主河道，然后进行拼接处理。水库及内陆湖处理效果分别如图 5.3 - 7 和图 5.3 - 8 所示。

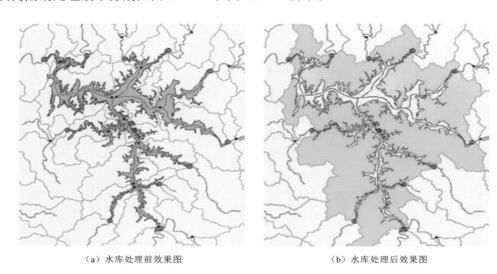

（a）水库处理前效果图　　　　　　　　　　（b）水库处理后效果图

图 5.3 - 7　水库处理效果图

5.3.1.6　小流域标准化单位线提取

　　针对无资料地区小流域汇流计算问题，采用一种直接基于流域地形及土地利用和植被类型特征的标准化单位线分析方法，能够反映流域地形坡度、汇流路径的空间分布和降雨强度的非线性影响，物理意义明确，可以用于小流域洪水预警。该方法的理论依据为流域中水质点汇流时间的概率密度分布函数等价于单位线。基本思路为根据小流域内各栅格的土地利用和植被类型确定流速系数，计算不同降雨强

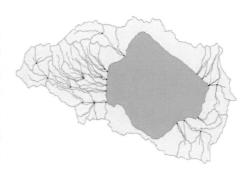

图 5.3 - 8　内陆湖处理效果图

度下各栅格的坡面流速，得到各栅格点到达小流域出口的时间，计算小流域汇流时间与该时间内栅格累积面积的关系，进而转化为不同降雨强度的小流域分布式单位线。在径流曲线法（SCS）流速公式中引入降雨强度因子以考虑降雨强度对汇流非线性的影响，如公式（5.3 - 1）所示：

$$V = KS^{0.5}i^{0.4} \tag{5.3 - 1}$$

式中：V 为水流速度，m/s；S 为流域上某处沿着水流方向的坡度；i 为降雨强度，m/s；

K 为流速系数，主要反映土地利用特征对流速摩阻的影响。

各栅格内径流的滞留时间和到达小流域出口的汇流时间计算如公式（5.3-2）所示：

$$
\begin{cases}
\Delta\tau = L/V \ 或 \ \Delta\tau = \sqrt{2}L/V \\
\tau = \sum_{i=1}^{m} \Delta\tau_i
\end{cases}
\tag{5.3-2}
$$

式中：$\Delta\tau$ 为栅格内径流时间；L 为网格的边长；τ 为某一栅格到达小流域出口的汇流时间；m 为径流路径上网格的数量。

将汇流时间进行统计计算，得到小流域汇流时间的概率密度分布，即为瞬时单位线，并转换为所需时段的时段单位线。进一步进行线性水库调蓄，以考虑流域的调蓄作用，即得到小流域标准化单位线。

上述单位线充分考虑了小流域的几何形状、地形地貌及下垫面因数的影响。在面积及降雨强度相同或相近的情况下，流域形状、地形及地貌特性主要影响到单位线的峰现时间、峰值（洪峰模数）以及底宽（流域汇流时间）。

根据小流域划分及基础属性提取的技术要求，将土地利用矢量数据进行栅格化，处理生成坡面糙率栅格图层。将小流域边界图层与坡面糙率栅格图层进行叠加并计算出小流域边界内各栅格的坡面糙率，根据相同坡面糙率的栅格在流域内所有栅格的比重进行加权平均，求得整个小流域的坡面糙率。

将小流域边界图层与土壤质地下渗特性栅格图层进行叠加，计算出小流域边界内每个栅格的渗透系数，根据相同渗透系数的栅格在流域边界内所有栅格的比重进行加权平均，求得每个小流域的下垫面稳定下渗率和最大下渗率，用于小流域的下渗产流计算。

将卫星遥感影像数据综合应用到小流域基础属性分析中，并进一步通过现场核对，摸清了山丘区小流域的土地利用/植被类型、土壤质地等下垫面条件，系统分析了小流域下垫面条件与产、汇流特性，为构建全国尺度分布式流域水文模型奠定了数据基础。利用小流域基本单元的基础数据，提取小流域基本单元标准化单位线，为解决无资料地区暴雨洪水计算问题开辟了新途径。

5.3.2 水力网格

水动力模型网格（水力网格）采用非结构化网格，即与网格剖分区域内的不同内点相连的网格数目不同。可以根据应用的领域分为应用于差分法的网格生成技术和应用于有限元方法中的网格生成技术，应用于差分计算领域的网格除了要满足区域的几何形状要求以外，还要满足某些特殊的性质（如垂直正交，与流线平行正交等），因而从技术实现上来说就更困难一些。基于有限元方法的网格生成技术相对非常自由，对生成的网格只要满足一些形状上的要求就可以，常用的网格生成算法如区域分解法和铺路法。IFMS 软件采用基于有限元方法的网格生成技术。网格剖分步骤如下：

（1）划定模拟范围。采用设计洪水对模拟地区进行试算，划定洪水淹没的最大可能范围，作为模型计算的最大范围。或是采用现有资料（如蓄滞洪区）确定范围，如图 5.3-9（a）所示。

（2）区域分片。依据河网、道路、堤防等线型地物，将模拟地区划分为多个区域，以区域分界线作为网格剖分的基准线，如图 5.3-9（b）所示。

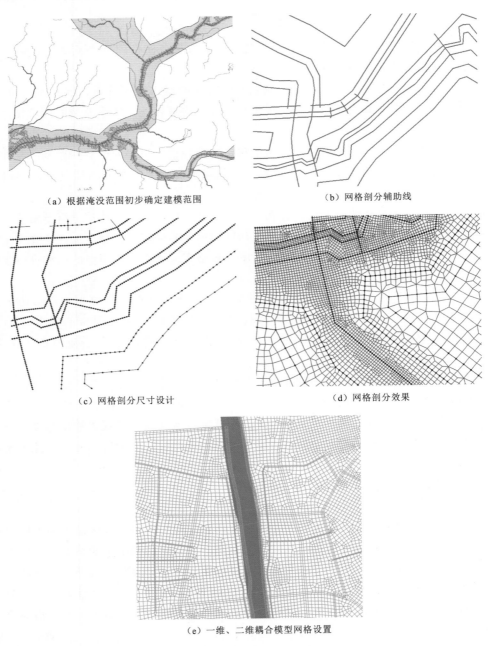

（a）根据淹没范围初步确定建模范围　　　　　　（b）网格剖分辅助线

（c）网格剖分尺寸设计　　　　　　　　　　（d）网格剖分效果

（e）一维、二维耦合模型网格设置

图 5.3-9　水力网格剖分示意图

（3）设置网格尺寸。根据地形变化、地物走势，淹没分布、重点关注地区（城镇、村庄等）的分布，设置不同区域基准线的离散尺寸，即剖分网格的尺寸。不同网格尺寸的过渡应尽量平滑，避免出现过于畸形的网格和过小的网格，如图 5.3-9（c）所示。

（4）剖分网格。导入模型执行计算，根据模型计算效率与准确性，调整网格剖分数量、尺寸、形状等，修订、完善，确定最终的计算网格，如图 5.3-9（d）所示。

对于一维、二维耦合模型，网格剖分应以一维河道为基准，剖分范围尽量贴合河道堤防，同时在一维模型中要设置堤顶位置，保证两种模型衔接处不会遗漏重要地形，降低耦合边界处的计算误差，如图 5.3-9（e）所示。

网格基本属性包括网格编号、高程、糙率、面积、初始水位、初始流速 X、初始流速 Y、是否计算降雨和单元类型等。

第6章

数字孪生流域数据
底板构建技术

数据底板管理平台为数据底板的管理提供了一套工具软件，实现了数据的汇聚、质控、治理、管理、发布、监控等。按照功能和用户，将管理平台分为数据资源目录服务模块和数据资源共享管理模块，分别实现数据统计、展示、查询等前端展示功能和参数配置、质控规则、服务监控等后台管理功能。本章结合大汶河流域数据底板管理平台开发成果，按照软件平台规范介绍数据底板总体框架、管理平台的架构、功能模块以及主要的功能点。

6.1 数据底板总体框架

数据底板是数字孪生流域的"算据"，需要实现数据全覆盖、业务全支撑。数字孪生流域的智能化、动态交互需求，需要跨行业多源多尺度的历史、实时、模拟数据，由此带来数据感知手段、数据汇聚途径、数据融合方法、数据管理措施、数据服务模式、数据流转路径、数据更新频率、数据关系维护的全新需求。为此，设计了湖库一体化逻辑框架，梳理了数据底板不同维护的总体框架，包括数据汇聚框架、数据治理框架、对象关系维护框架等技术框架，作为相对顶层的总体思路，指导数字孪生流域数据底板构建[78]。

6.1.1 数据底板定位

数据底板汇聚和整合水利系统内外部的数据资源，是数据连接与传递的"中枢"，也是支撑防洪相关模型平台、知识平台和"四预"业务平台的数据基底，数据底板定位如图 6.1-1 所示。

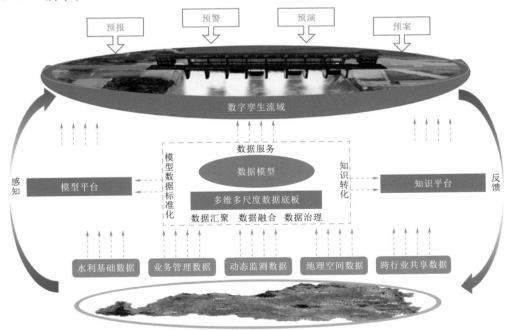

图 6.1-1 数据底板定位

数据底板的建设目标是在现有数据共享体系的基础上，收集流域范围的水利基础数据、业务管理数据、动态监测数据、地理空间数据以及跨行业共享数据，以数据模型为核心进行数据关联与融合，形成基础数据统一、监测数据汇集、二维与三维一体化、跨层级、跨业务的数据底板，实现全要素的数字化映射，并与模型平台、知识平台集成，实现业务数据标准化，形成具备持续性更新能力的数据支撑体系。同时以流域为单元实现数据资源的一体化管理机制与多层次的数据服务体系，保障"四预"业务的高效运转。

6.1.2 湖库一体化逻辑框架

数据底板的核心思路是构建一套让数据"流动"起来的机制和框架，实现系统内外部的数据汇聚，对数据进行重新组织和连接，为业务可视化、分析、决策等提供数据服务。湖库一体化逻辑框架可以形象地比喻为：形成汇聚的"河"、可控的"闸"、一体化管理的"湖"和支撑应用的"泵"。数据底板总体建设思路如图 6.1-2 所示。

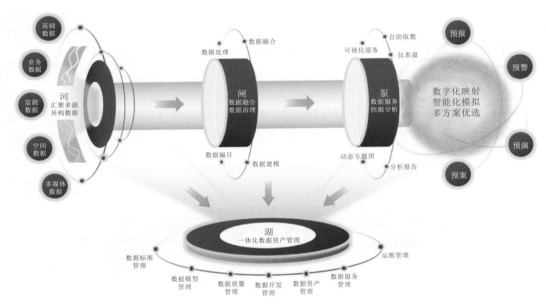

图 6.1-2 数据底板总体建设思路

汇聚的"河"：明确流域防洪体系中各项数据的"源头"，针对不同的数据源提供有针对性的数据汇聚方式，将各类数据引入"湖"中，并实现数据的持续"流动"更新。

可控的"闸"："闸"的作用是对数据进行管控，通过"河"源源不断汇聚来的原始数据不能直接对外服务，而要遵照数据标准、基于数据模型、应用需求对数据进行融合与治理。

一体化管理的"湖"："湖"是数据底板的核心，能够对结构化、半结构化、非结构化数据进行统一存储与管理，既能适应数据规模的不断扩大，也能满足业务应用系统多类型计算引擎的支撑要求，通过数据标准管理、数据模型管理、数据质量管理、数据开发管理、数据资产管理等一系列的环节保障数据的一致性、可用性与安全性。

支撑应用的"泵":"泵"的作用是"抽取"和"输送"。数据底板建设的目的是更好地支撑数据服务,能够给各类防洪业务提供更加灵活的使用数据、分析数据的方式,最大限度地挖掘数据价值。

6.1.3 数据底板技术框架

数据底板建设内容包括数据采集与整编、数据汇聚、数据融合处理、业务信息资源库、可视化引擎、动态底板专题图、数据服务以及数据资源共享管理等,总体技术框架如图 6.1-3 所示。

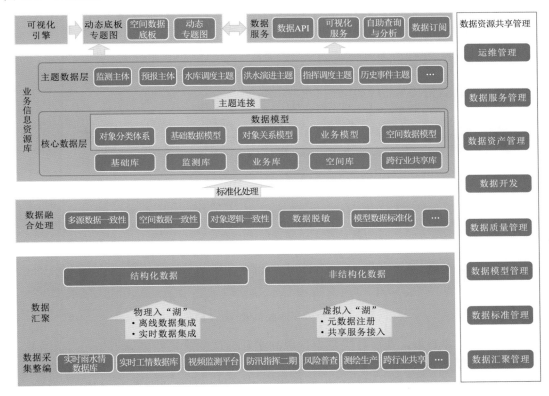

图 6.1-3 数据底板技术框架

数据底板构建的前提是数据采集与整编,收集流域范围内的流域、水系、水库、湖泊、水闸、堤防等各类水利工程特征数据、防洪相关业务数据、实时雨水情数据、实时工情数据,采集和补充高精度地形图数据、重点水利工程三维模型、BIM 模型等,并通过共享交换的方式接入其他政府行业部门的数据,成为数据底板的"原材料"。

对上述多来源的原始数据进行汇聚,梳理一数一源,采用合适的汇聚方式与技术手段将数据引入到数据底板的临时汇聚区,即数据湖中,数据湖是一个包含结构化数据与非结构化数据的混合存储区。汇聚来的原始数据在汇聚区进行融合处理,解决多源数据一致性、空间数据一致性、对象逻辑一致性、数据脱敏等问题,进而存储到业务信息资源库中。

业务信息资源库逻辑上又可以划分为核心数据层和主题数据层两个层次。核心数据层存储的是标准化处理之后形成的成果数据，通过流域防洪调度数据模型进行组织，从而实现各类数据的关联融合。主题数据层面向业务应用，根据业务需求对核心数据层的数据进行抽取，并通过多种主题连接方式对数据进行二次加工和分析，衍生综合主题数据。

在可视化表达方面，数据底板在原水利一张图的基础上进行升维，构建二维、三维一体化的三级空间数据底板，作为"四预"和"2＋N"业务应用的场景承载，并具备流域动态底板专题图的支撑能力。

数据资源共享管理平台是数据底板实现的软件支撑，实现各类数据资源一体化管理能力和多层次的服务能力，保障数据底板的运营、管理与业务支撑。

6.1.4　总体技术路线

数据底板构建的技术路线如图 6.1-4 所示。

图 6.1-4　数据底板构建的技术路线

（1）数据收集整编。开展各类数据资源和水利标准的收集和整编工作，完成数据来源、内容的梳理，形成数据汇集清单。

（2）数据模型设计。完善水利数据模型，面向水利业务多目标、多层次的复杂需求，基于框架稳定、扩展有序、语义统一的水利对象分类体系，通过完整描述水利对象的空间、属性、关系、时态等信息，构建空间特征、业务特征和关系特征一体化组织的水利数据模型，形成描述水利信息全貌的模型体系，为水利信息统一管理奠定基础。完成水利对象分类、基础数据模型设计（包括实体概念设计和逻辑设计）和对象关系模型设计。

（3）数据标准制定。制定成果数据标准、元数据标准、模型数据标准。

（4）数据汇聚更新。数据底板汇聚多来源的原始数据，包括水利工程特征数据、水利普查数据、水旱灾害风险普查数据、山洪灾害调查评价数据、水利业务数据、实时监测数据、跨行业共享数据等，形成数据资源池。梳理一数一源，通过多源异构数据汇聚引擎将数据引入到数据底板的全量数据层。多源异构数据汇聚引擎采用任务工作流的形式实现自动化数据汇聚过程，实现灵活可配置的数据汇聚、清洗、处理过程。

（5）数据质量控制。形成一套数据质量控制方法，规范数据质量审核原则、内容、流程和方式，设计数据质量控制与整编一体化流程，制定各类数据的质检审核规则。依据制定的数据质量控制方法，持续开展数据的质量审核工作，确保数据的正确性、规范性和一致性等。

（6）数据融合处理。对多维多尺度的空间数据进行融合处理，构建 L1～L3 三级空间数据底板。空间数据由于其数据模型的复杂性，可能出现很多数据不一致问题，例如空间参考不一致、矢量与影像数据无法套合、水利对象的空间拓扑关系不正确等，需要通过空间数据处理工具进行一致性处理。空间数据融合还包括地形与倾斜摄影数据融合、数据切片制作与建立索引等。

（7）业务信息资源库。数据底板采用"湖仓一体"的存储框架，根据数据类型、业务区域可划分为全量数据层和业务信息资源库。全量数据层即数据湖，是原始数据的汇聚区，是一个包含结构化数据与非结构化数据的混合存储区，在数据湖中，可以查看所汇聚数据的详细信息，针对每个汇聚资源表可以查看具体数据结构、数据明细、质检规则等信息。

（8）空间底板搭建。完成 L1～L3 三级空间数据底板的构建，以及空间底板配图的表达优化。

（9）共享管理平台。依托业务信息资源库成果，进行数据服务的发布与共享。数据底板提供多样化的服务类型，包括目录服务、通用 API 服务、空间服务等，支持服务检索、服务申请等功能。数据底板依托数据资源共享管理平台实现各类数据资源的一体化管理与服务能力，保障数据底板的运营、管理与业务支撑。

6.1.5 数据业务人员角色及流程

数据底板业务流程中涉及数据处理人员、数据质检人员、数据建模人员、数据管理人员、数据开发人员和数据应用人员六类角色。数据处理人员负责数据的收集和整编处理，根据数据模型设计要求完成不同来源数据的融合处理、实体之间的关系挂接处理，以及地图服务的配图、切片和发布处理。数据质检人员负责对数据进行质量审核，针对收集整编的数据进行初步检查，主要查看数据是否完整、数据是否符合规范要求；针对加工处理后的数据，数据质检人员按照数据标准和元模型设计成果（建模成果），对数据进行审核，确保数据满足入库要求；汇聚入库后的数据，数据质检人员按照配置的质检规则，对核心层中的数据资产进行质检，不符合要求的数据会发回数据管理员进行数据整改。数据建模人员负责数据分析和流域防洪业务梳理，完成数据标准的制定和数据模型的设计，并按照建模成果完成业务资源库的表结构创建工作。数据管理人员结合数据源实际情况，创建数据汇聚任务，完成各类数据的抽取、转换和入库。数据开发人员负责数据汇聚脚本的编写和数据服务接口的开发，按照业务应用要求发布数据 API，实现数据服务的上线和共享。数据应用人员主要是业务应用系统的开发人员，通过接入数据底板共享的地图服务和数据接口，实现业务应用开发，具体如图 6.1-5 所示。

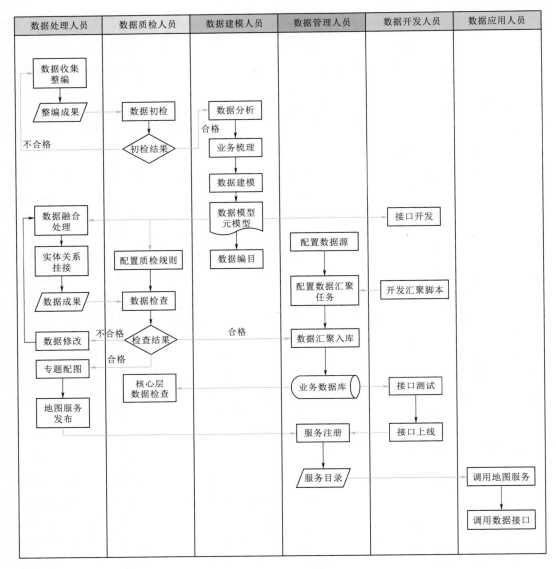

图 6.1－5　数据业务流程图

6.1.6　数据流程

　　首先，将实时监测数据、水利基础数据、业务数据、空间数据、社会经济数据和气象数据汇聚接入到业务信息资源库的全量数据区；其次，根据数据模型设计成果，对全量数据区的数据进行规范化处理、融合去重处理等治理过程，将数据抽取到核心数据层，以满足流域防洪业务应用的要求；最后，将核心数据层的数据发布成服务，以地图服务和数据接口对外提供数据共享，支撑"四预"平台、模型平台和知识平台的数据应用。具体的数据流程如图 6.1－6 所示。

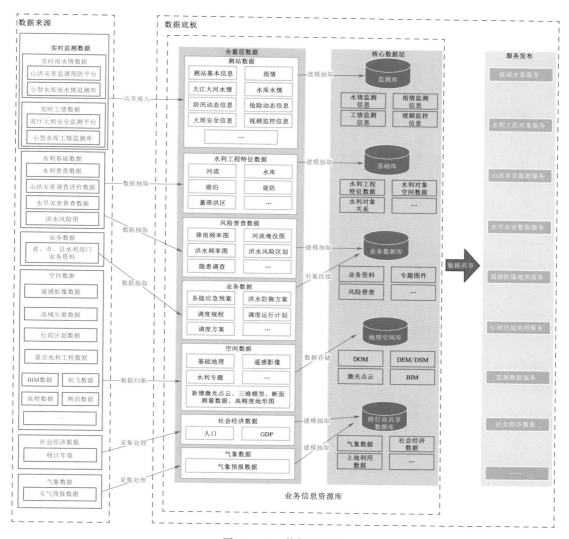

图 6.1-6　数据流程图

6.1.7　一码多态工程对象管理

在上述数据汇聚、融合与存储的基础上，针对小型水库建立"画像"，对水库的全方位信息进行表达与展示，从而帮助水利主管部门和水库管理单位掌握水库全貌信息，"水库画像"示意图如图 6.1-7 所示。

通过"水库画像"建立起了水库工程对象管理的全域概念，实现了水库相关基础数据、业务数据、空间数据、监测数据与多媒体数据的全连接。"水库画像"包含了小型水库多维视角的信息，包括水库概况、数据溯源情况、水库工程特征信息、水库多尺度多类型空间数据、水库实时监测信息、巡检巡查情况、工程运行管理情况、水库关系图谱等多个方面。"水库画像"展示界面如图 6.1-8 所示。

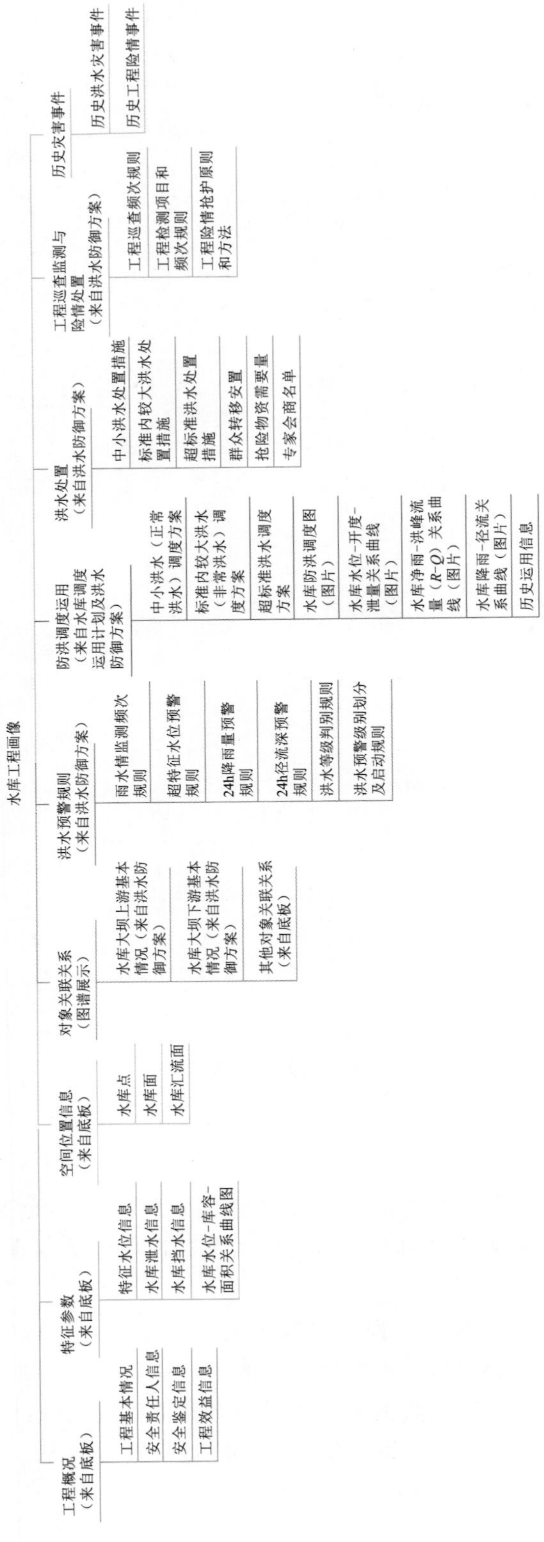

水库工程画像
工程概况（来自底板）
工程基本情况
安全责任人信息
安全鉴定信息
工程效益信息
特征参数（来自底板）
特征水位信息
水库泄水信息
水库挡水信息
水库水位-库容-面积关系曲线图
空间位置信息（来自底板）
水库点
水库面
水库汇流面
对象关联关系（图谱展示）
水库大坝上游基本情况（来自洪水防御方案）
水库大坝下游基本情况（来自洪水防御方案）
其他对象关联关系（来自底板）
洪水预警规则（来自洪水防御方案）
雨水情监测频次规则
超特征水位预警规则
24h降雨量预警规则
24h径流深预警规则
洪水等级判别规则
洪水预警级别划分及启动规则
防洪调度运用（来自水库调度运用计划及洪水防御方案）
中小洪水（正常洪水）调度方案
标准内较大洪水（非常洪水）调度方案
超标准洪水调度方案
水库防洪调度图（图片）
水库水位-开度-泄量关系曲线（图片）
水库净雨-洪峰流量（R-Q）关系曲线（图片）
水库降雨-径流关系曲线（图片）
历史运用信息
洪水处置（来自洪水防御方案）
中小洪水处置措施
标准内较大洪水处置措施
超标准洪水处置措施
群众转移安置
抢险物资需要量
专家会商名单
工程巡查监测与险情处置（来自洪水防御方案）
工程巡查频次规则
工程检测项目和频次规则
工程险情抢护原则和方法
历史灾害事件
历史洪水灾害事件
历史工程险情事件

图 6.1-7 “水库画像”示意图

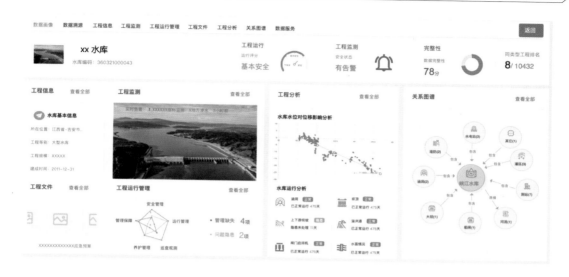

图 6.1-8 "水库画像"展示界面

6.1.8 平台功能模块

参照水利部《数字孪生流域建设技术大纲（试行）》中数据底板的建设要求，数据服务依托已有国家和水利行业的数据共享交换平台，实现各类数据在各级水行政主管部门之间的上报、下发与同步，以及与其他行业之间的共享，包括地图服务、数据资源目录服务、数据共享服务和数据管控服务等。结合该项目流域防洪业务应用要求，数据底板的数据服务建设内容包括三级数据底板配置、数据资源共享管理系统和数据资源目录服务系统（图 6.1-9），构建全流域范围数据资源的一体化管理机制与多层次的数据服务体系，保障"四预"业务的高效运转。

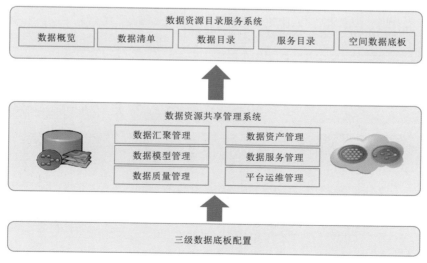

图 6.1-9 数据服务组成

（1）三级数据底板配置。完成三级空间底板目录设计、数据服务的配置和共享发布。

（2）数据资源共享管理系统。后台的底板数据资源管理平台，实现全流域数据资源的一体化管理能力，涵盖数据模型管理、数据汇聚管理、数据质量管理、数据资产管理、数据服务管理、平台运维管理等各个环节。

（3）数据资源目录服务系统。通过搭建前台展示系统，实现大汶河流域水利数据以不同目录组织形式，对外展示数据底板的数据能力，并提供空间底板 L1～L3 三级数据的查询浏览功能。

6.2 数据底板管理平台技术路线

数据底板管理平台的软件体系架构如图 6.2-1 所示。

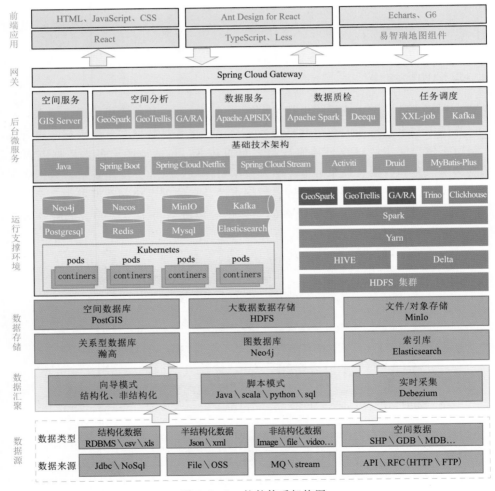

图 6.2-1 软件体系架构图

6.2.1 前端技术架构

数据底板采用前后端分离的开发架构。前端技术架构在各个层面上均采用了当前主流的技术组件和框架。

开发语言采用了 React 组件化开发框架，配合 TypeScript 静态类型脚本语言进行开发。该方案相较其他主流前端技术路线，在应对较大规模、复杂的前端系统开发过程时，具备更为优秀的组件级、功能级复用和扩展能力。

编译层选用最主流的 Webpack 和 Babel 方案，代码被编译为 HTML、JavaScript、CSS 后能够在浏览器上更广泛地被执行，具有良好的兼容性。

可视化引擎层、组件库层均大量采用了当前最为主流的开源产品或由国内厂商开源提供的解决方案。

Echarts 是一个使用 JavaScript 实现的开源可视化库，提供了常规的折线图、柱状图、散点图、饼图、K 线图，用于统计的盒形图，用于地理数据可视化的地图、热力图、线图，用于关系数据可视化的关系图、Treemap、旭日图，多维数据可视化的平行坐标，还有漏斗图、仪表盘，并且支持图与图之间的混搭。

G6 是一个图可视化引擎，它提供了图的绘制、布局、分析、交互、动画等图可视化的基础能力，旨在让关系变得透明、简单，让用户获得关系数据的 Insight。

Ant Design for React 是基于 Ant Design 设计体系的 React UI 组件库，提供了大量设计良好、功能完整的 UI 组件，每个组件都有丰富的自定义选项，很大程度上能够满足常规页面的开发需求，提高开发效率，形成设计合理、功能稳定的页面。

Map 组件采用易智瑞地图可视化引擎，能够快速创建交互式的二维、三维地图应用，包括各种常见的缩放、平移、查询、定位等功能；能够展示 GIS Server 发布各类空间服务，可以对服务进行自定义符号化渲染、查询、分析统计等。

6.2.2 后台微服务架构

后台系统框架采用微服务架构。微服务架构就是将单一程序拆分成一个一个的微服务，每个微服务运行在独立的进程中，并使用轻量级的机制通信。这些服务围绕业务能力来划分，并通过自动化部署机制来独立部署，以保证最低限度的集中式管理。数据底板采用了 Spring Cloud 微服务开发框架，使用了 Nacos、Kafka、Redis、MinIO 等组件实现系统后台功能。

Spring Cloud 包括近 20 个服务组件，这些组件提供了服务治理、服务网关、智能路由、负载均衡、熔断器、监控跟踪、分布式消息队列、配置管理等领域的解决方案。系统中主要用到的 Spring Cloud 组件包括如下几种：

（1）Spring Cloud Netflix Ribbon：负载均衡。

（2）Spring Cloud Netflix Hystrix：服务熔断。

（3）Spring Cloud Netflix Feign：远程调用。

（4）Spring Cloud Gateway：服务网关。

（5）Spring Cloud Stream：消息驱动。

（6）Spring Cloud Alibaba Nacos：服务注册与配置中心。

6.2.3　数据存储架构

为了满足大数据环境下的多类型、海量数据存储以及复杂的数据挖掘和分析的操作需求，数据底板针对不同的数据来源、数据类型及未来的数据应用场景，以分而治之的策略适配不同的数据库和数据存储技术，包括了关系型数据库、空间数据库、对象存储、图数据库、索引库和大数据存储。

其中，关系型数据库采用瀚高数据库软件；空间数据库采用瀚高空间数据引擎来存储不同的空间数据；对象存储采用 MinIO 对象存储，支持标准的 S3 协议；图数据库采用开源的 Neo4j 库；索引库采用 Elasticsearch 软件。

分布式存储采用了 HDFS 和 Delta Lake 的技术框架。

HDFS 是一个高度容错性的系统，适合部署在廉价的机器上。HDFS 能提供高吞吐量的数据访问，非常适合大规模数据集上的应用。在其之上可以存储大规模的结构化、半结构化和非结构化数据。

Delta Lake 是 DataBricks 公司提供的开源产品，用于构建数据湖的技术框架，能够支持 Spark、Flink、HIVE、PrestoDB、Trino 等查询/计算引擎。作为一个开放格式的存储层，提供了流式处理和批处理一体化的数据处理能力，在写入数据期间提供一致性的读取，为湖仓架构提供可靠的、安全的、高性能的保证。

6.3　数据底板数据服务内容

6.3.1　三级空间底板

6.3.1.1　设计思路

L1 级：面向宏观尺度，关注流域全局信息，以"全国水利一张图"为基础，覆盖流域的中等精度数据，包括"水利一张图"矢量地形图数据、优于 2m 的高分辨率卫星遥感影像、优于 30m 的 DEM 数据、水文地质分区等，结合河流水系、水利工程等基础数据，为数字孪生流域数字化场景构建提供全域范围的统一空间数据基础。

L2 级：面向中观尺度，重点关注某一具体河段、库区内的信息，包括高分辨率优于 1m 的遥感影像 DOM 数据，河、湖、水库管理范围矢量，主要河段倾斜摄影数据，优于 15m 的高精度 DEM 数据等。

L3 级：面向具体水利工程层面，属于微观尺度，关注某一个水库大坝、库区或蓄滞洪区的信息，基于 GIS+BIM+IOT 技术，生产制作水闸、水坝、水位站、水文站、潮位站、雨量站、气象站、堤防等设施的三维精细化模型，水利工程满足 LOD2.0 级别 BIM 数据，关键机电设备满足 LOD3.0 级别 BIM 数据。

6.3.1.2　三级空间底板目录

结合大汶河流域数据底板管理平台开发项目，三级空间底板目录清单见表 6.3－1。

表 6.3-1　　　　　　　　　　三级空间底板目录清单

分 类	名 称	级 别
流域水系	流域界	L1、L2、L3
	小流域	L1、L2、L3
	河流	L1、L2、L3
	湖泊	L1、L2、L3
	水库面	L1、L2、L3
断面测量数据	控制断面	L2、L3
	干流纵断面测量成果	L1、L2、L3
	干流横断面测量成果	L1、L2、L3
	中小河流纵断面测量成果	L1、L2、L3
	中小河流横断面测量成果	L1、L2、L3
	中小河流阻水建筑测量成果	L1、L2、L3
	沟道纵断面线	L1、L2、L3
行政区划	地市边界	L1、L2、L3
	县级边界	L1、L2、L3
	乡镇边界	L2、L3
	村级边界	L3
	地级政府驻地	L1、L2、L3
	县级政府驻地	L1、L2、L3
	乡镇政府驻地	L2、L3
	村庄	L3
水利工程	大中型水库	L1、L2、L3
	小型水库	L2、L3
	水闸	L1、L2、L3
	拦河闸坝	L3
	桥梁	L3
	塘（堰）坝	L2、L3
	堤防	L1、L2、L3
	险工险段	L2、L3
	蓄滞洪区	L1、L2、L3
监测站点	视频监测站	L1、L2、L3
	闸门工情监测站	L1、L2、L3
	小型水库监测站	L1、L2、L3
	雨量站	L1、L2、L3
	水位站	L1、L2、L3
	水文站	L1、L2、L3
	简易雨量站	L1、L2、L3
	简易水位站	L1、L2、L3

分　类	名　　称	级　　别
山洪预警	沿河村落	L2、L3
	村落预警指标	L1、L2、L3
	危险区	L1、L2、L3
	山洪沟	L1、L2、L3
	防治区	L1、L2、L3
	安置点	L3
	转移路线	L3
	无线预警广播站	L3
洪水风险图	洪水频率图	L1、L2、L3
	5km 网格设计降雨	L1、L2、L3
	10km 网格设计降雨	L1、L2、L3
	防洪保护区	L1、L2、L3
	洪水防治区划	L1、L2、L3
	洪水风险区划	L1、L2、L3
历史灾害	历史山洪灾害	L1、L2、L3
	成灾水位	L2、L3
	历史洪痕	L2、L3
社会经济	县级经济统计	L1、L2、L3
	乡镇人口	L2、L3
	村落人口耕地	L3
	企事业单位	L3
	重要城（集）镇居民户	L3
	沿河村落居民户	L3
交通道路	铁路	L1、L2、L3
	高速公路	L1、L2、L3
	国道	L1、L2、L3
	省道	L1、L2、L3
	县道	L2、L3
	城市道路	L2、L3
土地利用	2013 年土地利用矢量图	L3
	2021 年土地利用栅格图	L3
	2022 年土地利用矢量图	L3
	2023 年土地利用矢量图	L3
基础地理	土壤质地	L3
	居民地	L3
	0.5m DEM	L3
	5m DEM	L2、L3

续表

分　　类	名　　称	级　　别
BIM 模型	BIM 模型	L3
正射影像	0.5m 卫星影像	L3
	2022 年第一季度 2m 影像	L1、L2、L3
	2022 年第二季度 2m 影像	L1、L2、L3
	15m ETM 春季影像	L1、L2、L3
	15m ETM 秋季影像	L1、L2、L3
	15m ETM 冬季影像	L1、L2、L3

6.3.1.3　地图配图与服务发布

地图配图主要使用易智瑞桌面软件 geoscene pro 进行 L1、L2、L3 三级底板数据符号、标注、显示比例尺等配置，地图配图完成后使用 geoscene server 软件进行服务发布，处理流程如图 6.3-1 所示。

地图服务发布主要包括流域内影像数据 OGC WMTS 瓦片服务发布，SHP、GDB、MDB 矢量格式数据 OGC WMS 动态服务发布。

（1）影像服务发布。影像服务主要包括 DOM 遥感影像数据服务以及 DEM 地形晕渲图服务发布。

项目主要提供了 15m、2m、0.5m 分辨率 DOM 数据，为了提高地图服务的响应速度，对影像服务进行显示级别设置，即小比例尺显示低分辨率影像，大比例尺显示高分辨率影像，并对影像服务制作地图瓦片（cache，也称地图缓存）。

项目提供了 5m、0.5m 分辨率的 DEM 数据，对 DEM 数据计算山体阴影，设置方位角、高度、z 因子，根据运算结果所呈现的效果进行调整，山体阴影调整好后添加到 DEM 图层的下方，并对 DEM 进行符号拉伸，设置项目需要的效果，保存工程后，通过 geoscene server 发布切片服务。

（2）矢量服务发布。项目提供的矢量数据类型主要包括流域水系、断面测量数据、行政区划、水利工程、监测站点、山洪预警、洪水风险图、历史灾害、社会经济、交通道路、土地利用、基础地理等。前期对数据进行整合，整合后成果加入到桌面软件进行符号配置，矢量图层配置符号一种是按一般符号配置，主要是通过字体符号配置颜色、大小、符号角度等信息；另一种是比较复杂的制图表达，比如河流渐变、阴影效果等，将图层添加到桌面软件后，将符号系统转为符号表达工具开启制图表达，设置符号效果、分层显示、图层标注等，通过 geoscene server 发布动态服务。

（3）服务更新。矢量数据更新，需要替换配图工程里面的数据图层，发布服务时选择覆盖服务；局部瓦片更新，需要更新服务后，在制作瓦片时设置更新范围。

6.3.2　数据服务清单

6.3.2.1　地图服务

数据底板向其他平台提供基础数据服务支撑。根据流域防洪业务要求，结合各个业务应用系统的访问需求，设计提供的地图服务清单见表 6.3－2。

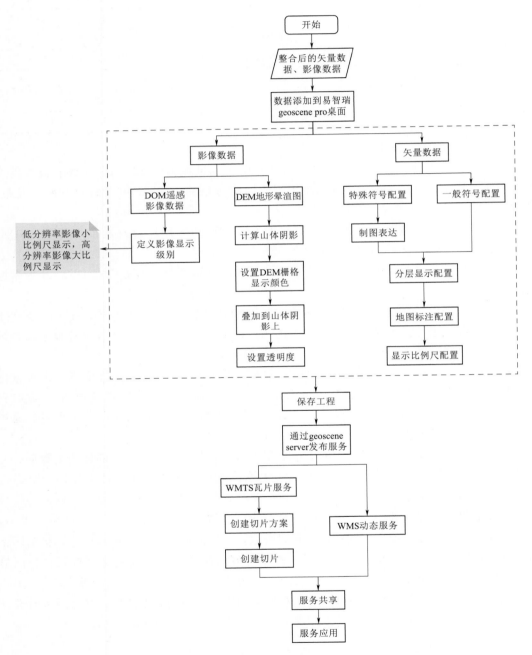

图 6.3－1　地图服务发布处理流程图

表 6.3 - 2   地 图 服 务 清 单

序号	服务分类	服务名称	服 务 描 述
1	底图	影像底图	（1）山东省影像底图。 （2）大汶河流域 2m DOM 影像底图。 （3）大汶河流域 0.5m DOM 影像底图
2	底图	地形底图	（1）山东省山体阴影图。 （2）大汶河流域 5m DEM 山体阴影图
3	行政区划	山东省省界	山东省省界地图服务
4	行政区划	地市边界	地市行政边界地图服务
5	行政区划	县级边界	县级行政边界地图服务
6	行政区划	乡镇边界	乡镇级行政边界地图服务
7	行政区划	村级边界	村级行政边界地图服务
8	行政区划	地级政府驻地	地级政府的驻地点服务
9	行政区划	县级政府驻地	县级政府的驻地点服务
10	行政区划	乡镇政府驻地	乡镇政府的驻地点服务
11	行政区划	村庄	村庄点服务
12	流域水系	流域界	边界服务
13	流域水系	流域分区	流域分区数据服务
14	流域水系	小流域	小流域数据服务
15	流域水系	河流	河流数据服务（带河流渐变配图效果）
16	流域水系	湖泊	湖泊面数据服务
17	流域水系	水库面	大中型水库面数据服务
18	基础地理	土地利用	土地利用分类数据服务（从空间数据支撑平台获取数据，每年更新一期数据服务）
19	基础地理	土壤质地	土壤质地数据服务
20	基础地理	POI 兴趣点	POI 兴趣点数据服务
21	基础地理	居民地	流域范围内提取出来的居民地分布数据服务（从空间数据支撑平台获取数据，定期更新数据服务）
22	基础地理	工矿企业	流域范围内提取出来的工矿企业分布数据服务（从空间数据支撑平台获取数据，定期更新数据服务）
23	交通道路	铁路	铁路数据服务
24	交通道路	高速公路	高速公路数据服务
25	交通道路	国道	国道数据服务
26	交通道路	省道	省道数据服务
27	交通道路	县道	县道数据服务
28	交通道路	城市道路	城市道路数据服务

续表

序号	服务分类	服务名称	服 务 描 述
29	水利工程	大中型水库	大中型水库点数据服务
30		小型水库	小型水库点数据服务
31		水闸	水闸数据服务
32		堤防	堤防数据服务
33		桥梁	桥梁数据服务
34		塘（堰）坝	塘（堰）坝数据服务
35		横断面	横断面数据服务
36		纵断面	纵断面数据服务
37		险工险段	险工险段数据服务
38		拦河闸坝	拦河闸坝数据服务
39		控制断面	控制断面数据服务
40		蓄滞洪区	蓄滞洪区数据服务
41	监测站点	雨量站	雨量站数据服务
42		水文站	水文站数据服务
43		水位站	水位站数据服务
44		视频监测站	视频监测站数据服务
45		闸门工情监测站	闸门工情监测站数据服务
46		测雨雷达监测站	测雨雷达监测站数据服务
47		小型水库雨水情监测站	小型水库雨水情监测站数据服务
48		小型水库工情监测站	小型水库工情监测站数据服务
49	监测数据	气象预报数据	未来 10d 逐 3h 5km 分辨率气象预报数据服务
50		测雨雷达数据	5min 频次 0.1km 分辨率测雨雷达监测数据服务
51		数值天气预报成果	从山东省气象局共享的数值天气预报数据服务
52	山洪预警	沿河村落	沿河村落数据服务
53		危险区	危险区数据服务
54		防治区	防治区数据服务
55		安置点	安置点数据服务
56		沿河村落居民户	沿河村落居民户数据服务
57		重要城（集）镇居民户	重要城（集）镇居民户数据服务
58		企事业单位	企事业单位数据服务
59		转移路线	转移路线数据服务
60		山洪沟	山洪沟数据服务
61		沟道横断面	沟道横断面数据服务
62		沟道纵断面	沟道纵断面数据服务
63		简易雨量站	简易雨量站数据服务

序号	服务分类	服务名称	服 务 描 述
64	山洪预警	简易水位站	简易水位站数据服务
65		无线预警广播站	无线预警广播站数据服务
66		村落预警指标	村落预警指标数据服务
67		历史山洪灾害点	历史山洪灾害点数据服务
68		成灾水位点	成灾水位点数据服务
69		历史洪痕	历史洪痕数据服务
70	风险普查	洪水频率	洪水频率数据服务
71		5km降雨网格	5km降雨网格数据服务
72		洪水风险区划	洪水风险区划数据服务
73		淹没范围	淹没范围数据服务，包括5年一遇、10年一遇、20年一遇、50年一遇和100年一遇
74		淹没水深	淹没水深数据服务
75		防洪保护区	防洪保护区数据服务
76	社会经济	县级统计年鉴	县级行政区划统计年鉴服务
77		乡镇人口	乡镇人口信息数据服务
78		村落人口耕地	村落人口耕地信息数据服务

6.3.2.2 数据接口

系统需要对外向模型平台、"四预"平台和知识平台提供数据应用支撑，采用接口方式实现数据的共享访问，设计提供的数据接口清单见表6.3-3。

表6.3-3 数 据 接 口 清 单

序号	接口分类	接口名称	接 口 描 述
1	监测数据查询接口	实时雨水情查询	查询某个测站的实时降水量、水情等信息
2		历史雨水情查询	查询某个测站指定时间段的降水量、水情等信息
3		实时闸门工情信息查询	查询某个测站的实时闸门开度、荷重信息
4		历史闸门工情信息查询	查询某个测站指定时间段的闸门开度、荷重信息
5		实时视频测流监测信息查询	查询某个测站的实时水位、流量和流速监测信息
6		历史视频测流监测信息查询	查询某个测站指定时间段的水位、流量和流速监测信息
7		实时测雨雷达监测信息查询	查询某个测站的实时瞬时雨量信息
8		历史测雨雷达监测信息查询	查询某个测站指定时间段的瞬时雨量信息
9		小型水库实时工情监测信息查询	查询某个测站的实时渗压水位监测信息

续表

序号	接口分类	接口名称	接 口 描 述
10	监测数据查询接口	小型水库历史工情监测信息查询	查询某个测站指定时间段的渗压水位监测信息
11		小型水库最大可纳降雨量查询	查询指定水库的最大可纳降雨量
12		数值天气预报成果查询	查询山东省气象局共享的数值天气预报数据
13	模型标准输入数据接口	时段雨量查询接口	针对雨量站实时监测时段定时整编为模型输入的标准时段数据
14		时段流量查询接口	针对流量站实时监测时段定时整编为模型输入的标准时段数据
15		时段水位查询接口	针对水位站实时监测时段定时整编为模型输入的标准时段数据
16		面雨量查询接口	针对雨量数据可能缺失等问题，根据实时变化监测要求，定时计算标准时段的空间面雨量数据
17	业务资料接口	业务资料信息查询接口	查询指定关键字的业务资料信息，返回文件的元数据信息
18		业务资源下载接口	实现非结构化业务资料的下载，包括文档、图片、视频等
19	查询接口	实体图谱查询接口	查询指定实体对象的数据图谱信息，包括实体本身的业务属性信息、多媒体文件信息，以及与其他实体对象的关联关系
20		元数据查询接口	查询指定关键字的元数据信息，按照元数据设计标准项返回信息

6.4　数据资源目录服务子系统

实现重点流域水利数据以不同目录组织形式，对外展示数据底板的数据能力，包括数据目录和服务目录，并提供空间底板 L1～L3 三级数据的浏览功能。数据资源目录服务子系统功能清单见表 6.4－1。

表 6.4－1　　　　　　　　数据资源目录服务子系统功能清单

系统名称	模块名称	功能名称	功 能 描 述
数据资源目录服务子系统	数据清单	数据清单展示	实现数据底板已收集数据资料的列表展示功能，展示内容包括：数据分类、数据名称、数据来源、收集日期、数据格式、数据描述等，支持按照资料收集时间快速过滤显示
		数据过滤	实现按数据分类、数据名称、数据来源、数据格式等属性条件快速检索资料清单

系统名称	模块名称	功能名称	功　能　描　述
数据资源目录 服务子系统	数据概览	数据概览	实现底板数据成果数据量分类汇总统计、数据汇聚任务运行情况统计、数据质量检查结果统计、服务共享使用情况统计、异常告警信息等
	数据目录	数据目录展示	实现数据底板已收集数据资料经初步整编后的成果按目录分类展示功能
		资源检索	实现数据资源按不同来源的快速查询检索，以及按名称关键字的快速检索
		资源详情	实现指定数据资源的详细信息查看功能
	服务目录	服务列表展示	实现已注册地图服务和接口服务的编目分类展示功能
		服务检索	实现按服务名称关键字查询检索服务
		服务预览	实现指定地图服务的预览功能
		查看服务详情	实现指定服务的详情元信息查看功能
	数据底板 （L1~L3）	三级空间底板目录	实现三级空间底板目录的展示功能
		数据浏览	实现指定数据的地图浏览功能
		属性查询	实现数据的属性查询功能
		底图切换	实现地图底图的快速切换功能
		鹰眼图	实现地图范围的快速定位
		测量	实现地图上感兴趣区域的长度和面积快速测量
		图层控制	实现地图已加载数据的显示顺序调整、透明度设置

6.4.1　数据清单

数据清单实现数据底板已收集原始数据资料的列表展示功能。

（1）数据清单展示。实现数据底板已收集原始数据资料的列表展示功能，展示内容包括：数据分类、数据名称、数据来源、收集日期、数据格式、数据描述等，支持按照资料收集时间快速过滤显示。

（2）数据过滤。实现按数据分类，数据名称、数据来源、数据格式等属性条件快速检索资料清单。

6.4.2　数据概览

数据概览实现底板数据成果数据量分类汇总统计、数据汇聚任务运行情况统计、数据质量检查结果统计、服务共享使用情况统计、异常告警信息等，数据概览效果图如图6.4-1所示。

6.4.3　数据目录

针对普通用户提供原始资料初步整编之后的信息分类展示功能，以目录的方式对数据进行分级展示。数据资源按照基础地理、遥感影像、土地利用、水利工程、洪水风险分

图 6.4-1 数据概览效果图

析、山洪灾害和流域水系等目录分类展示，针对目录中的数据可以查看数据的基本元信息和缩略图，并可以根据数据的来源对目录展示成果进行筛选。

（1）数据目录展示。该功能面向山东省水利厅普通用户，实现数据底板已收集数据资料的目录展示。设计的数据目录页面，左侧显示数据目录树，右侧显示数据资源列表；通过切换左侧的目录节点，右侧显示对应的数据资源列表，每个资源以卡片形式展示，显示资源名称、缩略图、数据来源、数据年份、数据格式、分辨率/比例尺信息。

（2）资源检索。该功能面向山东省水利厅普通用户，实现数据资源按不同来源的快速查询以及按名称的快速检索。

（3）资源详情。数据资源详细信息，包括数据名称、数据来源、数据年份、数据格式、分辨率/比例尺、快视图、数据描述、数据量、记录数等信息。

6.4.4 服务目录

针对普通用户提供底板数据服务信息的展示功能，以目录的方式对数据服务进行分类展示，包括三级空间底板地图服务和数据接口服务。系统提供按照名称模糊检索服务的功能，并支持按照发布时间、访问量和服务名称排序显示检索结果。

（1）服务目录展示。该功能面向山东省水利厅所有人员，实现三级空间底板地图服务和 API 接口服务的编目分类展示，包括服务缩略图、服务名称、提供单位、发布时间、摘要信息和浏览量等。

（2）服务查询。该功能面向山东省水利厅普通用户，实现按服务名称、目录分类查询检索服务。在服务检索框中输入服务名称关键字，点击【查询】按钮（或回车），显示满足条件的服务列表。

（3）服务预览。该功能面向山东省水利厅普通用户，实现指定地图服务的预览功能。选中需要预览的服务卡片，右上角会显示服务的浏览量。

（4）服务详情。该功能面向山东省水利厅普通用户，查看指定服务的详情信息。选中需要查看详情的服务卡片，点击服务卡片左下角的【详情】按钮，显示包括服务名称、服务类型、发布时间、浏览次数、服务地址、服务描述（包含接口服务的调用说明）等信息。

6.4.5 数据底板（L1～L3）

提供三级空间底板成果的展示功能，实现对服务目录中所有的服务进行叠加展示控制，并且支持对已叠加服务图层的透明度和显示顺序进行调整，并提供属性查询、底图切换、鹰眼图、地图测距、图层控制等功能。

（1）数据浏览。该功能面向山东省水利厅普通用户，实现三级空间底板的数据浏览功能。

查找数据：在左侧数据目录搜索框中，输入需要浏览的数据名称，按回车键，系统对目录树上的数据进行过滤，选择需要加载显示的数据；或者按照目录级别和分类查找数据，如图 6.4-2 所示。

数据加载显示：点击数据节点右侧的【加载】按钮，地图加载显示指定的数据服务。鼠标控制地图显示区域，放大、缩小地图，浏览数据。

底图切换：点击地图区域右下角的【底图】按钮，弹出已配置底图列表，选中需要切换的底图，系统实现地图的自动切换显示。

鹰眼图：点击地图区域右下角的【鹰眼图】按钮，弹出鹰眼框，实现地图的快速移动。

（2）图层管理。图层管理实现地图已加载数据的显示顺序调整、透明度设置等。

点击【上移】、【下移】按钮，实现图层的显示顺序调整。

展开某个图层，显示图层透明度设置工具条，按照实际要求，调整图层的显示透明度。

（3）属性查询。该功能面向山东省水利厅普通用户，实现地图的点击查询，以及图层的数据查看功能。

图 6.4-2 查找数据

地图点击查询属性：地图加载显示需要查询的数据服务，缩放地图，在感兴趣的要素符号上单击鼠标左键，弹出属性查询窗体。点击窗体右上角的【停靠】按钮，系统将属性详情窗体停靠到地图区域的右侧。

查询断面照片：地图加载显示干流纵断面数据，缩放地图，在感兴趣的断面符号上单击鼠标左键，弹出断面关联的照片窗体。

属性查询：选中左侧目录树上的数据服务，点击右侧的【查询】按钮，显示该数据的查询结果。点击每条记录左侧的【详情】按钮，实现地图的定位以及详情信息的显示。点击结果面板上的【字段过滤】按钮，显示属性过滤查询窗口，输入关键字，点击【确定】按钮，实现数据的属性查询。

6.5　数据资源共享管理子系统

从重点流域对水利数据资源的需求出发，依据水利数据对象标准，在数据治理的基础上，搭建数据资源共享管理平台，对数据的标准、质量、生命周期、安全隐私、元数据等进行全方位管理，最终实现"统一模型、一数一源、共建共享、授权使用"，避免数据冗余和重复，为数据分析、信息共享、信息服务和知识决策提供基础。

数据资源共享管理子系统涵盖数据汇聚、数据模型管理、数据质量管理、资产中心、服务管理以及运维管理等方面，具体功能清单见表 6.5-1。

表 6.5-1　　　　　　　　　数据资源共享管理子系统功能清单

模块名称	功能名称	功 能 描 述
数据汇聚	数据源管理	实现对需要接入数据底板进行存储的数据资源来源的管理，包括数据库连接、存储访问等配置管理，支持数据源目录管理，对已接入数据源进行查询、编辑
	结构化数据汇聚	实现结构化数据的汇聚接入，包括业务数据库、空间数据文件、属性表格和实时监测数据等。汇聚接入以任务为单位，支持并行运行更新
	非结构化数据汇聚	实现非结构化数据的汇聚接入，包括水库调度方案、村落照片、山洪灾害调查报告、流域防洪标准文档等。汇聚接入以任务为单位，支持并行运行更新
数据模型管理	数据模型管理	依据流域防洪业务模型设计成果，管理核心库中的数据模型，包括实体分类、数据分类和数据表结构等
	元模型管理	包括核心区模型关系及主题区模型关系，实现核心区、主题区模型之间的关联关系管理功能，提供关联关系交互设计能力
	标准规范管理	包括规范目录、标准导入、规范查看以及标准维护，实现流域防洪相关标准规范的分类管理
数据质量管理	质检规则管理	依据流域防洪业务模型设计成果，管理核心库中各类数据的质检规则。系统内置规则库，包含有效性、完整性、唯一性、一致性和自定义规则
	资产质检管理	依据流域防洪业务模型设计成果，实现数据模型表字段的质检规则配置和质检任务管理，实现对防洪水利对象基本属性、监测异常值及其他业务数据质检
	质检任务管理	实现已配置质检规则的数据模型表质检任务管理。实现质检任务的运行启动、任务更新、任务删除等管理能力
	质检记录	对每个数据层模型质检情况进行统计，包括质检结果、质检记录数、强规则记录数、弱规则记录数、问题记录数等记录，实现对数据模型质检记录的检索、查看和统计
	质检报告查看	实现质检报告的数据表的查询和浏览，支持查看质检统计信息

续表

模块名称	功能名称	功能描述
资产中心	资产目录	按数据目录、存储位置、标签对已有数据资产进行展示查询。对于已查询的数据资产,支持业务人员从结果列表中点击具体数据资产记录以查看该数据资产详情,实现业务信息资源库中所有数据的编目管理、数据详情查看功能
	数据图谱	以可视化方式展示组织各类数据资产的流转过程及变化过程,实现数据从来源单位沉淀为数据资产,形成数据服务并赋能业务的全流程追溯,实现业务信息资源库中水利实体对象的关系图谱查询展示
	资产统计	包括模型总数、数据总量、业务对象总数、资产分布统计、资产安全等级、业务对象统计、数据资产变更趋势、最新及最热的数据资产排行
服务管理	服务注册	实现服务注册功能,支持将外部服务注册到系统进行统一管理,支持单个服务注册及批量注册,支持对已注册的服务查看、编辑、版本更新等
	服务管理	实现已注册服务的管理,包括服务名称的修改、缩略图的修改、所属底板级别的配置等
	编目管理	实现对服务的自定义编目,可以依据业务需求动态进行编目管理,包括新建、查询、编辑功能,支持将已注册服务绑定到编目以及从编目解绑
运维管理	配置管理	结合流域防洪业务和实际数据情况,管理平台需要的服务引擎、数据存储的配置信息、资源消息推送配置、平台日志留存时间配置等
	任务运维	实现平台中所有任务的运行情况监控、任务统计以及任务日志,包括汇聚任务、质检任务和计算任务。任务监控包括实时任务、周期任务、汇聚流程监控;任务统计从不同维度进行汇总统计;任务日志记录汇聚任务、质检任务和计算任务日志信息
	权限管理	按照角色、用户、项目管理,可以添加、编辑、删除角色、用户、项目信息内容,实现平台功能权限的管理授权
	系统日志	系统管理员可以查看已生成的所有系统日志,展示操作用户名、请求IP、模块、操作内容、执行结果、请求时间等,实现系统操作日志的查看和查询

6.5.1 数据汇聚

数据汇聚提供多种异构数据源的数据汇聚能力,支持传统关系型数据库、非结构化数据存储、大数据存储、空间数据存储、时序数据存储等不同来源、不同格式、不同网络环境和存储平台的数据进行集中和整合;数据汇聚支持可视化拖拽式数据采集同步管道配置,并提供轻度数据清洗转换、脏数据过滤等能力,在数据汇聚的过程中,数据通常会经过清洗和标准化的处理，对数据进行去重、纠正错误、填充缺失值等操作，以确保数据的准确性和一致性；数据汇聚支持数据实时采集与更新，支持实时采集和更新数据，能够实时获取新产生的数据，从而确保数据的实时性和准确性；数据汇聚还会将不同格式的数据转换为统一的格式，以便于后续的数据处理和分析。数据汇聚支持虚拟入湖和物理入湖两种方式，数据汇聚模块界面如图 6.5-1 所示。

图 6.5-1　数据汇聚模块界面

（1）数据源管理。该功能面向山东省水利厅数据管理人员，实现接入数据底板的数据资源来源访问信息（数据库连接、存储访问等）配置管理，支持关系型数据库连接，实现关系型数据库（Mysql、Oracl 等）数据源的连接、编辑、修改、删除，还支持消息队列 API 的连接，实现 API 的连接、编辑、修改、删除，数据源管理界面如图 6.5-2 所示。

图 6.5-2　数据源管理界面

添加数据源：选择数据源类型，按照实际数据存储，输入对应的连接信息，测试连接性。

查看数据源列表：查看已添加的数据源列表。

编辑/删除数据源：对已添加数据源进行编辑，支持删除已添加数据源。

（2）结构化数据汇聚。该功能面向山东省水利厅数据管理人员，实现结构化数据的汇聚接入，包括业务数据库、空间数据文件、属性表格和实时监测数据等。汇聚接入以任务为单位，支持并行运行更新，支持对处理任务的详情查看、编辑、试运行管理等操作。

新建汇聚任务：提供数据汇聚任务配置向导，按照页面提示，结合数据汇聚业务，完成汇聚任务的创建，支持数据的更新汇聚。

查看任务列表：查看已创建的结构化数据汇聚任务。

运行任务：点击【立即运行】按钮，启动汇聚任务，支持周期性任务自动调度运行。

查看任务运行日志：任务运行过程中，可以查看任务的执行进度日志信息。

编辑/删除汇聚任务：对已创建的数据汇聚任务参数进行编辑，支持删除已配置的数据汇聚任务。正在运行的任务无法执行删除操作时，删除任务前，会要求用户确认操作。

（3）非结构化数据汇聚。该功能面向山东省水利厅数据管理人员，实现非结构化数据的汇聚接入，包括水库调度方案、村落照片、山洪灾害调查报告、流域防洪标准文档等。汇聚接入以任务为单位，支持并行运行更新。

新建汇聚任务：提供数据汇聚任务配置向导，按照页面提示，结合数据汇聚业务，完成汇聚任务的创建，支持数据的更新汇聚。

查看任务列表：查看已创建的非结构化数据汇聚任务，提供汇聚任务的查询检索，支持按任务名称、调度类型、任务状态、执行状态等检索任务。

运行任务：点击【立即运行】按钮，启动汇聚任务，支持周期性任务自动调度运行。

查看任务运行日志：任务运行过程中，可以查看任务的执行进度日志信息。

编辑/删除汇聚任务：对已创建的数据汇聚任务参数进行编辑，支持删除已配置的数据汇聚任务。正在运行的任务无法执行删除操作时，删除任务前，会要求用户确认操作。

6.5.2 数据模型管理

该模块面向水利厅数据管理人员，在数据底板中处于向上承接业务、向下引导数据的关键地位。数据模型包括对象实体（表）、属性、实体之间的关系和完整性规则，以及所有这些概念的定义。数据模型管理模块用于数据模型的落地，提供数据模型创建、维护与展示的工具。

（1）数据模型管理。该功能是依据流域防洪业务模型设计成果，管理核心库中的数据模型，包括实体分类、数据分类和数据表结构等。提供在线创建、Excel 导入、识别数据库中数据模型三种方式。提供数据模型的元数据信息，包括数据模型英文名称、数据模型中文名称、数据目录、存储位置、安全等级、生效时间、失效时间、创建人、创建时间、描述、参考数据标准、上下线时间。在基础模型未上线之前可以任意删除。在上线之后，通过上下线进行控制。通过上下线控制数据模型的是否使用状态。

新建/导入数据模型：提供数据模型创建能力，支持在线填报、Excel 批量导入和自动识别表结构三种创建方式。

1）在线填报方式：提供在线填报向导，引导用户完成数据模型的创建，包括模型类型、所属数据目录、存储位置、实体类型、表结构定义等内容。

2）Excel 批量导入方式：提供 Excel 文件格式的数据模型批量导入功能。按照系统提供的 Excel 模板，依据业务数据模型设计成果，完成资产包的设计。

3）自动识别表结构方式：提供从指定数据源中批量导入数据表的能力，支持导入数据表结构的编辑功能。

查看数据模型：提供已创建数据模型的展示功能，以列表方式展示；提供数据模型的检索能力，支持按照数据分层、数据目录、实体类型、数据类型和模型名称等查询检索数据模型。同时，提供某个数据模型的详细信息查看功能，包括模型的基本信息、数据结构、数据内容、数据血缘、质检规则、元模型、变更记录等。其中，数据结构展示数据模型的表结构信息，数据内容展示数据表的数据记录，数据血缘展示数据表的来源、存储位置等信息，质检规则展示数据表字段的质检要求，元模型展示数据表与其他表的关联关系，变更记录展示数据模型的结构变更信息和数据内容变更信息。

更新/删除数据模型：对已创建的数据模型进行更新维护，支持指定数据模型的删除操作。

（2）元模型管理。该功能旨在实现数据模型之间的关联关系管理功能，提供关联关系交互设计能力。元模型管理包括元模型创建、修改、删除、可视化等。元模型创建支持中心库的元模型和数据仓库的元模型的管理。元模型创建后，可根据业务的需要修改元模型设置。元模型删除后会删除元模型记录以及各关联信息记录。最终元模型的内容将以视图方式实现模型的可视化，元模型界面如图 6.5-3 所示。

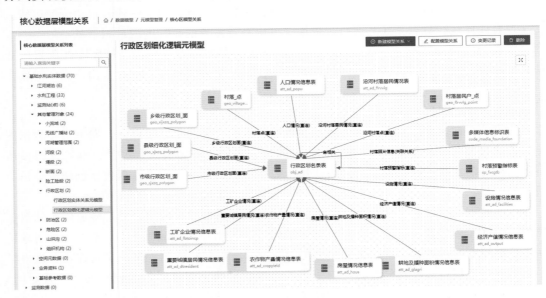

图 6.5-3　元模型界面

新建元模型：提供直观的交互设计页面，实现元模型的创建功能，用于维护实体之间的关系，以及实体对象不同业务属性表之间的关系。

查看元模型：以列表显示所有已配置元模型信息，页面左侧会以数据建模目录分类显示元模型目录，右侧显示已选择元模型的关联图表信息。

编辑/删除元模型：对已创建的元模型进行更新维护，支持指定元模型的删除操作。

（3）标准规范管理。该功能主要实现流域防洪相关标准规范的分类管理，包括标准目录、标准导入、标准查看、标准维护等功能。

标准规范编目管理：提供标准规范文档编目管理功能，按照实际业务需要和标准分类，自定义创建目录结构，支持各级目录节点的创建/编辑/删除、目录节点的顺序调整等。

上传标准文件：实现标准文件的上传管理，用户指定标准文件所在目录，从本机选择需要上传的文档（支持 pdf、doc、ppt、xls 格式），输入标准名称、标准版本号、发布机构、发布时间、描述等信息，上传的标准文档要求不超过 50M。

预览标准文件：按关键字检索标准文件，以列表展示满足过滤条件的标准文件，每个文件的右侧提供【预览】按钮，实现文件的快速在线预览。

下载标准文件：系统提供按关键字检索标准文件，以列表展示满足过滤条件的标准文件，每个文件的右侧提供【下载】按钮，实现文件通过浏览器下载。

删除标准文件：支持删除指定的标准文件，只有标准规范管理人员才有该功能权限。

6.5.3　数据质量管理

数据质量管理以数据清洁为目标，以业务需求为驱动，对数据质量进行规范化管理，解决"数据质量现状如何，如何检测，如何评估"的问题，具体包括质检规则管理、资产质检管理、质检任务管理、质检记录、质检报告查看等内容。

（1）质检规则管理。依据流域防洪业务模型设计成果，管理核心库中各类数据的质检规则。系统内置规则库，包含有效性、完整性、唯一性、一致性和自定义规则。

1）创建质检规则：根据实际数据业务要求，自定义数据质检规则。支持配置字段的值域字典、格式正则表达式、质检 SQL 自定义等。除格式检查外，其他规则均在配置具体数据模型的质检规则时进行设置。

2）查看质检规则：查看已配置数据质检规则，系统内置有规则库，支持按照数据业务要求扩展质检规则。

3）编辑/删除质检规则：针对数据格式提供规则的更新设置，以及规则的删除操作。

（2）资产质检管理。该功能面向山东省水利厅数据管理人员，依据流域防洪业务模型设计成果，实现数据模型表字段的质检规则配置和数据质检，提供规则的配置、编辑、删除等操作。可周期性或手动执行数据质检，质检任务的管理包括新建质检任务、编辑、删除、查看、禁用/启用等操作。质检结果可实现推送到具体用户，推送的内容可配置。

配置数据模型质检规则：按照数据业务，指定数据表字段的质检规则。一张数据表可以配置多种质检规则，提供规则的添加、删除和编辑功能。

（3）质检任务管理。该功能实现已配置质检规则的数据模型表质检任务管理。实现质检任务的运行启动、任务更新、任务删除等管理动能。质检任务启动后，系统将按照配置的质检规则，对数据模型表内容进行质检，并反馈对应的质检日志信息。

（4）质检记录。该功能面向山东省水利厅数据管理人员，实现数据模型质检记录的检索、查看和统计，包括每个数据表的最新错误数据问题，并支持有效的错误数据的下载功能和历史的质检结果。此外，还提供质检日志，记录质检任务的执行情况以及检测发现的问题。可以对质检日志按照时间、资产主题域等维度进行查询，也可将质检日志导出保存。

（5）质检报告查看。输入目录名/表名检索需要查看质检报告的数据表，点击【查看报告】按钮，查看数据质检结果。

查看质检统计信息：点击【质量总览】按钮，查看核心数据库的数据质检情况，如图6.5-4所示。

图 6.5-4　查看质检统计信息

6.5.4　资产中心

数据资产管理聚焦于全域数据资源的整体情况呈现，实现多层级的数据资产目录组织、数据资产地图呈现、数据血缘分析、全域资源检索、多维度的数据资源统计等能力。

（1）资产目录。该功能面向山东省水利厅普通用户，实现业务信息资源库中所有数据的编目管理、数据详情查看功能。对于已查询的数据资产，支持业务人员从结果列表中点击具体数据资产记录以查看该数据资产详情。

1）资产编目：按照实际业务要求，对资产进行目录编排。点击【变更目录】按钮，可以修改数据所属的资产目录。

2）查看资产详情：点击某个资产表，可以查看该表的详情，包括数据内容、数据结构、数据血缘、元模型等。

（2）数据图谱。该功能面向山东省水利厅普通用户，实现业务信息资源库中水利实体对象的关系图谱查询展示，数据图谱如图6.5-5所示。

查询县级以上行政区：按照省-市-县三级过滤查询所需的行政区划。

查询指定行政区划的图谱信息：指定行政区划条件后，点击【查询】按钮，系统显示以该行政区划为核心的数据图谱信息，如图6.5-6所示。

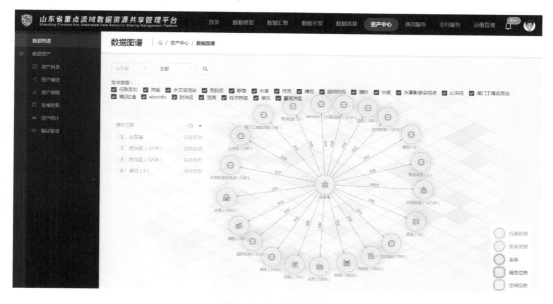

图 6.5-5　数据图谱

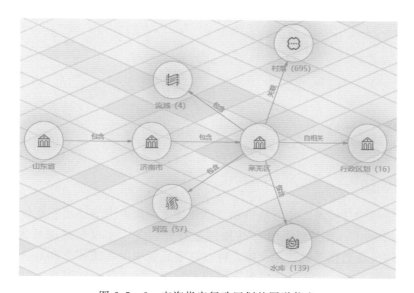

图 6.5-6　查询指定行政区划的图谱信息

逐级查询实体对象的图谱信息：点击实体图标，右侧弹出该实体的对象列表，选中需要查询的实体对象，系统显示以该对象为中心的图谱信息，如图 6.5-7 所示。

（3）资产统计。该功能面向山东省水利厅普通用户，实现分类统计业务信息资源库中的数据资产情况。

查看资产统计信息：点击【资产统计】按钮，系统分类显示数据库中所有数据资产的统计信息，包括数据量、数据模型个数、实体对象统计等，如图 6.5-8 所示。

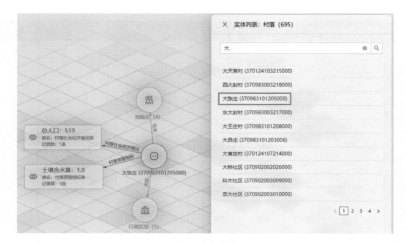

图 6.5-7　逐级查询实体对象的图谱信息

图 6.5-8　资产统计信息

6.5.5　服务管理

根据存储结构设计成果，按照接口职责设计具体的接口类型、功能及业务数据组织格式，以服务形式即空间服务和通用 API 服务来构建服务，实现对基础数据、监测数据、业务数据、空间矢量数据等的访问支撑。针对数据底板中发布的各类数据 API、空间数据服务等进行全面的管理，实现从服务发布、服务管理、服务目录到服务鉴权的全过程，如图 6.5-9 所示。

（1）服务注册。该功能面向山东省水利厅数据管理人员，实现地图服务、数据接口服务的注册管理。

点击【注册】按钮，打开注册信息填写页面，填写信息并进行确认。

（2）服务管理。该功能面向山东省水利厅数据管理人员，实现已注册服务的管理，包括服务名称的修改、缩略图的修改、所属底板级别的配置等。

（3）编目管理。该功能面向山东省水利厅数据管理人员，实现已注册服务的编目管理，包括新建、删除、编辑等功能。

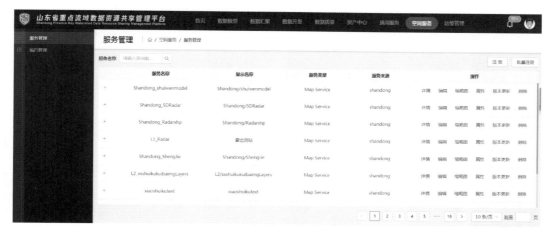

图 6.5 - 9　服务管理首页图

6.5.6　运维管理

为了保障数据底板运行的稳定性，保持良好可控的健康状态，需要对其进行全方位的运维监控，对底层支撑的计算引擎、存储引擎、平台组件服务等进行运维与管理，实现全面监控、统一管理与智能运维。

（1）配置管理。该功能面向山东省水利厅系统管理人员，结合流域防洪业务和实际数据情况，管理平台需要的服务引擎和数据存储的配置信息。

配置计算引擎：点击计算引擎子菜单中的【配置计算引擎】按钮，弹出配置计算引擎的窗体，输入实际参数，测试引擎连接状态，保存配置信息。

配置服务引擎：点击服务引擎子菜单中的【配置服务引擎】按钮，弹出配置服务引擎的窗体，输入实际参数，测试引擎连接状态，保存配置信息。

配置数据存储：点击数据存储子菜单中的【新建数据存储】按钮，弹出新建数据存储的窗体，输入实际参数，测试连接状态，保存配置信息。

（2）任务运维。该功能面向山东省水利厅系统管理人员，实现平台中所有任务的运行情况监控，包括汇聚任务、质检任务和计算任务。

任务监控：点击任务监控子菜单，系统显示所有周期任务的列表，从列表中能直观看到任务的运行情况；输入任务过滤条件，查询检索任务。

任务统计：点击任务统计子菜单，系统以统计图表和告警列表等形式展示各类任务的运行情况，如图 6.5 - 10 所示。

查看任务运行日志：点击任务日志子菜单，以列表显示周期任务列表，点击任务右侧的【查看日志】按钮，弹出该任务的详细日志信息。

（3）权限管理。该功能面向山东省水利厅系统管理人员，实现平台功能权限的管理授权。

组织机构管理：点击用户管理子菜单，显示组织机构树，通过点击【添加】按钮，按照实际机构划分，配置组织机构信息。

图 6.5-10　任务统计

　　用户管理：点击用户管理子菜单，显示用户列表，点击【新建用户】按钮，实现系统用户的创建。点击用户列表右侧的【编辑】/【删除】按钮，实现用户信息的编辑和删除操作。

　　角色管理：点击角色管理子菜单，显示系统内置的角色列表，点击角色右侧的【配置用户】按钮，实现用户的权限设置。

　　（4）系统日志。该功能面向山东省水利厅系统管理人员，实现系统操作日志的展示和查询。

　　查看系统操作日志：点击系统日志子菜单，显示所有操作日志列表。输入查询条件，检索关注的日志信息，方便系统运维管理。

第7章

数据安全管理

　　在数字经济的应用场景下，数据只有在流动中才能充分发挥其价值，而数据流动又必须以保障数据安全为前提。传统的信息安全往往追求将数据放在一个封闭的环境中，这种片面的做法只能理解为是一种简单的保证数据的"防窃取"。而当下，数据共享是发展趋势，数据安全应该包括防止数据被窃取、被滥用、被误用，同时充分地将数据的"保密性""完整性"和"可用性"这三个重要的数据指标考虑进去。本章介绍国内外数据安全框架和政策法规以及一些常用的数据安全管理技术方法。

7.1　数据安全管理综述

7.1.1　国外数据安全框架

　　国外数据安全框架包括 Gartner DSG、CARTA、微软的 DGPC 框架等。2015 年，Gartner 提出了数据安全治理（Data Security Governance，DSG）概念，并从方法论的角度阐述了数据安全治理的框架。Gartner 的 DSG 框架从宏观层面和方法论的角度阐述了数据安全治理的思路和基本框架，组织在实施 DSG 框架时需要结合实际需求对治理框架和步骤进行细化。此外，DSG 框架中列出的数据安全能力与产品也需要进行更加细化的分类，并由组织根据治理对象和场景的不同采取差异化的部署方式。2017 年 Gartner 提出了持续自适应的安全风险和信任评估（Continuous Adaptive Risk and Trust Assessment，CARTA）模型，旨在使安全与风险管理的领导者在持续的和自适应的风险与信任评估的基础上，对于实时出现的各类事件做出及时和合理的反应，在风险可接受的程度上保障数字业务的健康运行。CARTA 的方法同样适用于数据安全评估与控制。CARTA 模型的核心是基于大数据分析与评价的动态安全决策。DGPC（Data Governance for Privacy，Confidentiality and Compliance）框架由微软于 2010 年提出，该框架由组织人员、流程和技术三个核心领域组成。DGPC 框架提供了一种以隐私、机密性和合规为目标的数据安全治理框架，以数据生命周期和核心技术领域为重点关注点，基于威胁建模与风险评估的方法，对组织如何实施数据安全治理进行了概要阐述。DGPC 主要是从方法论层面明确数据安全治理的目标，缺少对在数据生命周期各环节落实数据安全治理措施的详细说明。

　　以 Gartner DSG 框架为例，详细介绍框架内容及实施步骤。

　　DSG 框架从上到下主要包括 5 个部分，即平衡业务需求与风险、数据梳理和数据生命周期管理、定义数据安全策略、部署安全能力与产品、策略配置与同步，如图 7.1 - 1 所示。

　　Gartner DSG 模型分 5 个步骤实现。

　　（1）步骤一：业务需求与安全（风险/威胁/合规性）之间的平衡。

　　这里需要考虑经营策略、治理、合规、IT 策略和风险容忍度 5 个维度的平衡，这也是治理队伍开展工作前需要达成统一的 5 个要素。

　　1）经营策略：确立数据安全的处理如何支撑经营策略的制定和实施。

　　2）治理：对数据安全需要开展深度的治理工作。

　　3）合规：企业和组织面临的合规要求。

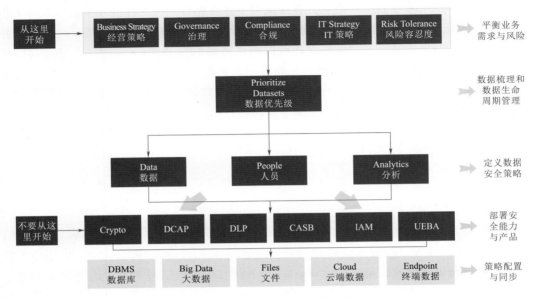

图 7.1 - 1　Gartner DSG 框架图

4）IT 策略：企业的整体 IT 策略同步。

5）风险容忍度：企业对安全风险的容忍度在哪里。

（2）步骤二：数据优先级。

进行数据安全治理前，需要先明确治理的对象，企业拥有庞大的数据资产，本着高效原则，Gartner 建议，应当优先对重要数据进行安全治理，这将大大提高治理的效率和投入产出比。通过对全部数据资产进行梳理，明确数据类型、属性、分布、访问对象、访问方式、使用频率等，绘制"数据地图"，以此为依据进行数据分级分类，以此对不同级别数据实行合理的安全手段。这个基础也会为每一步治理技术的实施提供策略支撑。

（3）步骤三：制定策略，降低安全风险。

从两个方向考虑如何实施数据安全治理：①明确数据的访问者（应用用户/数据管理人员）、访问对象、访问行为；②基于这些信息制定不同的、有针对性的数据安全策略。这一步的实施更加需要数据资产梳理的结果作为支撑，以提供数据在访问、存储、分发、共享等不同场景下，既满足业务需求，又保障数据安全的保护策略。

（4）步骤四：运用安全工具。

数据是流动的，数据结构和形态会在整个生命周期中不断变化，需要采用多种安全工具支撑安全策略的实施。Gartner 在 DSG 体系中提出了实现安全和风险控制的 5 个工具即 Crypto、DCAP、DLP、CASB、IAM，这 5 个工具是指 5 个安全领域，其中可能包含多个具体的技术手段。

1）Crypto（加密）：这其中应该包括数据库中的结构化数据的加密，以及数据落地存储之前传输层或应用端的加密，以及加密相关的密钥管理、密文访问权控等多种技术。

2）DCAP（以数据为中心的审计和保护）：可以集中管理数据安全策略，统一控制结构化、半结构化和非结构化的数据库或数据竖井。这些产品可以通过合规、报告和取证分析来审计日志记录的异常行为，同时使用访问控制、脱敏、加密、令牌化等技术划分应用用户和管理员间的职责。

3）DLP（数据防泄露）：DLP工具提供对敏感数据的可见性，无论是在端点上使用，在网络上运动还是静止在文件共享上。使用DLP，组织可以实时保护从端点或电子邮件中提取的非结构化数据。DCAP和DLP之间的根本区别在于DCAP工具更多地侧重于组织内用户访问的数据，而DLP更侧重于将离开组织的数据。

4）IAM（身份识别与访问管理）：IAM是一套全面的建立和维护数字身份，并提供有效的、安全的IT资源访问的业务流程和管理手段，从而实现组织信息资产统一的身份认证、授权和身份数据集中管理与审计。身份和访问管理是一套业务处理流程，也是一个用于创建与维护和使用数字身份的支持基础结构。

（5）步骤五：策略配置与同步。

策略配置与同步主要针对DCAP的实施而言，集中管理数据安全策略是DCAP的核心功能，而无论访问控制、脱敏、加密、令牌化，哪种手段都必须注意对数据访问和使用的安全策略保持同步下发，策略执行对象应包括数据库、大数据、文件、云端数据等数据类型。

7.1.2 国内数据安全政策

1. 国内数据安全相关政策法规

伴随着政府、企业、金融、能源、运营商等各行各业的数字化转型的加速，数据资产的价值和重要性不断提升，数据泄露、篡改、破坏导致的影响日趋严重。国家层面对数据安全更加重视，涉及数据安全的相关法律法规标准持续推出与完善，监管力度不断加大，监管内容不断细化。

《中华人民共和国数据安全法》《中华人民共和国个人信息保护法》的颁布和实施为规范数据处理活动、保障数据安全和个人、组织的合法权益奠定了法律基础，同时也对组织的数据安全治理能力与个人信息保护能力提出了更高的要求。

全国信息安全标准化技术委员会等单位牵头研究并发布了《信息安全技术 大数据安全管理指南》（GB/T 37973—2019）、《信息安全技术 数据安全能力成熟度模型》（GB/T 37988—2019）等国家标准。业内基本对数据安全分类分级以及数据采集、传输、存储、处理、交换、销毁全生命周期分级保护等观点达成共识。目前法律和政策上对国家、公众、个人数据安全的定义较为明确，但是对企业或其他法人组织数据权益的相关定义不够具体。

2016年，《国务院关于印发政务信息资源共享管理暂行办法的通知》（国发〔2016〕51号）指出要加快推动政务信息系统互联和公共数据共享，充分发挥政务信息资源共享在深化改革、转变职能、创新管理中的重要作用，增强政府公信力，提高行政效率，提升服务水平。

2. 数据安全能力成熟度模型DSMM

2019年8月，全国信息安全标准化技术委员会发布《信息安全技术 数据安全能力成熟度模型》（GB/T 37988—2019），正式提出数据安全能力成熟度模型（Data Security capability Maturity Model，DSMM）。DSMM 参考通用的能力成熟度模型，对数据安全能力成熟度进行了定义和等级划分，从高到低划分了持续优化、量化控制、充分定义、计划跟踪和非正式执行 5 个等级，如图 7.1-2 所示。

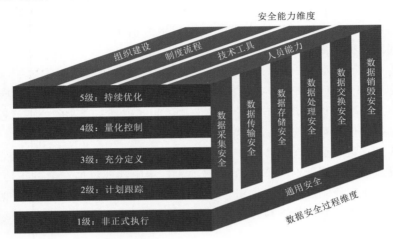

图 7.1-2　数据安全能力成熟度模型示意

　　DSMM 根据数据在组织业务场景中的数据生命周期安全要求与通用安全要求，定义了数据安全过程域体系，并在数据安全过程域体系中从组织建设、制度流程、技术工具以及人员能力四个方面构建了规范性的数据安全能力成熟度分级治理要求和评估方法，能够为组织建立和完善数据安全治理体系提供有益参考。

　　DSMM 要求组织将关注视角从数据本身扩展到数据生命周期的各个阶段，设计了一套以数据为核心、围绕数据全生命周期构建的安全模型来指导组织建立和持续改进数据安全能力。同时，DSMM 也可以作为一种评估方法，组织可以根据 DSMM 对数据安全治理能力进行总体评价，更加直观地了解当前数据的安全治理水平和需要改进的环节。

7.2　数据安全治理框架

　　由中国信息通信研究院牵头，中国互联网协会联合 20 多家单位共同制定了行业标准《数据安全治理能力通用评估方法》（YD/T 4558—2023），该标准是工业和信息化部印发《电信和互联网行业数据安全标准体系建设指南》（工信厅科〔2020〕58 号）以来国内首个数据安全治理标准，为推动我国数据安全治理健康高质量发展迈出重要一步。本章基于中国信息通信研究院的数据安全治理框架介绍数据安全治理的内容、流程与方法。

7.2.1　数据安全治理目标

　　合规保障是组织数据安全治理的底线要求，风险管理是数据安全治理需要解决的重要问题。在数字经济时代，数据只有经过流动交易才能最大限度地释放数据价值。因此，数据安全治理的目标是在合规保障及风险管理的前提下，实现数据的开发利用，保障业务的持续健康发展，确保数据安全与业务发展的双向促进。

7.2.2 数据安全治理参考框架

数据安全是数据安全治理的目标对象，参考框架是数据安全治理的参照对象。组织可以通过持续构建参照对象，实现对目标对象的有效管理。参考《数据安全治理能力通用评估方法》（YD/T 4558—2023），数据安全治理参考框架包括数据安全战略、数据全生命周期安全、基础安全3部分主要内容，如图7.2-1所示。

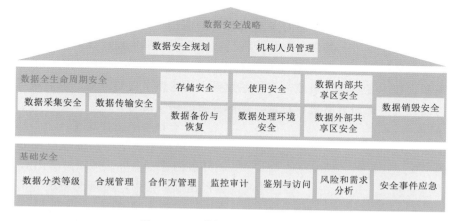

图7.2-1 数据安全治理参考框架

1. 数据安全战略

在组织启动数据安全治理工作前，必须制定相应的战略规划，明确治理目标和具体任务，匹配对应的资源，使得治理工作能够有条不紊地展开。数据安全战略可以从数据安全规划、机构人员管理两个能力项入手，前者确立目标任务，后者组建治理团队。

2. 数据全生命周期安全

数据安全治理应围绕数据全生命周期展开，以采集、传输、存储、使用、共享、销毁各个环节为切入点，设置相应的管控点和管理流程，以便于在不同的业务场景中进行组合复用。数据全生命周期安全包括数据采集安全、数据传输安全、存储安全、数据备份与恢复、使用安全、数据处理环境安全、数据内部共享区安全、数据外部共享区安全、数据销毁安全在内的9个能力项，通过对数据全流转过程进行规范和约束以有效降低数据安全风险。

3. 基础安全

基础安全作为数据全生命周期安全能力建设的基本支撑，可以在多个生命周期环节内复用，是整个数据安全治理体系建设的通用要求，能够实现建设资源的有效整合。基础安全包括数据分类分级、合规管理、合作方管理、监控审计、鉴别与访问、风险和需求分析、安全事件应急等7个能力项，主要从数据安全的保障措施上进行定义和要求。

7.2.3 数据安全治理实践路线

围绕上述数据安全治理参考框架，按照治理规划、建设、运营、成效评估的实践路线，结合业务发展需要，从现状分析入手，结合组织架构、制度流程、技术工具、人员能力体系建设，构建相适应的数据安全治理能力，并针对风险防范、监控预警、应急处理等内容形成一套持续化运营机制，再根据成效评估进行改进，以保障整个实践过程的持续性建设。

数据安全治理是一项体系化工程，需要以数据为中心，结合业务场景和风险分析情况，构建可持续运转的闭环数据安全防护体系，实现组织数据安全治理能力建设。笔者从实践角度出发，围绕参考框架，探讨数据安全治理规划、建设、运营、成效评估等方面的闭环治理工作路线。

1. 数据安全治理规划

规划是数据安全治理工作能够有条不紊开展的前提，可以按照现状分析、方案规划、方案论证的环节顺序推进。其中，现状分析是数据安全治理规划设计的依据，可以从外部合规遵从、现状风险分析、行业最佳实践对比入手，总结组织现状；再通过设计组织架构、制度流程、技术工具、人员能力等体系建设来构建整个规划方案；最后从可行性、安全性、可持续性三方面对方案进行论证，保障方案的切实可行。

2. 数据安全治理建设

明晰的组织架构是保障数据安全工作顺利开展的首要条件，可以参考图 7.2-2 内容进行建设。其中，决策层是统筹部门，可以采取"一把手负责制"，管理层是数据安全工作的管理团队，执行层是数据安全工作的具体执行者和参与者，监督层负责对管理层和执行层的工作进行监督，对违规行为予以纠正。

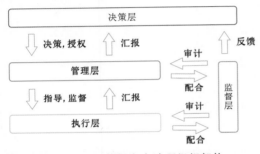

图 7.2-2　数据安全治理组织架构

制度流程作为数据安全防护要求、管理策略、操作规程等的集合，一般会从业务数据安全、数据安全风险控制、法律法规合规性等几个方面进行梳理。相关制度文件的制定可以参考图 7.2-3。

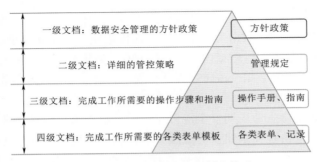

图 7.2-3　数据安全管理制度体系

技术工具作为落实各项安全管理要求的有效手段，是支撑数据安全治理体系建设的能力底座。围绕参考架构，结合实际场景，构建完善的技术工具，可以体系化地解决数据全生命周期各阶段的安全隐患。

数据安全治理离不开相应人员的具体执行，因此，加强对数据安全人才的培养是数据安全治理的应有之义。组织需要根据岗位职责、人员角色，明确相应的能力要求，并建立适配的数据安全人员能力培养机制。具体可以从数据安全意识提升、数据安全能力培训、数据安全能力考核三方面进行培养。

3. 数据安全治理运营

数据安全治理的持续运营，能够打通各环节的建设内容，促进整个体系的良性发展。治理运营分为以下三个方面：①风险防范，通过数据安全策略制定、基线扫描、风险评估可以实现对数据安全的事前风险防范；②监控预警，通过态势监控、日常审计、专项审计三种监控预警手段实现事中的有效控制；③应急处理，从应急处置、复盘整改、宣贯培训出发，实现事后的总结优化。

4. 数据安全治理成效评估

数据安全治理必定是一个持续性过程，如何评价数据安全治理成效并实现治理体系的优化改进，是组织在数据安全治理能力建设过程中面临的重要问题。一般来说，可以从内部评估和第三方评估两个维度入手：内部评估包括自行检查、开展应急演练、进行对抗模拟等方式；第三方评估则是通过外部评估机构依据相关标准开展评估，能够更加客观地对组织现状进行总结，该类工作符合《中华人民共和国数据安全法》的相关要求。

7.3 数据安全管理技术方法

数据安全管理通常包含组织与人员、职责与分工、安全管理制度、安全技术手段等，以下主要从技术手段方面介绍数据安全管理的一些方法。

7.3.1 访问控制

数据访问控制包含数据传输、数据存储形态、数据溯源三方面内容。

（1）在数据传输上，可通过 Kerberos 网络认证协议及 SSL（Secure Socket Layer）加密协议，实现 Web 应用的安全访问传输控制。

（2）在数据存储形态上，建立数据高防区、透明加密、对称加密、静态脱敏能力，从而进行数据保护。

（3）在数据溯源上，通过严格追踪数据来源与去向，形成完整的数据流转链路，实现数据首尾严格对应。

7.3.2 权限管理

权限管理从机构、角色、用户以及项目 4 个维度构建了对于数据权限的控制和管理。机构维度可为某一组织机构独立分配数据权限；角色维度表示可将某一数据使用权限分配给某一角色，用户以及项目维度的数据权限分配同理。

数据筛选的选项不仅允许从不同的数据层次中进行挑选，还可以精确到特定的数据模型和字段。此外，权限管理还能进一步管理不同机构、角色、用户及项目对数据的访问时段，确保对数据权限实行细致且严格的控制。

7.3.3　资源隔离

通过多租户的平台架构方式，实现资源的物理隔离和逻辑隔离，对不同租户、用户角色所拥有的数据需求进行资源隔离，从而保证数据以及资源间的独立性和安全性。

（1）物理隔离。对于敏感程度较高的数据实施物理存储隔离。这意味着该数据将被存放在与其他数据完全独立的硬件设备中，确保其不会与其他非敏感数据混合，从而防止未授权的访问和潜在的安全风险。

（2）逻辑隔离。针对多租户环境中的数据，通过实施严格的访问控制策略，如基于角色的访问控制（RBAC）或基于属性的访问控制（ABAC），来限制对特定数据的可见性和访问。这确保了不同租户之间的数据保持逻辑上的隔离，每个租户只能访问到自己的数据资源，无法访问其他租户的信息。

7.3.4　共享安全

保障数据共享安全需要一套严格的数据保密等级标准，在项目实践中将数据分为 5 个等级：外部公开、内部公开、秘密、机密和绝密。这一分级确保了不同敏感程度的数据接受不同程度的保护措施。对于每个等级，实施特定的入湖（数据入库）标准和准则，以确保数据处理符合相应的安全要求。

此外，对不同保密等级的数据采取了差异化的审批控制措施。审批流程可以根据各等级数据的安全需求灵活配置，以适应多样化的数据安全管理策略。这样的分级审批体系旨在保障数据的安全性和合规性，同时确保业务流程的高效和灵活。

7.3.5　数据容灾备份

数据容灾备份是确保数据在面对灾难时能够迅速恢复运营的关键措施。数据容灾备份通常需要执行评估需求和风险、选择备份解决方案、制定容灾计划、数据生命周期管理、实施数据复制、测试和验证、监控和更新等关键步骤，确保灾备有效，数据安全可用。

7.3.6　数据脱敏

数据脱敏是一种保护敏感数据的技术手段，是一种数据库安全技术，是通过隐藏原始数据或修改其内容从而保证原始数据安全的过程。做好数据脱敏，首先要建立脱敏规则，对原始数据中的敏感字段进行处理，即对敏感数据通过使用脱敏规则，在不影响数据使用与分析准确性的条件下，进行数据变形，从而降低数据的敏感度，降低数据泄露的风险，实现敏感数据的可靠保护。

敏感数据须经过专业部门脱敏后才能在系统中使用。所有空间数据信息（含模型数据）均应满足《中华人民共和国测绘成果管理条例》（中华人民共和国国务院令第 469号）、《国家测绘局关于加强涉密测绘成果管理工作的通知》（国测成字〔2008〕2 号）、《基础地理信息公开表示内容的规定（试行）》（国测成发〔2010〕8 号）、《遥感影像公开使用管理规定（试行）》（国测成发〔2011〕9 号）等相关法律法规的要求。

1. 地形数据脱敏处理

对高精度地形数据涉密等问题委托测绘部门进行脱敏处理，转换为公网可用的地形数据。地形数据脱敏应充分考虑"统筹管理、全面汇集、统一标准、共享使用、保障安全"等原则要求，面向该项目中发布的空间地形数据构建空间地图数据脱密脱敏处理与配套安全防护体系，实现空间地形数据脱密处理、属性信息脱敏及其在网络环境下的安全传输及防护管理，满足多维多尺度时空数据底板中的空间地图数据的服务发布与应用安全要求，推进数据共建共享和动态更新。

空间地形数据脱敏的主要环节如下：

（1）数据定义与准备。按照国家有关规定确定需要脱敏的数据集，需要考虑其空间地图数据的比例尺、控制点精度、属性字段内容、分发应用环境等要素。

（2）建立数字孪生数据脱密脱敏处理与安全防护体系。运用以敏感关键字、敏感坐标位置为依据的脱敏工具，先是识别敏感信息，然后再依据豁免规则，释放含有敏感关键字和坐标的非敏感信息。

2. 水利工程经纬度脱密处理

水利工程等模型数据在非隔离网络使用时，应对涉密数据进行脱敏处理，主要处理内容如下：

（1）完全删除水利工程模型数据中含有涉密的地理要素及其属性信息。

（2）完全删除水利工程模型所包含的真实地理坐标数据。

（3）降低大坝模型的详细程度，删除大坝岸质、内部结构等内容，通过体量等方式表达。

（4）删除属于保密单位相关的建（构）筑物、设施设备模型，不表示或以一般体量模型、一般建（构）筑物替代等方式表示。

（5）删除桥梁、隧道等重要交通枢纽的地理坐标信息、位置信息、属性信息；降低桥梁、隧道的几何模型精度。

（6）降低重要设施设备的模型几何详细程度，以体量模型等方式达到指定的可公开的模型几何详细程度要求。

3. 人员等基本信息脱敏处理

涉及各类人员、企业法人等敏感数据，在不违反系统规则条件下，对真实数据进行改造并提供测试使用，如身份证号、手机号、人员姓名、家庭地址等个人敏感信息都需要通过脱敏规则进行数据的变形，实现敏感隐私数据的可靠保护。这样就可以在开发、测试和其他非生产环境以及外包环境中安全地使用脱敏后的真实数据集。脱敏包括如下规则：

（1）替换。如统一将女性用户名替换为 F，这种方法更像"障眼法"，对内部人员可以完全保持信息完整性，但易破解。

（2）重排。如序号 12345 重排为 54321，按照一定的顺序进行打乱，很像"替换"，可以在需要时方便还原信息，但同样易破解。

（3）加密。如编号 12345 加密为 23456，安全程度取决于采用哪种加密算法，一般根据实际情况而定。

（4）截断。如 13811001111 截断为 138，舍弃必要信息来保证数据的模糊性，是比较常用的脱敏方法。

（5）掩码。如 123456 —> 1××××6，保留了部分信息，并且保证了信息的长度不变性，对信息持有者更易辨别。

4. 实时坐标转换处理

实时坐标转换处理，其业务流程主要是系统在配合业务模块时通过访问模块进行在线实时的坐标转换处理。其核心内容为实时坐标转换算法。

（1）坐标系转换。进行坐标系转换通常涉及以下步骤：

1）收集公共点坐标。需要收集两个坐标系中相同点的坐标，这些点称为公共点。通过比较这些公共点在不同坐标系中的坐标，可以解算出转换参数。

2）解算转换参数。转换参数包括旋转参数、平移参数和尺度参数。其中，旋转参数的确定是坐标转换的核心。在小角度旋转的情况下，可以使用线性模型，如布尔莎模型，它假设旋转角很小，可以对旋转矩阵进行近似处理。而在大角度旋转的情况下，罗德里格矩阵是一个更好的选择，因为它能够处理大角度的旋转而无须将模型线性化。

3）应用转换参数。一旦转换参数被解算出来，就可以用它们来转换非公共点的坐标。这意味着可以将一个坐标系中的点转换到另一个坐标系中去。

4）验证转换结果。转换后，应对转换结果进行验证，确保转换的准确性。

（2）坐标度分秒与度转换。在 GPS 采集到的是 60 进制度分秒形式，比如 $X°Y'Z''$，其计算公式为 $X+Y/60+Z/3600$。

（3）缩减经纬度坐标精度。缩减经纬度坐标精度通常涉及减少坐标数据的位数，从而降低其表示的精确度。以下是一些常见的方法：

1）四舍五入。可以根据需要保留的小数位数进行四舍五入。例如，如果希望精度达到 1m，可以保留小数点后 5 位。

2）截断。直接去掉多余的小数位数，这种方法比四舍五入更为粗略，但它可以快速简化数据。

3）使用 DOP 值。DOP（Dilution of Precision）值是衡量 GPS 定位精度的一个指标，包括 HDOP（水平精度因子）、VDOP（垂直精度因子）和 PDOP（位置精度因子）。可以通过调整这些值来控制经纬度坐标的精度。

（4）GPS 坐标与实际距离的转换。例如，点 $p1$（28.18745，121.98767）到 $p2$（28.129762，121.91891）的直线距离在实际中沿球面是多少距离，计算方法见公式（7.3-1）。

$$d=sqrt[(x1-x2)(x1-x2)+(y1-y2)(y1-y2)] \qquad (7.3-1)$$

7.3.7 数据库审计

数据库审计是对数据库访问操作行为进行全面审查的过程。它通过详细记录用户执行的增删改查和登录等操作，以及这些操作的结果，来管理操作的合规性。这种细致的审计能够实时警示任何危险的或有风险的操作，并允许事后追溯，从而有效地保护数据库安全并增强数据资产的保护。

7.3.8 数据水印

　　数据水印是一种计算机技术，通过在原始数据中植入特定的标识信息，如分发者、分发对象、分发时间、分发目的等，同时保持数据的原有特性和内容。这种过程通常通过对原数据加入伪行、伪列，或者对敏感数据进行脱敏并添加标记来实现，同时不影响数据的正常使用。

　　数据水印的特点包括高可用性、高透明无感和高隐蔽性，且无法被外部破解。如果发生数据泄露，可以迅速从泄露的数据中提取出水印标识，并通过读取这些标识的编码，追溯整个数据流转过程，从而精确定位泄露的单位和责任人。因此，数据水印极大地提高了数据传递的安全性和可追溯性。

第8章

数据知识化应用

数据知识化应用是利用人工智能、知识图谱等技术手段对海量数据进行信息整合、挖掘和应用，将其转化为更好理解和更易获得的知识，以知识驱动业务，实现业务决策智能化。知识平台是数字孪生流域建设框架中提出的内容，目的是以水利知识驱动数字孪生流域智慧化决策和管理，但如何构建适应行业需求的水利知识平台，缺少经验和成熟案例。本章通过山东省大汶河流域防洪联合调度系统、沂沭河数字孪生流域项目、淮河流域数字孪生流域项目等多个数字孪生流域水利知识平台建设实践，积累形成了一套知识平台建设方案，包括建设目标、建设框架、知识库、知识引擎和知识平台等功能，可为水利行业知识平台搭建提供借鉴与参考。

8.1　知识平台建设目标

依据水利部《“十四五”智慧水利建设实施方案》中数字孪生流域建设框架，水利知识平台是数字孪生流域建设的重要组成部分，是新一代水利业务应用的创新，是智慧水利的智能大脑[79]。知识平台利用知识图谱、人工智能等技术实现水利对象关联关系和水利业务知识的抽取、管理和组合应用，支撑流域防洪、水资源等水利“四预”业务，为流域洪水预报、水工程安全运行和优化调度、防洪决策、水资源调配等业务环节提供知识依据。

8.2　知识平台建设内容

水利知识平台由水利知识库、知识引擎和知识管理服务平台三部分构成。其中，水利知识库包括描述水利对象基本概念和关联关系的水利对象本体知识库，以及反映水利业务规律、规则、经验与方法的业务知识库；水利知识引擎是进行知识组织与推理的技术工具，水利知识经知识引擎组织、推理后形成支撑研判、决策的信息；知识管理服务平台实现对水利知识的管理维护、可视化与服务转化，用于对水利知识库和知识图谱库的内容进行管理和维护，并支持知识搜索、知识推理、智能问答、智能推荐等应用功能，为智慧水利“2＋N”项业务监管研判和调配决策提供智能化服务。

8.3　知识平台框架

水利知识平台以水利“四预”业务应用支撑为目标，通过对范围内涉水对象及相关业务知识的数字化采集、管理组织与综合应用，建立多层次水利知识库，通过知识引擎向流域防洪、水资源管理与调配等“2＋N”项水利“四预”业务应用提供预报方案、预警规则、相似场景推演、处置预案推荐等知识反馈，全面支撑和提升“2＋N”项智能业务的精准化研判和科学化决策工作。

水利知识平台具备知识兼容与服务可扩展能力，通过水利对象本体知识库可关联和扩展更多水利业务概念及关系，在水利业务主题知识库层可根据业务需要按照相同的模式进行扩展，同时可复用已建设业务主题库中的成果内容，避免重复。在知识引擎层面，通用支撑引擎用于构建新的业务知识库，业务驱动引擎可在相似业务场景下重复利用，并根据新的业务需求进行定制扩展。在知识平台层可通过知识管理平台进行统一知识创建、管理和更新操作，通过知识应用平台对外提供统一、标准化的知识服务。

水利知识平台总体建设框架如图 8.3－1 所示。

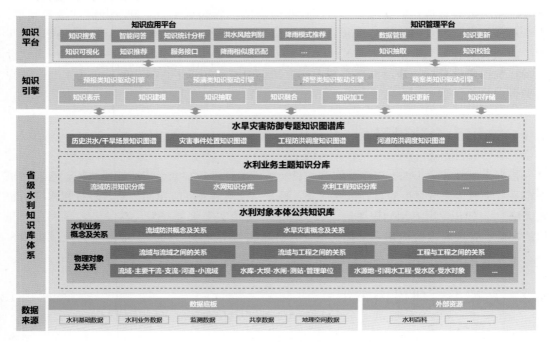

图 8.3－1　水利知识平台总体建设框架

1. 水利知识库

建设多层级的水利知识库体系，重点建设通用性、基础性水利对象本体公共知识库，包括水利物理对象及关系和水利业务概念及关系，本体公共知识库是后续进行各项业务主题知识关联的基础。围绕重点业务逐步开展水利相关主题业务知识库构建，业务主题知识库中按照不同类型划分为预报方案库、业务规则库、历史场景库、调度预案库等子库。针对业务应用中的主要场景设计专题知识图谱库，将业务实体对象与各类业务知识进行整合关联，便于进行知识推理、查询等应用。

2. 水利知识引擎

水利知识引擎包括通用支撑引擎和业务驱动引擎两个方面。通用支撑引擎用于支撑水利知识图谱的构建过程，包括知识建模、知识抽取、知识融合、知识存储等。业务驱动引擎是深度融合水利"四预"业务后形成的"四预"功能驱动引擎，具体包括预报类知识驱动引擎、预警类知识驱动引擎、预演类知识驱动引擎和预案类知识驱动引擎。

3. 水利知识管理和应用平台

水利知识管理和应用平台包含知识管理平台和知识应用平台两部分。知识管理平台面向水利知识库的各项内容的创建、管理和更新维护，知识应用平台面向水利业务部门提供知识搜索、智能问答、知识可视化、简报生成、知识统计分析、知识推荐、服务接口等功能。

8.4　知识库建设

围绕重点业务方向，水利知识库建设内容包括水利对象本体公共知识库、水利业务主题知识库和水旱灾害防御专题知识图谱库。

8.4.1　水利对象本体公共知识库

以水利对象为基础，结合知识图谱构建需求对基础本体和业务本体进行抽象处理，制定水利知识图谱本体分类与编码标准，围绕本体进行知识模型设计与描述。水利对象本体知识库的建设内容包括两个层面：①描述物理流域中的江河湖泊、水利工程、监测站点以及水利对象治理管理活动等对象实体及其关联关系。物理对象及关系分为两个层次，第一层次针对流域或工程内部，包括流域内自然水系之间的关系、水利工程内各关键对象的关系以及调度对象之间的关系等，如围绕自然水系对象，构建"流域-主要干流-支流-河道-小流域"等关联关系；围绕水利工程，构建"水库-大坝-水闸-测站-管理单位"等关联关系；围绕调度对象，构建"水源地-引调水工程-受水区-受水对象"等关联关系。第二层次是从水利全局层面，构建流域与流域之间、流域与工程之间以及工程与工程之间物理对象的关系。②融合水利业务知识，描述水利业务基本概念、原理及关联关系。

（1）水利物理对象及关系。水利物理对象及关系以知识图谱形式描述。建设内容包括构建物理流域中干流、支流、水利工程和其他水利对象等概念、实例及其关系图谱，在《水利对象基础数据库表结构及标识符》（SL/T 809—2021）的基础上，设置每一类实体所需要的基础动静态属性。水利物理对象实体包括：河流、湖泊、水库、流域、水系、人员、机构、大坝、水电站、水利术语、文献、国家、省、市、区县、乡镇、村庄、模型区域、模型区域时间及模型等。对象间的关系包括：上位词、下位词、上级机构、任职于、发表、干流、所在地区、所在河流、所属水系、所属流域、所属省份、所属类目、支流、河长、流经地区等。其建设内容见表8.4-1。

表8.4-1　　　　　　　　　　水利物理对象及关系建设内容

任　务	主　要　内　容
水利自然、工程对象及关系图谱基础数据	流域、河湖水系、工程设施等对象及其概念关系与空间关系的转换
水利社会对象及关系基础数据填充	国家、省、市、县级水行政主管部门组织机构与人员及其业务职责与管辖范围、科研机构与人员及其研究方向与主要成果

（2）水利业务概念及关系。水利业务概念及关系建设的目的是实现对水利业务知识体系的组织，对物理对象以及围绕物理对象的治理管理活动进行规范性、系统性定义与描述，将各类物理对象与水利业务知识库进行关联，形成对水利领域概念、原理、规律和方法的描述框架。

水利业务概念及关系主要包含水利专业术语概念及相互关系，以知识图谱的形式描述。建设范围包括：水利业务专业词表、术语概念定义、主要业务流程等包含的概念实体及关系，见表8.4-2。

表 8.4－2   水利业务概念及关系建设内容

任务	主要内容
水利业务概念实体关系与事理图谱建模	建立水利业务概念实体关系与事理图谱模式层统一框架
水利业务概念术语、主题词及关系图谱数据层构建	水利业务概念术语主题词及关系图谱数据层构建
水利事理图谱数据抽取	水利"2＋N"业务通用流程事理图谱构建
通用知识库	水库业务、水闸业务、堤防业务、灌区业务通用知识库

8.4.2　流域防洪主题知识库

8.4.2.1　预案知识库

通过构建预案知识库，实现重点防洪工程的预案知识快速轻松管理和重要预案数据向水旱灾害防御"四预"系统等会商决策系统进行自动推送，提升方案应用支撑水平。

对蓄滞洪区运用预案、防汛紧急避险安置预案、流域防洪预案、抗旱应急预案、南水北调中线干线工程防汛应急预案、山洪灾害防御预案、超标准洪水应急预案、水库调度预案、汛末蓄水方案等预案文件进行结构化、参数化和知识化处理。

预案知识库用于存储针对特定场景及工程的预案方案相关知识。根据物理流域特点、水利工程设计参数、影响区域范围等，结合气象预报、水文预报、水文监测、工程安全监测等信息，对历史典型洪水预报、水利工程调度过程记录、以文本形式存储的预案进行知识抽取、融合等处理，形成特定场景下的运行处置知识。

通过知识引擎的知识服务，支撑各类预案的全文检索、段落检索、图谱展示、关键知识问答、预案推荐、预案更新、预案下载等应用场景，对方案进行结构化、参数化和数字化处理，并与相关涉水对象相关数据、知识动态关联，对复杂场景工程调度提出推荐方案，支撑流域防洪、水资源管理与调配、水利工程建设及运行管理等业务的智能决策。

在预案知识库的应用中，知识平台通过封装的接口或工具读取用户的预案请求，并结合提供的业务监测数据判断用户需求，明确用户指定场景下与预案相关的实体和实体间相互关系。通过知识库中预案知识的比选，推荐与用户需求最匹配的预案知识，如对于河道断面类型节点，推荐预报模型及参数，同时推荐在不同水位/流量条件下的调度措施；对于蓄滞洪区则只推荐在不同水位/流量条件下的调度措施。

预案知识库建设内容见表 8.4－3。

表 8.4－3   预案知识库建设内容

序　号	方案预案名称	服　务　业　务
1	流域级、省级洪水防御方案、应急预案	流域防洪
2	市级、区县级应急预案及物资保障方案	
3	防汛抗旱应急预案	
4	突发事件应急预案	
5	大中型水库洪水防御方案、应急预案	

续表

序　号	方案预案名称	服　务　业　务
6	河道洪水防御方案	流域防洪
7	拦河闸坝防洪预案	
8	蓄滞洪区运用方案	
9	调水调沙预案	水资源管理与调配
10	水库大坝安全管理预案	水利工程建设与运行管理

8.4.2.2 业务规则库

业务规则用于描述一系列可组合应用的结构化规则集。将水利相关的法律法规、规章制度、技术标准、管理办法及其他重要文档资料等文档内容进行归档及结构化处理，对水旱灾害防御管理的各项业务规则，包括但不限于水利工程安全监测与预警、工程风险评价、工程调度运用计划、防洪预警规则、工程操作规则等内容进行知识表示，通过对业务规则的抽取、表示和管理，规范和约束水利业务管理行为。

通过知识引擎的知识服务功能，实现规则制度条目的快速检索功能，形成以各种业务应用场景为主题的智能问答与搜索等服务。通过模型支撑服务实现算法及业务对规则知识的调用，为水旱灾害防御"四预"业务应用提供知识支撑，后续为复杂场景、多目标控制下的农村水利水电、水利工程建设及运行管理、河湖管理、水文管理、节水服务、水利监督及水行政执法等多项智能业务的预警研判、精准化决策提供支持。

业务规则库基于知识平台为各水利业务场景提供知识服务。基于业务规则的管理需求，用户通过知识图谱集成后的接口、工具或界面向知识平台发送请求，知识平台对查询需求进行解析，判断用户需求。基于业务规则库的结构化知识，联合模型平台的输出、业务监测数据等进行综合研判，生成对不同管理场景的决策方案，最后通过业务系统将结果反馈给用户。

业务规则库建设内容见表8.4-4。

表8.4-4　　　　　　　　　业务规则库建设内容

序号	规则内容	所属业务
1	国家、流域、省级水利相关法律法规、规章制度、技术标准、管理办法等	综合
2	水库风险、水电站风险、病险水闸风险、堤防险工险段风险、淤地坝外来风险评估业务规则	工程建设与运行管理
3	大中型灌区风险隐患评价规则	
4	水库特征值数据质量控制规则	
5	水库安全鉴定与病险水库判定规则	
6	水利工程建设管理综合分析预警规则	
7	洪水、旱情、工程险情、降雨、气象等预警指标规则	水旱灾害防御
8	河流、湖泊防洪标准	
9	水利工程调度运用计划	

序号	规 则 内 容	所属业务
10	水闸、堤防运行管理办法	工程建设与运行管理
11	工程机电设备运行操作、工程发电管理、工程调度规则	
12	工程安全隐患应急预警、工程安全检查、工程安全监测资料整编、工程运行危险源辨识风险评价及分级管控、安全生产风险分级管控规则	

8.4.2.3 历史场景库

历史场景库存储管理历史降雨、历史洪水、历史干旱、工程安全等事件的代表性特征、分类、处置过程、事件成因及评价结论等相关知识，对历史洪水、干旱、工程安全和突发事件等场景的关键过程及主要应对措施进行复盘，对场景进行过程重建、特征标注，支撑相似场景的快速查找，为同类事件的预案预演模拟和决策提供依据。构建历史场景知识库模式层，抽取、存储、管理历史场景相关知识，通过知识引擎的知识服务功能，基于当前数据情况、用户角色以及地理位置等多因素匹配历史事件中最有参考性的案例，实现相似场景的快速查找。通过模型支撑服务实现算法及应用对业务知识的调用，推演分析典型洪水及其放大不同量级场景下的调度方案，挖掘提取历史干旱事件时空过程与应急水量调度方案间的关系，为流域防洪、水资源管理与调配、水利工程建设与运行管理等业务同类场景的精准化预报及决策提供知识化依据。

围绕自然水系、人工河道、水库、堤防等重要防洪工程的洪水调度、重大事件应急处置、典型年历史洪水、历史干旱事件的特征、处置、影响、成因等知识进行构建。实现典型水旱灾害防御事件的全方位重构复盘，同时对事件发展过程的时空特征属性及特征指标进行抽取、融合、挖掘和结构化存储，为同类事件的精准化决策提供知识化依据。

历史场景库基于知识平台对历史场景下的调度执行方案、暴雨洪水特征等进行挖掘。对于基于历史场景的业务管理需求，知识图谱应用系统通过对查询需求进行解析，对用户指定的数据表格或文本记录的历史场景数据进行典型时空属性及特征指标的抽取、融合、挖掘，并在历史场景库中选出最相似事件的执行方案，生成对不同管理场景的决策方案，最后将推荐结果反馈给用户。

历史场景库建设内容见表8.4-5。

表8.4-5　　　　　　历史场景库建设内容

序号	历史场景名称	历史场景对象	所属业务
1	历史调查洪水	历史上发生的有记录的大洪水	流域防洪
2	典型年历史洪水	流域或区域内典型洪水	
3	出险情况大事记	重要水利工程，包括水库、堤防、蓄滞洪区等出险情况	水利工程建设与运行管理
4	历史场次降雨	历史典型场次降雨的特征值和时空分布	流域防洪
5	历史灾害事件	历史暴雨、干旱、洪水、山洪、内涝、风暴潮、台风等灾害影响及处置过程	水旱灾害防御

8.4.2.4　预报方案库

预报方案库收集整理水文部门针对重点区域及河道断面的预报方案，以及水资源管理业务中的需水预测、来水预报、调水计划等方案。通过知识引擎的知识服务，实现各类方案的全文检索、段落检索、图谱展示、关键知识问答、方案推荐、方案下载等应用场景。对方案进行结构化、参数化和数字化处理，将预报方案与相关预报单元、预报断面对象关联，提取预报模型、边界条件、参数、误差评定等关键特征，支撑流域防洪、水资源管理与调配等业务中预报模型及参数的智能决策。其建设内容见表8.4－6。

表8.4－6　　　　　　　　　　　　预报方案库建设内容

序号	方案名称	所属业务	序号	方案名称	所属业务
1	水文预报方案	流域防洪	6	干旱预报	水资源调配
2	流域水文手册		7	需水预测方案	
3	流域洪水预报方案		8	来水预报方案	
4	重要河道断面预报方案		9	水量调度计划	
5	防洪预报调度概化图				

8.4.2.5　专家经验库

专家经验库针对历史洪水/干旱处置、安全事件处置、预报调度经验等经验知识进行提取，并进行多种形式的表达与存储，设置与经验适配的场景和条件。推荐时结合当期的工程安全监测信息、水文气象信息、水利设备状态信息、处置方案信息、处置流程、采用预报等信息，推送场景特征及经验知识至会商系统，为综合会商及专业会商提供经验支持。

在充分总结流域水文预报、防汛调度、水资源管理、建设管理等流域治理和管理经验的基础上，基于专家经验决策的历史过程，开展专家经验挖掘、决策过程再现、经验验证、经验修正等工作针对专家经验决策的历史过程进行梳理，以文字、公式、图形图像等形式固化专家经验，形成适合各水利业务管理工作的专家经验库，实现专家经验的有效复用和持续积累，促进个人经验普及化、隐性经验显性化，达到应用专家经验驱动的模式学习与探索，为复杂情境下的决策提供专家经验支撑。其建设内容见表8.4－7。

表8.4－7　　　　　　　　　　　　专家经验库建设内容

序号	经验名称	场景对象	所属业务
1	降雨预报经验	场次降雨	流域防洪
2	洪水预报经验	重要控制断面	流域防洪
3	工程调度经验	重要水利工程，包括水库、堤防、蓄滞洪区等	水利工程建设与运行管理
4	应急处置经验	灾害事件	流域防洪

8.4.3　水旱灾害防御专题知识图谱库

总结水旱灾害类型及灾害防御类知识模式，构建历史洪水/干旱场景、工程防洪调度、灾害事件应急处置、河道防洪调度等知识图谱。

8.4.3.1 历史洪水/干旱场景知识图谱

通过对历史洪水/干旱场景业务的分析，确定知识图谱中的知识本体模型信息，包括洪水/干旱事件、地点、时间、影响范围等实体类型，以及因果关系、时间关系、空间关系等关系类型。基于数据底板中流域、工程等基础对象数据，结合流域防洪知识分库中的特大洪水、暴雨洪涝等文档资料数据，完成对事件知识的抽取和转化，并将从两类来源中抽取的相同知识进行融合，最终通过图的形式进行知识存储，形成历史洪水/干旱场景知识图谱库。

8.4.3.2 工程防洪调度知识图谱

为了应对洪水灾害的威胁，需要有效管理和调度防洪工程，构建工程防洪调度知识图谱库。首先确定调度知识图谱中的知识本体模型信息，包括工程、流域、调度运用、调度条件、调度结果等实体类型，以及调度、成因、结果、空间关系等关系类型。基于数据底板中工程、流域、河道等基础对象数据，结合流域防洪知识分库中的水库及闸坝工程洪水防御方案、调度运用计划等文档资料数据，完成对工程调度规程知识的抽取和转化，并将从两类来源中抽取的相同知识进行融合，最终通过图的形式进行知识存储，形成工程防洪调度知识图谱库。

8.4.3.3 河道防洪调度知识图谱

在应对洪水灾害的威胁业务场景中，还需要对河道进行有效的调度，因此需要构建河道防洪调度知识图谱库。首先确定调度知识图谱中的知识本体模型信息，包括河流、流域、调度运用、调度条件、调度结果、下游保护对象等实体类型，以及防洪保护、调度、结果、空间关系等关系类型。基于数据底板中流域、河道、村落、工矿企业等基础对象数据，结合流域防洪知识分库中的河道洪水防御方案、调度运用计划等文档资料数据，完成对河道调度规程知识的抽取和转化，并将从两类来源中抽取的相同知识进行融合，最终通过图的形式进行知识存储，形成河道防洪调度知识图谱库。

8.4.3.4 灾害事件应急处置知识图谱

灾害事件应急处置知识图谱在流域防洪中，可以用于指导和支持应急响应和灾害处置。首先确定知识图谱中的知识本体模型信息，包括洪涝灾害事件、应急响应计划、应急响应队伍、应急响应资源等实体类型，以及响应、启动计划、责任人等关系类型。基于数据底板中责任人、行政区划等基础对象数据，结合流域防洪知识分库中的洪涝灾害、应急响应计划等文档资料数据，完成对事件及应急响应知识的抽取和转化，并将从两类来源中抽取的相同知识进行融合，最终通过图的形式进行知识存储，形成洪涝灾害事件应急处置知识图谱库。

8.5 水利知识引擎建设内容

水利知识引擎主要包括一系列模型、算法和工具，它们支持对水利知识的采集、提取、整合、存储、管理、推理、生成和应用等功能。

8.5.1 知识图谱类知识引擎

知识图谱类知识引擎专注于处理以知识图谱形式组织和表示的知识，它提供了一系列算法模块，用于知识的建模、抽取、融合、推理、加工、存储和更新等。

8.5.1.1 知识建模模块

为了对知识进行合理的组织，更好地描述知识本身与知识之间的关联，需要对知识图谱的本体进行良好的定义。知识图谱本体是概念化明确的规范说明。作为一种知识表示方法，本体论开始被应用于知识工程和人工智能领域。本体需要确定领域内共同认可的词汇概念，通过概念之间的关系描述语义，并提供对该领域知识的共同理解。

1. 本体分类

按照本体应用的不同，将本体划分为三类：顶层本体（upper ontology）、领域本体（domain ontology）和应用本体（application ontology）。

（1）顶层本体。顶层本体作为各领域本体的基础，用于指导构建领域本体，以保证各领域本体概念的一致性。顶层本体通常表达常识性概念，主要为基本普遍的概念，如空间、时间和行为等，与具体领域无关。

（2）领域本体。领域本体是一种专业性本体，关系到某一学科领域，如结构设计、控制等。它们提供了关于某个学科领域中概念的词表以及概念之间的关系。

（3）应用本体。应用本体指涉及问题求解的本体，被称为问题、方法或应用本体。这类本体明确表示出在特定的解决问题的方法体系中，专业领域的概念所起的作用。

2. 本体构建方法

目前，本体的构建方法有多种，主要有七步法、TOVE 法、Enterprise Ontology 法、本体生命周期法、Ontosaurus 法等。七步法是比较成熟和常用的本体构建方法，它将本体构建过程分为七步，主要包括确定本体的专业领域和范畴、考查复用现有本体的可能性、列出本体中的重要术语、定义类和类的等级体系、定义类的属性、定义属性的分面（属性约束）、创建实例。

本体构建过程中，应该遵循本体的构建原则。使所构建的本体遵循一致性、简洁性、明确性、可扩展性以及可重用性等原则，以便于本体在知识服务过程中发挥更大的作用。

3. 领域本体构建方法

（1）确定构建本体的领域和应用范围。依据水利业务应用需求，明确知识范围，以便于在构建本体时所提取的本体术语都存在于该范围之内。确定本体的专业领域、范畴及本体概念描述粒度。

（2）确定本体结构，提取领域本体概念。根据业务需求，确定领域本体的结构和关系。然后通过模式分析，收集构建本体所需的原始数据，提取数据中与该领域相关的概念，并分析概念之间的关系。该步骤需要领域专家的参与来协助本体工程师进行本体构建。该阶段是本体构建的关键环节，直接影响到整个本体的质量，也是工作量最大的阶段。

（3）领域本体的形式化描述。根据已分析好的概念以及概念间的关系并利用本体描述语言进行形式化描述，利用本体构建工具形成一个初步的本体，并进行语法检查。若不符合要求，则需要对前几个步骤进行迭代，使本体趋于完善。

知识建模模块提供基础的知识图谱模型管理功能，包括本体管理、知识本体查询和图谱管理。其中本体是知识图谱的核心数据模型，从抽象概念层面来展示领域实体之间的关系，同步开展对象关系库与学科知识库建设，强化基于学科知识对流域业务场景的知识表示能力。

知识管理功能具体涉及水利对象关联关系图谱，通过水利专家经验和软件开发人员合作完成知识本体模式设计，形成标准化水利知识实体-概念架构。

知识建模模块用于定义水利知识库的总体框架，保证知识图谱的核心数据模型能够完整地展示水利实体之间的关系。在知识平台的管理维护阶段，基于概念编辑、关系编辑、属性编辑和图谱发布等功能，支撑知识维护者基于新增数据对知识库进行必要的更新。

8.5.1.2　知识抽取模块

知识抽取提供第三方数据源的抽取功能，主要包括数据源管理、数据映射和同步状态管理。其中数据源管理是对于结构化数据和非结构化数据的抽取，采用直接对接第三方数据源系统的方式。数据连接后，对字段结构与图谱的三元组结构做一一映射，形成实体、关系、属性三元组。

知识抽取实现针对水利业务文档资料、图像、空间数据、视频等非结构化数据的实体、关系、属性三元组的自动抽取，包括水利部本级洪水预警规则、超标准洪水应对预案、防洪抗旱调度规程等相关文本数据资源，并根据知识管理设计的业务模式进行组织管理，为相关管理单位业务人员提供知识快速检索和匹配功能。

以领域知识本体模型为基础，利用知识抽取算法对采集的海量文本数据抽取实体与关系，同时抽取水利空间数据的拓扑关系及属性，共同构建水利领域知识库。在对知识检索与问答等应用的支撑方面，通过模型对用户语义进行解析，抽取查询关键词，保证用户能够高效地获取所需的信息。在知识平台的管理与维护阶段，知识抽取算法基于新数据不断抽取新的实体关系，保障知识库更新的及时性与准确性，便于知识维护者对知识平台升级迭代。

对于非结构化数据的语义解析，建立结构化数据和非结构化数据统一的数据引用方式，是后续数据分析和访问的关键难点之一。针对设备检修信息、组织机构信息、调度规程信息、操作规则信息、调整信息等调度信息的处理，首先需要利用自然语言处理的技术，并结合调度相关业务，将自然语言处理的结果映射到设备的具体工作上。对业务相关文档、信息进行处理，对文本进行分拆，结合业务的知识库模型，对文本的分拆结果进行语义分析，将自然语言解析为针对业务的语义。语义分析关键技术点包括词法分析、句法分析、语用分析、语境分析、自然语言生成等。

（1）词法分析。词法分析包括词形分析和词汇分析两个方面。词形分析主要通过分析单词前缀、后缀等来表现，而词汇分析通过控制整个词汇系统，可以更准确地分析用户输入的信息特征，最终准确地完成检索过程。

（2）句法分析。句法分析的目的是对用户输入的自然语言进行词汇短语的分析，识别句子的句法结构，实现自动句法分析的过程。

（3）语用分析。语用分析是对语义分析增加语境、语言背景等分析，即从文本结构中提取形象、人际关系等附加信息，是一种更高级的语言学分析。将句子中的内容与现实生活中的细节联系起来，形成动态的表意结构。

（4）语境分析。语境分析主要是指分析原查询语篇以外的许多"间隙"，从而更准确地解释查询语言的技术。这些"间隙"包括一般知识、特定领域的知识、用户的需求等。

（5）自然语言生成。AI驱动的引擎是一种软件引擎，它基于收集的数据生成描述，遵循将数据中的结果转换为散文的规则，从而在人与技术之间创建无缝的交互。结构化性能数据通过管道传输到自然语言引擎，从而可以自动生成内部和外部管理报告。

采用数据驱动的自然语言生成技术，从浅层统计机器学习模型，到深层神经网络模型、语言生成过程中各子任务的建模以及多个子任务的联合建模。实现自然语言产生接收结构化表达的含义，输出符合语法的、流畅的、与输入的含义一致的自然语言文本。

8.5.1.3 知识融合模块

通过对信息抽取获得的海量原始知识数据开展知识融合，主要包括清洗，去除脏数据、歧义数据等不符合规范的数据，以保证数据的有效性。采用半监督训练学习方式，即由算法完成知识融合过程，人工对不确定信息进行校正。

知识融合主要通过上述机器学习算法对知识抽取到的水利知识三元组进行整合消歧和质检，提升知识库数据质量。

知识融合算法主要用来对齐基于多源数据抽取的实体。在知识库建设中，通过知识融合保证基于结构化、非结构化及空间数据中抽取的实体的一致性。在知识平台管理和维护中，通过知识融合算法将新抽取的实体及关系与已入库的知识对齐。

8.5.1.4 知识推理模块

提供可配置可编辑的知识推理引擎功能，借助知识推理引擎开展知识计算，知识图谱可以基于图谱数据挖掘发现更多的关系，也可以基于规则触发查询图谱中的数据。

知识推理针对上述功能形成的知识图谱，设计开发图计算引擎。对于水利对象关联关系图谱，通过最短路径检索实现全国河流上下级关系、测站与断面位置关系、上下游水库调度关联关系、全国重点断面生态流量调配关系等内容的快速查询。

在知识库构建过程中，通过知识计算，基于已有的关系和规则挖掘出隐含在数据中的潜在联系。当用户查询信息在库中未做结构化保存时，基于知识引擎的推理算法对已入库相关信息进行推理挖掘，为知识图谱用户生成有效反馈信息。

8.5.1.5 知识加工模块

通过信息抽取，从单位数据资源中心的原始数据中提取出了实体、关系与属性等知识要素，并且经过知识融合，消除实体指称项与实体对象之间的歧义，得到一系列基本的事实表达。然而事实本身并不等于知识。要想最终获得结构化、网络化的知识体系，还需要经历知识加工的过程以获得高质量的水库调度知识。知识加工通过知识本体结构、质量评估（量化知识置信度）结合知识推理信息抽取结果以构建知识体系并统一管理。其中质量评估是对抽取和融合后的知识进行可信度量化，确保知识的准确性和可靠性，包含对知识来源的可靠性、知识抽取算法的准确性、知识融合过程中的一致性等因素的考量。

8.5.1.6　知识存储模块

知识存储包括知识本体存储、图谱数据存储和文件数据存储，同时包括面向多数据库集成部署的存储优化策略。其中知识本体存储指知识图谱开发人员在完成知识本体构建后，以 RDF 的格式存储本体结构，本体结构存储在关系型数据库中。全国基础水利对象关联关系的图谱数据以图数据库形式组织存储，同时引入文件数据存储辅助知识数据的开发和调用。对水利空间数据进行图数据转储，同时建立与空间数据的关联进行联合使用。知识存储还可组织提供可供长期研究或开发的水利专业知识数据集。

数据集管理通过实时引擎的方式接入业务原始表结构数据，实现数据源的对接，同时进行标准化处理，提供建模准备所需的数据预处理、数据统计探查等功能。与数据集类似，图数据集可以对业务数据来源是图数据库类的数据进行管理，提供建模准备所需的图数据多维度统计和图探查等功能，其中图探查支持自定义条件设置规则及输入 Cypher 或者 SPARQL 语句的查询方式。

8.5.1.7　知识更新模块

知识引擎的更新包括概念层的更新和数据层的更新。概念层的更新是指新增数据后获得了新的概念，需要自动将新的概念添加到知识库的概念层中。数据层的更新主要是新增或更新实体、关系和属性值，对数据层进行更新需要考虑数据源的可靠性、数据的一致性（是否存在矛盾或冗余等问题）等多方面因素。

采用全面更新和增量更新两种方式对知识引擎的内容进行更新。全面更新是指以更新后的全部数据为输入，从零开始构建知识引擎，这种方式比较简单，但资源消耗大，而且需要耗费大量的人力资源进行系统维护。增量更新则是以当前新增数据为输入，向现有知识引擎中添加新增知识，这种方式资源消耗小，但仍需要大量人工干预（定义规则等）。

8.5.2　防洪业务驱动引擎

8.5.2.1　预报类知识驱动引擎

传统"预报"模式需要预报人员设定输入条件、选择预报模型等操作，通过知识平台建设，为预报人员推荐预报知识，提高预报输入的智能化水平。

（1）降雨模式推荐。以流域/区域为单元，基于长序列降雨监测数据，通过机器学习方法，训练得到典型降雨时空模式。在降雨预报中，将降雨预报数据转换为当地典型时空模式，与传统模式结合，为降雨预报提供选项。

（2）场次降雨相似度匹配。提取出历史场次降雨关键特征，包括降雨量、降雨强度、降雨持续时间等，采用欧氏距离、曼哈顿距离、余弦相似度等数学方法，计算当前降雨事件与历史降雨事件之间的相似度。相似度越高，表示当前的降雨事件与历史降雨事件越相似。评估结果可以帮助判断当前降雨事件是否属于异常降雨、降雨量是否超过历史平均水平等。

（3）预报模型参数推荐。洪水预报模型参数推荐功能旨在根据模型预报历史数据和模型参数设置专家经验，基于气象预报数据和实测雨水情数据，为预报模型提供一套合理的初始值和运行参数，以提高洪水预报的准确性。专家经验包括对不同降雨情况、流域特性、历史洪水事件的参数调整建议，用于辅助推荐模型参数。分析当前流域的水文气象条件，为参数推荐提供依据。根据专家经验和气象水文数据分析结果，采用启发式算法为洪水预报模型推荐初始值和参数调整建议。

（4）洪水预报结果经验判别。基于历史数据分析降雨量与断面洪峰之间的分布关系，构建起一个基于历史数据的预报结果参照系。通过将预报模型输出的洪峰流量、发生时间以及降雨量等数据与这个参照系进行对比，评价预报方案的准确性和可靠性。

8.5.2.2　预警类知识驱动引擎

"预警"包括水雨情预警、工程安全预警、风险预警、社会预警等，"预警"类知识驱动引擎为业务系统提供自动预警支撑。

（1）预警规则匹配。知识平台在保证业务规则库中预警规则时效性、准确性、拓扑性合理的基础上，以对象为单元，提供预警规则；以区域、流域、类型等为条件，推送预警信息。

（2）场景式预警支撑。基于不同场景，提供一键式预警信息支持。通过场景参数设置，自动匹配区域内相关预警对象、预警阈值、发送对象等信息，通过接口推送到业务系统。

8.5.2.3　预演类知识驱动引擎

"预演"类知识驱动引擎为业务系统提供预演方案推荐、预演方案评价和洪水相似度匹配。

（1）预演方案推荐。根据预报预警结果，开展多方案预演，知识平台为"预演"推荐多项合理方案供选择，方案中包括工程调度方案、正向预演目标、反向预演目标等。

（2）预演方案评价。预演完成后，通过综合对比规则，包括风险、影响、目标可达性等，对多个预演方案进行评价，给出方案优先序，推荐最优方案。

（3）洪水相似度匹配。提取出历史洪水过程的关键特征，包括洪峰流量、洪水过程、受灾程度等，采用距离度量、相关性分析等数学方法，计算当前洪水事件与历史洪水事件之间的相似度，相似度越高，表示当前的洪水事件与历史洪水事件越相似。

8.5.2.4　预案类知识驱动引擎

"预案"类知识驱动引擎在"预演"基础上通过业务规则和专家经验推荐调度预案。

（1）工程调度方案推荐。通过"预演"形成最优方案后，需要落实到具体建议中，如将下泄流量转变为闸门开度等，知识平台通过历史、实测数据训练模型，为业务系统推荐工程调度方案。

（2）非工程措施推荐。根据预演方案，自动匹配非工程措施，包括值班值守、信息报送、发文发函、巡堤查险、应急处置、派出工作组、人员避险转移、组织实施等方面。以格式化模板形式推送。

（3）洪水场景风险判别。洪水场景风险判别功能旨在评估洪水事件对于特定地区的影响。利用统计学方法，结合历史洪水发生频率，计算出不同强度洪水的重现期。根据地形地貌数据和洪水重现期，利用水文学和地理信息系统技术模拟洪水可能的淹没范围，淹没水深等关键参数。结合人口分布数据，确定不同洪水重现期下可能受影响的人口数量。根据淹没范围、人口影响等因素，综合评估洪水风险等级。自动生成详细的洪水风险评估报告，包括洪水重现期、淹没范围、受影响人口、风险等级等信息。

8.6 水利知识管理和应用平台

建立知识管理和应用平台，一方面是对水利知识库构建过程、更新过程进行管理和维护，以保障水利知识库内容的时效性、准确性和业务相关性；另一方面是面向业务部门用户提供知识服务、知识应用等能力。知识管理平台包括数据管理、知识抽取、知识更新、知识校验，知识应用平台包括知识搜索、知识可视化、智能问答、知识推荐、知识统计等服务接口。

8.6.1 知识管理平台

8.6.1.1 数据管理

针对水利知识库建设所需的文档资料数据，提供数据资料的目录组织整编管理、文件管理能力，目录管理支持数据目录创建、编辑、排序等功能；文件管理支持数据入库、下载、预览、元数据提取以及文本知识结构化处理等功能。

8.6.1.2 知识抽取

水利知识抽取是数据底板及文档资料进行知识转化的过程，针对结构化数据抽取提供配置抽取流程，以定时任务的方式自动化抽取。针对非结构化数据提供以人工智能辅助标注的方式进行知识抽取。

8.6.1.3 知识更新

提供自动同步机制，更新数据底板中的实体、属性和关系至水利知识图谱。对于从非结构化抽取的知识三元组，支持在线化更新方式，包括对知识图谱中知识单元的新增、修改、删除等处理，并支持通过质量检查规则定义、质量检查执行的方式，自动发现图谱质量问题，驱动图谱质量不断修复完善，从而实现水利知识数据的完整性、唯一性、有效性、关联性等的维护。

8.6.1.4 知识校验

知识的来源是多渠道的，每个系统都会根据自身的业务需求去定义和建设数据库，这会造成同一知识领域中存在不同业务知识体系，知识体系和知识实例的缺失、冲突、歧义等问题，比如数据的描述维度和粒度不尽相同、不同来源的数据可能包含大量的冗余和错误信息、数据之间的关系也是扁平化的，缺乏层次性和逻辑性，因此有必要对其进行清理和整合。知识校验主要针对提取的实体、关系和属性进行校验。

（1）实体校验。实体校验主要针对实体名称和实体类型进行检查。在知识建模阶段，设计实体类型和个体时需根据建模工具中已建实体库检查是否存在重复实体对象，检查实体类型是否准确。

（2）关系校验。关系校验主要检查关系逻辑一致性、关系类型是否准确、关系是否合理。在知识建模工具中对新建立的实体关系检查其关系类型是否符合本体层设计，人工核对业务逻辑是否准确。

（3）属性校验。属性校验主要参照设计规范检查属性值类型、值域、精度等是否准确。

8.6.2 知识应用平台

8.6.2.1 知识可视化

在业务应用场景中，涉及大数据量的水利知识的关联分析、聚合、筛选检索、时空多维度比对、深度挖掘。水利知识可视化模块是对水利知识库的水利对象、流域防洪知识、水资源调配知识、水生态保护知识、水工程监管及其之间关系的综合表达，支持在图谱、地图和时间轴上查看知识图谱的数据。

8.6.2.2 知识搜索

知识搜索可以通过关键词检索等方式，快速查找和获取水利领域相关的知识点。

用户输入关键词，知识引擎对用户查询需求进行语义解析，并在知识平台自定义知识库进行智能化查询，精确定位到所属文档，并展示上下文内容，实现关键知识的便捷查询。对非单一的查询结果，按照相关性排序，按照相关性高低顺序向用户展示。对需要知识库与业务库联合查询的搜索，基于图数据库与关系型数据库的优化存储策略，利用跨库关系表进行联合查询，保证搜索的高效执行。

8.6.2.3 知识推荐

知识推荐可主动向业务用户推送其感兴趣的相关信息，根据登录用户检索历史、当前工况、水雨情、热点事件等多维信息，在知识库中检索相似历史场景，例如，在流域防洪业务中推荐历史洪水场景、历史灾情、灾害处置预案等知识内容，在水资源调配业务中，推荐水资源调配历史场景、调配处置过程、调配处置结果，并支持自动推送至进行知识订阅的业务系统。

8.6.2.4 知识统计

对水利对象实体、关系、调度运用规程、历史场景、水资源调配等相关知识按照不同维度进行统计，可以从全局角度查看当前水利知识的分布情况，包括知识统计概览、知识数量排行、知识占比统计、知识词云统计等内容，并支持生成有关流域防洪、水资源、水生态、水工程等方面的统计数据和趋势图表，以便支持相应场景的决策分析。

1. 知识统计概览

知识统计概览模块能够统计水利知识图谱中的所有实体种类总数、关系种类、实体总数、关系总数。

2. 知识数量排行

知识数量排行模块分为实体数量前十排行和关系数量前十排行。实体数量排行主要统计图谱中实体数量前十的实体名称和数量，并以柱状图的形式展示统计值。关系数量排行主要统计图谱中关系数量前十的实体名称和数量，关系以中心度维度进行统计，也就是一个实体与其他实体直接连接的总和，以柱状图的形式展示统计值。

3. 知识占比统计

知识占比模块能够统计图谱中的各类实体总数在整体中的占比。以环形图的统计形式展现各个实体扇形之间占整体比重的关系。

4. 知识词云统计

知识词云统计模块能够统计图谱中搜索频率较高的实体名称，在词云中被搜索次数越多的实体字体越大，通过视觉突出的效果统计出在平台中重点关注的水利实体。

8.6.2.5　知识分析

知识分析模块提供了对知识多维度的分析能力。通过知识分析，能够探寻出更深层次的数据关系，挖掘出潜在的数据价值。

1. 知识关联分析

从不同实体角度出发，寻找实体之间不同场景下的关联关系，关联可以定向分析多个实体之间的路径关系并以关系网络图的形式展示出来，从而用户可以直观地观察到实体之间存在的关联关系，构建出实体关联的图谱。

在知识平台中进入知识关联分析模块，搜索框输入实体名称关键字进行模糊查询，在模糊搜索的列表中选择一项作为中心实体、输入分析层级以及分析方向。其中分析层级表示以中心实体为中心展开的最大关系度数，分析方向表示分析的关系类型是单向或者双向，点击分析按钮进行多实体的探寻分析，分析后更新展示关系网络图。

2. 知识时序分析

从实体与时间角度出发，分析出实体随时间的历史变化。

在知识平台中进入知识时序分析模块，搜索框输入实体名称关键字进行模糊查询，在模糊搜索的列表中选择一项作为中心实体，选择时间范围后对实体进行分析，分析后更新展示关系图谱，展示不同时间内实体的历史变化情况。拖动下方的时间控件可以改变时间区间，能够随着用户对于时间区间的改变而实时更新事件时间轴和图谱。

8.6.2.6　服务接口

知识服务是基于水利知识库以 Rest API 的形式对外提供的服务，满足业务系统对知识调用的需求。服务接口包括水利对象实体类别的服务、水利对象关联关系服务、水利对象实体属性服务、历史场景推荐和预案匹配等，并在服务层面对知识服务进行管控，建立服务应用的安全策略，在使用服务时需要对服务进行申请订阅，以及在审批后才能获取对服务的使用权限。

8.6.2.7　智能问答

知识问答使用户可以通过自然语言查询方式，快速获得想要的自有业务数据相关问题的答案。对于知识图谱用户通过业务平台提出的自然语言问题，知识管理平台通过预训练语言模型，将用户输入的问题转化为计算机可以理解的形式，匹配完成关系型数据、图谱数据检索，对已入库的结构化数据支持简单的分析，对尚未在库中进行存储的知识调用领域算法进行推理，并将得到的结构化数据转化为自然语言或分析图表，对具有空间特征的对象同时支持基于空间数据的展示，支撑知识平台完成前端答案生成并向知识图谱用户反馈。

（1）数据问答。利用预训练语言模型，将数据查询分析指令转化成可执行程序，对数据进行操作后，将结果转换为自然语言形式输出。

（2）知识推理。在实现知识推理模块时，需要利用领域知识和算法模型，对结构化数据进行推理和推断，并将推理结果转化为可视化的结构化数据形式加以呈现。

（3）数据报表。通过自然语言指令，对结构化数据进行简单的分析，自动生成分析图表，与业务系统集成在前端进行展示。

第9章

水利数据挖掘分析
技术及典型应用

数据挖掘可以从海量数据中发现隐藏于其中的信息。相较于数据密集型行业，水利行业的数据量、获取频率、规范程度相对落后，但水利数据有其逻辑复杂性、空间地域性、水系关联性等独特特点，通用的数据挖掘算法需要改进或增加约束才能满足水利数据挖掘的要求。本章利用具体案例，通过数据挖掘和分析的过程及效果，介绍水利数据挖掘分析思路。这几个案例涵盖暴雨数据挖掘、雨洪关系分析、洪涝模型数据综合、灾害驱动因素分析等，采用了时空相关性、机器学习、地理探测器等方法，可为水利行业数据挖掘提供参考。

9.1 水利数据常用挖掘分析技术

数据挖掘技术既包括回归分析这种较为传统的统计学方法，也包括近年来较为流行的基于机器学习、神经网络等人工智能算法的数据挖掘方法。这些算法的适用对象不同，因此，需要了解各类方法的适用领域及其实现效果，再结合具体业务需求，根据不同需求和数据特征，选择合适的数据挖掘技术[80]。

（1）回归分析。回归分析是最常用的预测模型，通过分析现象之间的相关性，确定其因果关系，并用数学模型来表现其具体关系。一般来说，回归分析是通过规定因变量和自变量来确定变量之间的因果关系，建立回归模型，并根据实测数据来求解模型的各个参数，然后评价回归模型是否能够很好地拟合实测数据；如果拟合得很好，则可以根据自变量做进一步预测。回归分析对样本的类型和量级要求不高，而且运算速度快，模型相对比较简单，因此应用广泛。但是该方法比较适合解决线性问题，而对于多变量的、非线性的、较为复杂的问题不适用。

（2）主成分分析。主成分分析主要用于分析多变量。对于预测对象而言，影响结果的有各种变量，但其中可能存在几个变量对结果的影响是类似的，通过主成分分析，将重复的变量（这些重复的变量之间的关系通常极为密切）删去，从而建立尽可能少的新变量组，组中的新变量两两不相关。同时，在主成分分析中，这些新变量在反映预报对象的信息方面尽可能保持原有的信息。通过该方法可在不影响变量直接相关关系和主要特征的情况下，减少噪声、突出重点，提取主要特征。

（3）聚类分析。聚类分析是根据数据找出有共同特点的对象，将不同特点的数据对象划分成不同类别，目的是通过聚类分析将数据库中的业务数据映射到某个定义的类别中，在分析应用时可以实现业务自动分类和趋势预测。聚类分析是机器学习中比较常用的手段，面对各种类型的海量数据，通过聚类分析，将表面上杂乱无章的各种类型数据划分为不同的类别，同类之间特征近似，而不同类之间特征区别较大。通过聚类可以实现海量数据的特征提取，从而比较适合解决非线性、多变量的数据分析。

（4）深度学习。深度学习是近几年提出的概念，主要是指层数较多、神经元较多的神经网络模型，包括前馈式网络、反馈式网络和自组织网络模型等。神经网络的优势是具有良好的自组织、自适应、并行处理、分布存储和高度容错等特性。近几年，随着技术的发展和算力的提高，卷积神经网络（CNN）和循环神经网络（RNN）应用逐渐广泛，主要应用在图像处理、文本识别、语音识别等方面，可很好地解决多变量、非线性问题，但其对样本的量级和质量要求较高。

9.2　场次降雨时空展布技术及应用

9.2.1　应用背景

　　近年来，受气候变化和城市规模不断扩张等因素影响，城市地区降雨时空动态性越发明显，表现为极端降雨频发、降雨中心难以捕捉等特点[81]。我国城市大部分位于季风区，降雨集中于汛期，更加剧了这一特征。近年来，北京、武汉、南京、广州、郑州等大城市，都发生过多次极端降雨事件，导致洪涝灾害，造成了严重的社会、经济影响[82]。对极端降雨时空特征进行科学表达，可为洪涝风险预测、提前布防，以及科学安排防洪排涝工程优先序、调度措施等提供依据[83-85]。当前城市地区降雨主要以芝加哥、正弦分布等雨型表达降雨的时程分布，利用分区表达降雨空间分布差异。这在一定程度上体现了降雨的时空变化，但难以表达具有时空动态特征的降雨过程，如降雨移动方向、降雨中心位置等，这些特征对城市洪涝具有明显的影响[86]。

　　随着雷达测雨、自动观测等降雨观测技术的不断进步，气象、水文部门积累了大量长序列、高分辨率的降雨观测数据，这些数据记录了每一场降雨的时空动态过程。这些数据为捕捉降雨时空动态特征，进而获得更加科学的降雨过程表达方法提供了契机[87]。笔者团队曾基于深圳市河湾流域、北京主城区近 20 年的气象、水文站点降雨观测数据，利用动态聚类、LSTM 等机器学习方法，提取了当地典型的降雨时空模式，并成功运用到城市洪涝模拟和观测预警中，表明降雨典型时空模式提取的可行性[88-90]。构建具有时空动态特征的降雨，可有效支撑实际工作，如洪涝风险预测中，气象预报只能提供未来降雨的总雨量或网格分布，需要有一套行之有效的方法进行时空展布。

9.2.2　技术要点

9.2.2.1　技术流程

　　降雨时空展布流程如图 9.2 − 1 所示。

9.2.2.2　降雨数据收集

　　随着降雨观测技术的进步，降雨数据的时空分辨率不断提高，如雷达测雨网格可达到百米（时间精度达到分钟级）甚至更高的分辨率，但就目前而言，面对数据序列长、精度可靠的要求，站点观测数据是最佳选择。如深圳市气象站点密度达到 4 个/100km² ，且大部分站点至少累积了 10 年以上的观测数据；北京市自动观测站点可保证全域内站点距离小于 10km，且至少累积了几十年的观测数据。虽然站点观测数据存在部分缺失、分布不均等问题，但可以通过空间插值、时序插补等方法进行弥补。综合考虑城市降雨特征和数据现状，建议数据满足：站点密度≥4 个/100km² 、数据间隔 5min 以内、数据时长 10 年以上（降雨量小的地区要增加时长以获取更多场次）。在实践中发现，站点迁移（位置变化、安装高度变化等）、数据来源不同等都会影响数据的一致性，因此在数据收集中要选择甄别数据源以提高数据的可靠性。为保证数据的规范性，数据收集来源首选历史降雨数

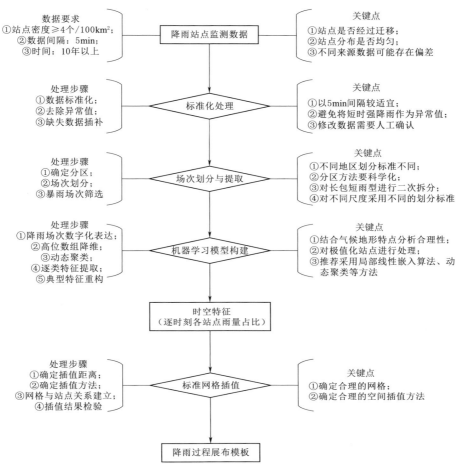

图 9.2-1 降雨时空展布流程图

据库，其次为表格数据，再次为人工记录、非结构化表格等。

9.2.2.3 标准化处理

由于观测数据时间跨度长、数据量大，往往存在一些问题：①由于观测设备更新、数据采集存储方式变化等因素，很难保证相同时段不同站点或同一站点不同时段数据的一致性，数据间隔有 1min、5min、1h 等，数据精度有 0.1mm、0.5mm、1mm 等；②存在异常值，如设备断电等会造成时段雨量过大或未记录到降雨、一般情况下 5min 降雨量超过 30mm 就很可能是异常值（需要结合前后时刻和周边站点数据确定）、一场降雨过程某站点未记录到降雨而周边站点雨量很大等；③有些早期数据都是以小时间隔记录降雨量，需要进行插值处理。数据标准化处理主要包括以下步骤：

（1）数据标准化。综合考虑数据现状条件，建议将所有数据标准化为 5min 间隔，小时间隔数据可以采用平均分配或其他方法标准化为 5min 间隔。

（2）去除异常值。主要是一些极大值，可以在时段总雨量不变的情况下，根据周边站点的降雨过程进行处理。

（3）缺失数据插值。某场降雨中可能存在个别站点无降雨，可综合考虑周边站点距离、地形等因素，取周边站点逐 5min 降雨量的平均值进行替换。

9.2.2.4　场次划分与提取

"场次"是定义降雨的基本单元，其包括空间和时间特征，即降雨分布范围及降雨过程。关于如何定义一个"场次"，需考虑连续未降雨时长和降雨量阈值。如站点 5min 降雨量大于 0.1mm 定义为开始降雨，连续 2h 降雨量均小于 0.1mm，则降雨结束。场次划分主要包括以下步骤：

（1）定义研究范围。可将城区及周边作为研究范围，如果城市面积大，应根据地形、降雨特点进行分区，然后分别进行研究。如北京可划分出山前区、平原区、城区等。

（2）场次划分。选择研究范围及周边一定范围站点的降雨数据，以连续无降雨时间（所有站点均无降雨）和降雨量阈值（单站达到阈值）标准，将多年数据划分为多个场次。

（3）降雨场次分类。统计各场次降雨的最大 1h、最大 6h 降雨量，按降雨强度和历时进行分类。如 1h 降雨量大于 30mm 或 6h 降雨量大于 50mm 为暴雨，按时长可分为 6h（历时 3～9h）、12h（历时 9～18h）、24h（历时大于 18h）等。

场次划分中，需要注意一点，某些降雨场次存在"长包短"特征，即某场降雨历时数日，但中间包括多个降雨过程，此种情况下，虽然连续无降雨时长未达到划分标准，可通过人工干预划分为多个短时降雨过程。

9.2.2.5　降雨时空特征提取

以研究范围内所有观测站为研究对象，将降雨的时空特征用高维数组进行表达，利用机器学习算法提取降雨的时空分布特征。

（1）构建降雨"场次"样本库，见公式（9.2-1）：

$$\Omega = \{X_1, X_2, \cdots, X_N\}, X_i = \begin{bmatrix} R_{11} & R_{21} & \cdots & R_{i1} \\ R_{12} & R_{22} & \cdots & R_{i2} \\ \vdots & \vdots & & \vdots \\ R_{1t} & R_{2t} & \cdots & R_{it} \end{bmatrix} \qquad (9.2-1)$$

式中：X_i 为一场降雨过程；R_{it} 为 i 雨量站在 t 时段的降雨量，mm。

为了实现不同场次降雨时空分布特征之间的可比性，采用降雨占比对降雨量数据进行处理：

$$H_{it} = R_{it} / \sum_{i=1}^{s} R_{it} \qquad (9.2-2)$$

式中：H_{it} 为第 i 雨量站在 t 时段的降雨量占比。

用占比（H_{it}）代替实际降雨值（R_{it}）建立场次降雨样本库。

一个降雨"场次"作为一个样本，每个样本包括所有站点逐时段的雨量占比，体现了降雨过程的时空动态性。

（2）高维数组降维处理。利用 2DPCA 算法将历史降雨样本集进行计算，生成矩阵的特征值和特征向量。把特征值从大到小进行排序，调整其对应的特征向量顺序，选择其中的一部分构造特征子空间。

降雨时空分布样本库 Ω 是非线性高维数据。为保持原有数据的拓扑结构，保持高维空间和低维空间的局部线性特征，采用无监督的非线性数据降维算法对该高维数据进行降维处理。将高维空间中的点 $\{x_1, x_2, \cdots, x_N\} \in R^D$ 通过权重系数映射到低维空间中，成为 $\{y_1, y_2, \cdots, y_N\} \in R^d \ (d \ll D)$，低维空间保持样本在高维空间的局部线性，并且权重系数保持不变。通过求解均方差最小值来获得高维样本点 x_i 在低维空间中的映射 y_i。

（3）低维数组动态聚类。利用动态聚类方法将经过降维的样本集 $Y \in R^{d \times N}$（d 为投影后的低维空间维度，N 为样本数）进行分类，通过多次迭代运算，划分为 r 个子集，各子集内的样本更相似。通过求各子集的质心，提取属于该类的特征。

（4）时空特征高维重构。通过聚类得到各子集 $C = \{C_1, C_2, \cdots, C_r\}$ 以及各子集的中心向量 Z_j^{p+1} 是降维后数据集的特征空间。在高维空间中求各子集的均值：$S_j = \dfrac{1}{B_j} \sum_{x_i \in B_j} x_i \in R^D$，即为高维空间中各类的聚类中心，属于该类样本的动态时空分布特征。

重构形成如下两类表格。

1）降雨时程分布见表 9.2-1。

表 9.2-1　　　　　　　　降 雨 时 程 分 布 表

时间/min	时程分布		时间/min	时程分布	
	时程分布 1	时程分布 2		时程分布 1	时程分布 2
5	0.0822	0.0277	30	0.2028	0.0640
10	0.0903	0.0290	…	…	…
15	0.1376	0.0323	180	0.2603	0.1849
20	0.1859	0.0682	总雨量	100	100
25	0.1810	0.0597			

2）各站逐 5min 降雨占比见表 9.2-2。

表 9.2-2　　　　　　　　各站逐 5min 降雨占比表

	时间/min	5	10	15	20	25	30	…	180
观测站点	观测站点 1	0.5772	0.3622	0.3525	0.5628	0.3270	0.1588	…	0.0000
	观测站点 2	0.6506	0.4137	0.3623	0.2723	0.1681	0.0000	…	0.0000
	观测站点 3	0.4740	0.3925	0.3908	2.3590	0.3867	1.1665	…	0.2781
	观测站点 4	0.2264	0.1802	0.0645	0.0360	0.0827	0.0585	…	0.1639
	观测站点 5	0.1625	0.0000	0.0000	1.5685	2.4201	1.7489	…	1.2087
	观测站点 6	2.2286	2.3909	2.2409	0.4394	4.5230	2.1436	…	3.5424
	观测站点 7	0.9578	0.7731	1.5179	2.0607	0.0184	0.0000	…	0.0000
	观测站点 8	0.2351	0.2574	0.1016	0.0000	0.0000	0.0000	…	0.8481
	观测站点 9	0.2586	0.2377	0.1684	0.0828	0.3462	0.7657	…	0.5784
	观测站点 10	0.0824	0.0000	0.0000	1.5610	1.9626	1.7440	…	1.1787
	…	…	…	…	…	…	…	…	…
	观测站点 n	0.9550	1.6531	0.6733	0.0577	0.6882	0.0000	…	0.0000
	站点雨量累加	100	100	100	100	100	100		100

9.2.2.6　标准网格插值

以离散站点表达空间连续的降雨过程在洪涝模拟、水文计算等应用中，需要进行空间插值，但与新建站点、雷达测雨数据等难以融合。因此，采用标准网格的形式保存降雨时空特征。主要步骤如下：

（1）选择合适的网格，一般采用1km、2km、5km等尺度，可根据研究区适当调整。

（2）网格与站点关系建立，如果研究区地形单一，可按照最近原则，选择距网格最近的3个站点作为插值基础，在实际选择站点时，要考虑分水岭影响、站点分布不均（3个站点均在网格的一侧）等因素进行适当修正。

（3）选择插值方法，最基本的可以用反距离插值方法。如果地形起伏大、下垫面变化大，可以采用更加科学的插值方法。

（4）为后期使用方便，可按照面平均降雨量100mm，通过组合面降雨过程占比和网格占比，得到不同时长的降雨过程。每个网格逐5min的降雨量插值方法见公式（9.2-3）。

$$P_{g,t} = 100 \times R_t \times C \times W_{g,t} \tag{9.2-3}$$

式中：$P_{g,t}$ 为 g 网格 t 时刻的降雨量，mm；R_t 为 t 时刻的降雨量占比；C 为网格总数；$W_{g,t}$ 为 g 网格 t 时刻的权重值。

不同的面降雨过程和网格占比组合可以得到不同降雨过程展布模板，见表9.2-3。

表9.2-3　　　　　　　　　　　　降雨过程展布模板

时间/min		5	10	15	20	25	30	35	40	45	···
网络	网格1	0.5069	0.8955	0.8968	0.7231	0.3519	0.2719	0.3307	0.3464	0.0887	···
	网格2	0.5394	0.9139	0.9538	0.7739	0.3724	0.2550	0.3005	0.3340	0.0806	···
	网格3	0.5874	0.9490	1.0382	0.8481	0.4031	0.2369	0.2661	0.3225	0.0713	···
	网格4	0.6548	1.0076	1.1568	0.9511	0.4467	0.2197	0.2301	0.3148	0.0617	···
	网格5	0.8012	1.1586	1.3774	1.0748	0.5621	0.2099	0.1344	0.2628	0.0446	···
	网格6	0.8598	1.2453	1.4778	1.1520	0.6036	0.2270	0.1460	0.2830	0.0485	···
	网格7	0.8889	1.3087	1.5223	1.1736	0.6281	0.2545	0.1716	0.3028	0.0569	···
	网格8	0.8746	1.3370	1.4851	1.1144	0.6276	0.2963	0.2166	0.3218	0.0719	···
	网格9	0.8181	1.2808	1.3248	0.9537	0.5815	0.3346	0.2652	0.3257	0.0880	···
	网格10	0.6969	1.1422	1.0899	0.7417	0.5001	0.3458	0.2905	0.3067	0.0964	···
	···	···	···	···	···	···	···	···	···	···	···

在确定场次总雨量 Q 和降雨历时的情况下，可以选择相应历时的降雨过程展布模板，构建动态时空降雨过程。每个网格的雨量按公式（9.2-4）计算。

$$R_{g,t} = \frac{Q}{100} \times P_{g,t} \tag{9.2-4}$$

式中：$R_{g,t}$ 为展布后 g 网格 t 时刻的雨量值，mm；$P_{g,t}$ 为降雨过程展布模板中 g 网格 t 时刻数值。

9.2.3　应用效果

9.2.3.1　数据情况

以北京市为实例，对降雨时空展布方法进行应用效果验证。收集北京市近 20 年（1999—2018 年）122 个降雨自动观测站的数据，站点分布较为均匀，数据以 5min 间隔为主，少量数据为 1h 间隔，各站历年总降雨量表现出很好的一致性。

9.2.3.2　数据标准化

原始降雨数据采用字符串格式进行保存，不同年份的站点数据存在差别，需要进行标准化处理。通过利用计算机自动处理及人工检查的方式，将所有站点数据转换为 csv 表格形式。某些站点部分数据为小时间隔，插值为 5min 间隔。部分站点数据存在异常，如某站某段时间降雨量为 0，而周边站点降雨量很大，则将周边相邻站点逐 5min 的降雨量平均值赋给该站。最后，构建降雨过程二维矩阵，作为场次划分的基础。

9.2.3.3　降雨场次的划分

以连续 4h 未降雨作为标准，提取降雨场次，筛选出 12h、24h、72h 3 个历时的降雨过程，筛选的标准如下：

（1）连续超过 4h 的 5min 降雨量均小于 0.1mm，则认为无有效降雨，以此标准划分两个独立场次，共得到 1052 个场次。

（2）从划分好的所有独立降雨场次中，筛选单个雨量站最大 6h 降雨量超过 50mm 的场次为一次强降雨过程，筛选出 238 个场次，按时长分为 12h（历时 6~18h）、24h（历时 18~36h）、72h（历时大于 36h）3 个历时，场次数分别为 64 个、108 个、66 个。

9.2.3.4　降雨时空特征提取

分别提取 12h、24h、72h 3 个历时的降雨时空特征，提取结果如图 9.2-2 所示。

（1）12h 历时雨型主要以单峰型为主，其中前单峰型较多。

（2）24h 历时雨型可分为单峰型和双峰型，统计显示单峰型占比为 55.56%，双峰型占比为 44.44%，双峰型雨型中间有明显的间歇，且两个雨峰都较大。

（3）72h 历时雨型可分前单峰型和双峰型，其中双峰型占比为 65.15%。72h 历时的双峰型雨型中间间歇不明显，且后峰比前锋的降雨更明显。

各历时降雨时空分布具有如下特征：

（1）12h 历时降雨由东北部开始，逐步扩展到全市。

（2）24h 和 72h 历时降雨从西南—东北一线开始逐步扩展到全区。

（3）总体来看，场次降水空间分布不均，降水量大值区主要位于怀柔、平谷等中部山区，呈现东北部和西南部降水多、西北部和东南部降水相对少的分布形势。这种规律与相关研究一致。

9.2.3.5　降雨过程时空展布

以 72h 历时降雨过程为例，将降雨时空过程插值为标准网格。假设过程总雨量为 100mm，利用时空展布方法及空间均匀方法构建降雨过程。从时空展布结果来看无论是降雨分布还是降雨中心，都更符合实际降雨过程。

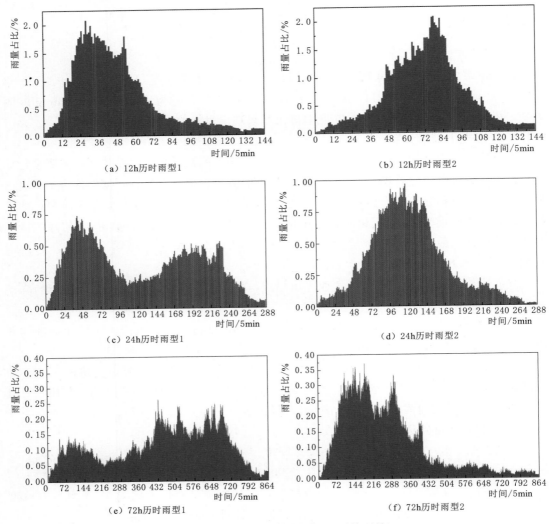

图 9.2-2   不同历时雨型图（面平均雨量）

9.3   暴雨洪水关系提取技术及应用

9.3.1   应用背景

近年来随着全球气候变化，极端暴雨频发，引发流域洪水，洪涝灾害已经成为当前影响社会建设和运行的主要自然灾害，且最近呈多发态势。在洪水到来之前，如何准确地预报洪水，提前预判洪水风险，及时转移人员，避免伤亡，是洪水灾害风险管理中非常重要的课题。传统的洪水预报方法主要是应用流域水文模型，模型以下垫面物理特征为基础，结合下渗曲线、汇流单位线、蒸散发公式等来近似地模拟流域水循环过程，如美国的萨克拉门托（Sacramento）模型、日本的水箱（Tank）模型以及我国的新安江模型等。近年来随着技术的发展和算法的进步，分布式水文模型在洪水预报中的应用也越来越广泛。传统的水文模型都是对下垫面复杂水文过程的概化模拟，预测精度较高，但是数学模型参数多，具有一定的不确定性，且山丘洪水产汇流快，需要及时预报、预警，这就对洪水预报的精度和时效提出了更高的要求。

近年来，我国水利行业蓬勃发展，水文测站从中华人民共和国成立之初的 353 处发展到 12.1 万处[91]。随着历史水文数据的不断丰富以及数据挖掘和人工智能技术的蓬勃发展，基于数据驱动的机器学习技术在洪水预报方面的研究成为热点[92-93]。

对于流域洪水，尤其是山丘区小流域，与该区域降雨量以及暴雨中心在流域时空的变化等因素直接相关。不考虑人为因素，在相似的降雨量和时空变化条件下，下垫面的洪水过程也具有一定的相似性[94]。基于该原理，将机器学习领域中的流形学习算法引入到暴雨特征识别和洪水预报中，提出基于流形学习算法的洪水预报方法[95]。流形学习在机器学习领域中是很实用的算法，成功应用在特征分类、提取和识别等方面。该方法对历史暴雨洪水过程进行时空特征提取，形成时空特征样本库。当预报发生降雨时，通过识别当前预报降雨趋势的时空特征，从时空特征样本库中快速匹配最相似的历史暴雨过程，"借古喻今"，将其对应的整场洪水作为当前预报降雨趋势情况下的洪水预报结果。

9.3.2　技术要点

9.3.2.1　技术流程

以广西壮族自治区中平小流域为例介绍研究方法。中平河位于广西壮族自治区东北部，发源于金秀县，由南向北流，流域形状呈扇形。中平以上流域面积 596km²，平均坡降 5.04‰，河长 63km，属于山区性河流，河边坡度较陡，洪水陡涨陡落。

流域内共有王田、大樟、六巷 3 个雨量站和中平水文站。以这 3 个雨量站和 1 个水文站 2002—2023 年的暴雨洪水资料为对象，构建洪水预报模型。

首先进行数据的清洗和甄别，将暴雨-洪水过程进行数字化和结构化，从时间维度和空间维度构造暴雨-洪水高维数组，分别利用流形学习算法中的局部线性嵌入（Locally Linear Embedding，LLE）算法和动态聚类（K - Means，KM）算法，获得各类降雨的动态时空分布特征，并对对应场次洪水过程特征进行对照学习和特征识别，识别出与当前降雨动态趋势最相似的历史暴雨-洪水过程，从而预测当前降雨趋势下未来洪水过程，具体的技术流程如图 9.3-1 所示。

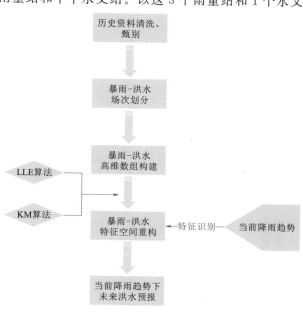

图 9.3-1　暴雨洪水关系提取技术流程图

9.3.2.2　关键步骤

分析之前，首先对数据进行清洗和甄别。基于连续超过 2h 降雨量小于 0.1mm 为无有效降雨的原则，进行降雨场次划分，并从中挑选出 1h 降雨量达 30mm 以上或 6h 降雨量达 50mm 以上的降雨场次。按照上述标准，共筛选出 2002—2023 年强降雨过程 115 场，形成降雨洪水场次样本库。利用算法对该样本库进行分析，具体如下：

（1）暴雨洪水时空分布动态特征矩阵构建。不同场次的降雨量及洪量存在较大差异，为了让不同降雨过程的雨洪动态特征可以比较，对不同历时的各场次降雨，构建时间和空间维度的雨洪占比矩阵，用雨量、洪量占比的矩阵来描述某个时段降雨的时空分布特征以及洪水过程的形态特征，实现多场次降雨-洪水的时空动态发展特征的数学描述。建立暴雨-洪水过程样本集 Ω ［公式（9.3-1）］。

$$\Omega = \{P_1, P_j, \cdots, P_N\} \tag{9.3-1}$$

其中，Ω 为历史暴雨样本集，包括 N 场暴雨，$j=1，2，3，\cdots，N$，N 为降雨场次数。

P_j 的内容见公式（9.3-2）。

$$P_j = \begin{bmatrix} r_{11}^j & r_{1t}^j & \cdots & r_{1m}^j \\ r_{21}^j & r_{2t}^j & \cdots & r_{2m}^j \\ \vdots & r_{it}^j & & \vdots \\ r_{s1}^j & r_{s2}^j & \cdots & r_{sm}^j \\ q_1^j & q_t^j & \cdots & q_m^j \end{bmatrix} \tag{9.3-2}$$

式中：P_j 为第 j 次暴雨-洪水占比矩阵；r_{it}^j 为第 j 次暴雨-洪水过程中第 i 个雨量站第 t 时刻的降雨量占该时刻所有站降雨量的百分比；q_t^j 为第 j 次暴雨-洪水过程中流域出口断面第 t 时刻的流量占整个洪水过程总量的百分比，$i=1，2，3，\cdots，s$，s 为雨量站个数，$t=1，2，3，\cdots，m$，m 为时段数。r_{it}^j 和 q_t^j 的计算方法分别见公式（9.3-3）和公式（9.3-4）。

$$r_{it}^j = R_{it}^j \Big/ \sum_{t=1}^m R_{it}^j \tag{9.3-3}$$

$$q_t^j = Q_t^j \Big/ \sum_{t=1}^m Q_t^j \tag{9.3-4}$$

式中：R_{it}^j 为第 j 次降雨过程中第 i 雨量站 t 时刻的降雨量，mm，Q_t^j 为第 j 次降雨过程中出口断面第 t 时刻的流量，m^3/s。

（2）基于局部线性嵌入算法的降维分析。直接分析非线性高维的暴雨时空分布数据具有一定的不确定性，在对其分析之前，需要对其降维分析。降维是指将原始数据由维数较少的"有效"特征数据来表示，在不减少原始数据所包含的内在信息量的基础上，提取原始数据的主要特征。通过降维，可有效提高分析效率，提高分析结果的准确性。利用局部线性嵌入算法，对该高维数据进行降维分析。LLE 算法是 Roweis 等[96] 提出的一种针对非线性数据的无监督降维方法，它是流形学习算法中的一种用局部线性反映全局的非线性的算法，能够使降维的数据保持原有数据的拓扑结构。由于

LLE 算法保持高维空间和低维空间的局部线性特征，因此在低维空间中的分类结果在高维空间中也是合理的。

LLE 算法首先假设数据在其周围较小的范围内是线性的，每个样本点可以用其周围邻近的数据点线性表达，且在高维空间和低维空间该局部线性关系保持不变。主要包括以下 3 部分：

1）在高维空间中，通过欧式距离量度，找到距离样本 x_i 最近的 k 个样本。

2）对每个样本 x_i，求在它邻域里的 k 个近邻的线性关系，得到线性关系权重系数 $W_i = (w_{i1}, w_{i2}, \cdots, w_{ik})^T$（$i=1, 2, \cdots, N$）。

3）假定在高维空间和低维空间中，k 邻域内，线性关系权重系数 W_i 保持不变，利用权重系数 W_i 在低维空间里重构样本数据，实现 $x_i \in R^D \rightarrow y_i \in R^d$，$d \ll D$。

首先对高维空间中的 n 个数据点 $\{x_1, x_2, \cdots, x_N\} \in R^D$，计算每个样本点 x_i 与其他所有样本的欧式距离，选择距离最小的 k 个样本 $\{x_{i1}, x_{i2}, \cdots, x_{ik}\}$。

每个 x_i 都可以用其邻域的，也就是距离最近的 k 个样本 $\{x_{i1}, x_{i2}, \cdots, x_{ik}\}$ 线性表达，见公式（9.3-5）～公式（9.3-7）。

$$x_i \approx \overline{x_i} = \sum_{j=1}^{k} w_{ij} x_j \tag{9.3-5}$$

同时满足条件：

$$\sum_{j=1}^{k} w_{ij} = 1 \tag{9.3-6}$$

以其均方差作为损失函数：

$$f(W) = \sum_{i=1}^{N} \left\| x_i - \sum_{j=1}^{k} w_{ij} x_j \right\|_2^2 \tag{9.3-7}$$

通过求解公式（9.3-7）的最小值，得到权重系数 W。

LLE 算法假定，将高维样本映射到低维空间中，在低维空间保持样本在高维空间的局部线性，并且权重系数保持不变，则高维空间中的点 $\{x_1, x_2, \cdots, x_N\} \in R^D$ 通过权重系数 W 映射到低维空间中，成为 $\{y_1, y_2, \cdots, y_N\} \in R^d$（$d \ll D$）。

（3）动态聚类分析。将经过降维的样本集 $Y \in R^{d \times N}$（d 为投影后的低维空间维度，N 为样本数）进行分类，划分为 r 个子集，各子集内的样本近似，而各子集之间的样本不同。通过求各子集的质心，提取属于该类的特征。主要采用动态聚类算法对降维后的样本进行分类。动态聚类分析的基本思想是：通过迭代寻找 r 个聚类的一种划分方案，使得这 r 个聚类的均值代表相应各类样本时，所得的总体误差最小。即，通过该算法，将总体样本集划分为 r 个子集，使得各子集内的样本最近似，而各子集之间的样本最不同。再提取各子集的均值，得到属于该子集的特征。

分析时，先随机选择 r 个样本点，作为 r 个子集的初始聚类中心，计算所有样本与这 r 个初始聚类中心的距离，并把样本划分到与之距离最近的那个中心所在的子集中，使所有的样本根据距离自动聚集到各个子集中，从而得到初始分类类别数以及初始子集。计算各子集所有样本的均值，得到新一代的聚类中心，再次计算所有样本与新的聚类中心的距离，自动聚集，得到新的聚类中心，计算各子集所有样本的均值……。不断迭代，并比较

第 p 代和第 $p+1$ 代聚类中心，如果差值在范围之内，则认为计算收敛，从而得到最终的子集及各子集的聚类中心。

该聚类方法收敛速度快，容易解释，聚类效果较好。但是该方法的聚类结果受初始聚类中心的选择影响较大。因此在迭代收敛后，不断地比较分析，判断子集数和初始子集中心是否合理，调整子集数以及子集的初始中心，以此反复进行聚类的迭代运算，直至确定合理的空间分布特征类别数和聚类中心。计算步骤如下：

1）分析的样本集为 $\Phi=\{Y_1, Y_2, \cdots, Y_N\}$，$Y_i$ 为低维空间中的映射点，M 为最大迭代次数，r 为初始划分的子集数，$C=\{C_1, C_2, \cdots, C_r\}$ 为 r 个子集。初始时 $C_j=\varnothing$，$j=1, 2, \cdots, r$。

2）从 Φ 中随机选取 r 个样本，作为初始 r 个子集的各中心向量 $Z_j^0=\{z_1, z_2, \cdots, z_r\}$。

3）对于 $n=1, 2, \cdots, N$，计算样本 $Y_i(Y_i \in \Phi)$ 与每个聚类中心 $Z_j=\{z_1, z_2, \cdots, z_r\}$ 的距离。

$d_{ij}=\|Y_i-z_j\|_2^2$，如果 $d_{ij}=\min\{d_{ij}\}i=1, 2, \cdots, N$，则 $Y_i \in C_j$。更新 $C_j=C_j \bigcup Y_i$。

4）对于 $j=1, 2, \cdots, r$，对 C_j 中的所有样本点，重新计算中心向量 $Z_j^1=\dfrac{1}{C_j}\sum_{Y_i \in C_j}Y_i$。

5）不断重复迭代，如果 $Z_j^{p+1} \neq Z_j^p$，$j=1, 2, \cdots, r$，则回到 2），重复计算。如果 $Z_j^{p+1}=Z_j^p$，$j=1, 2, \cdots, r$，运算结束。

6）输出各子集 $C=\{C_1, C_2, \cdots, C_r\}$，属于各子集的样本 $y_1^{C_i}, y_2^{C_i}, \cdots, y_o^{C_i}$ 以及各子集的均值 $Z_j^{p+1}=\{z_1, z_2, \cdots, z_r\}$。

（4）时空特征空间的重构。以上的聚类方法得到的各子集 $C=\{C_1, C_2, \cdots, C_r\}$ 以及各子集的均值 Z_j^{p+1} 并不是所求的特征空间，而是降维后数据集的特征空间。所用的 LLE 算法认为高维空间和低维空间局部线性关系保持不变。也就是说，高维空间中的样本 x_i 与周围样本的线性关系，与其在低维空间中的映射点 y_i 与周围对应样本的局部线性关系相同。因此，在该空间中，属于同一个子集的样本，在高维空间中，也具有相似性。低维空间中，属于同一子集的样本，在高维空间中，也划分为同一子集。

这意味着，在低维空间中的各子集 $C=\{C_1, C_2, \cdots, C_r\}$ 中的样本，在高维空间中，也分别属于同一子集，$B=\{B_1, B_2, \cdots, B_r\}$。在高维空间中求各子集的均值 $S_j=\dfrac{1}{B_j}\sum_{x_i \in B_j}x_i \in R^D$，为高维空间中各类的聚类中心，即为属于该类样本的动态时空分布特征。

（5）暴雨-洪水事件时空动态特征识别及匹配。对于即将到来的暴雨，也通过以上算法投影到时空特征空间中，按照特征空间中距离的最小原则，识别出与历史暴雨时空特征子空间中距离最小的样本，也就是与当前降雨时空特征最为相似的历史暴雨过程。该识别出的历史暴雨样本对应的洪水过程，就是当前预报暴雨的洪水预报结果，见公式（9.3-8）。

$$\min[d_{2D}(Y_t; Y_i)]=\min(\|Y_t-Y_i\|_2) \tag{9.3-8}$$

式中：Y_t 为 d 待识别样本的特征矩阵；Y_i 为暴雨样本的特征矩阵。

（6）预报洪水的评估。暴雨特征识别和洪水过程匹配时，可以匹配多场暴雨洪水过程。为了达到最优的预报效果，还构建了洪水预报的评判指标，对预报结果进行评价，主要从预报和实测结果洪峰强度、洪水过程中各时刻流量预报误差以及洪水过程形态等方面进行评估，从中选择最优的洪水过程，作为本次洪水预报的结果。具体见公式（9.3-9）~公式（9.3-13）。

1）洪峰流量误差 ΔQ_m：

$$\Delta Q_m = \frac{\left| Q_{m实测} - Q_{m预测} \right|}{Q_{m实测}} \times 100\%$$

(9.3-9)

2）洪峰出现时间误差 ΔT_m：

$$\Delta T_m = \left| T_{m实测} - T_{m预测} \right|$$

(9.3-10)

3）各时刻流量之间的均方根误差 RMSE（Root Mean Squared Error，RMSE）：

$$RMSE = \sqrt{\frac{1}{n} \sum_{i=1}^{n} (y_i - f_i)^2}$$

(9.3-11)

式中：f_i 和 y_i 分别为模型的预测结果和实测结果。

4）预测数据与模拟数据曲线的相似程度的决定系数 R^2。用决定系数 R^2 来判断，决定系数 R^2 越接近 1，这两条曲线的拟合程度越高，模型的预测结果和实测结果越接近。R^2 的计算见公式（9.3-12）：

$$R^2 = 1 - \frac{\sum_i (y_i - f_i)^2}{\sum_i (y_i - \overline{y_i})^2}$$

(9.3-12)

式中：f_i 和 y_i 分别为模型的预测结果和实测结果。

5）综合指标。识别出来的多场洪水过程侧重点各不相同。如，有的识别结果是洪峰流量吻合得好，但是洪水过程形状吻合得不好；有的识别结果是洪水过程吻合得好，但是洪峰流量差别较大。为了更为客观地评价，本书还定义了综合指标 Comindex，以评价最终的识别结果：

$$Comindex = \frac{1}{RMSE} + R^2$$

(9.3-13)

该指标和 $RMSE$ 成反比，和 R^2 成正比，指标越大则表示各时刻预报流量误差越小且预报洪水过程的形状越接近实际洪水过程。

9.3.3 应用效果

利用以上算法，对广西壮族自治区中平小流域降雨进行分析。针对 115 场暴雨样本，以其中 110 场作为学习样本，再随机另外选出 5 场降雨作为待识别样本。首先对历史暴雨过程的时空特征进行提取，并按照特征进行聚类分析。在此基础上，对当前降雨动态过程进行识别，识别出来与之最相似的历史暴雨过程，提取出该暴雨过程对应的洪水过程，作为当前降雨的预报结果。从洪峰流量误差、洪峰出现时间误差、各时刻流量之间的均方根误差、曲线的相似程度决定系数以及综合指标方面进行评价，以评判识别出历史洪水过程与待识别样本的相似性。

　　在识别待识别样本时，首先以识别样本的前 1/4 历时、前 1/3 历时和前 1/2 历时降雨过程为对象，将其投影到历史暴雨样本库中进行识别，找到对应的历史暴雨样本。再以完整的降雨过程为对象，进行识别，找到与完整识别样本对应的历史暴雨样本。实验表明，基于前 1/4 历时降雨过程识别出的历史暴雨样本与基于完整的降雨过程识别结果有出入，而基于前 1/3 和前 1/2 历时降雨过程的识别结果和基于完整的降雨过程的识别结果是一致的。也就是说，当前降雨完成整场降雨历时的 1/3 时，就可以通过识别当前的降雨过程，找到历史上与之最接近的暴雨过程，不仅能快速预测出该场降雨的后续降雨过程，还可以根据识别的降雨结果及其对应的洪水过程，实现对洪水风险的早期识别。

　　具体暴雨识别结果以及洪水预测结果对比见表 9.3-1 和表 9.3-2。

表 9.3-1　　　　　　　　　　　　暴雨识别结果对比表

序号	组　名	场　次	面平均雨量		单站最大雨量		1h 最大雨量	
			雨量/mm	误差/%	雨量/mm	误差/%	雨量/mm	误差/%
1	A1（待识别场次）	2022-05-23 20：00	39.50	5.90	43.50	5.75	13.00	15.38
	B1（识别结果）	2022-05-10 8：00	37.17		46.00		11.00	
2	A2（待识别场次）	2015-05-23 4：00	33.17	23.61	36.00	27.78	11.00	54.55
	B2（识别结果）	2014-04-02 1：00	41.00		46.00		17.00	
3	A3（待识别场次）	2022-07-03 8：00	116.17	3.73	158.00	21.52	27.00	31.48
	B3（识别结果）	2019-08-26 11：00	120.50		124.00		35.50	
4	A4（待识别场次）	2014-06-05 11：00	23.33	35.02	37.00	2.70	14.50	41.38
	B4（识别结果）	2011-08-10 14：00	31.50		36.00		20.50	
5	A5（待识别场次）	2022-06-20 8：00	40.17	26.97	52.00	32.69	30.00	15.00
	B5（识别结果）	2015-09-07 12：00	29.33		35.00		25.50	
	平均误差			19.05		18.09		31.56

表 9.3-2　　　　　　　　　　　　洪水预测结果对比表

序号	组　名	场　次	最大洪峰		洪量		峰现	
			流量 /(m³/s)	误差 /%	万 m³	误差 /%	时间/h	时间差 /h
1	A1（待识别场次）	2022-05-23 20：00	40.20	23.63	587.11	20.14	18	1
	B1（识别结果）	2022-05-10 8：00	49.70		468.85		17	
2	A2（待识别场次）	2015-05-23 4：00	66.00	10.15	703.00	10.19	23	1
	B2（识别结果）	2014-04-02 1：00	72.70		774.61		24	
3	A3（待识别场次）	2022-07-03 8：00	1140.00	2.63	5983.54	6.65	19	2
	B3（识别结果）	2019-08-26 11：00	1170.00		6381.72		21	

续表

序号	组　名	场　次	最大洪峰		洪量		峰现	
			流量 /(m³/s)	误差 /%	万 m³	误差 /%	时间/h	时间差 /h
4	A4（待识别场次）	2014-06-05 11：00	61.90	1.62	457.62	15.61	11	4
	B4（识别结果）	2011-08-10 14：00	60.90		386.17		15	
5	A5（待识别场次）	2022-06-20 8：00	110.00	4.55	1208.52	17.19	8	0
	B5（识别结果）	2015-09-07 12：00	105.00		1000.76		8	
		平均误差	8.52		13.96		1.60	

　　以识别结果的第 3 组为例，假如发生 2022 年 7 月 3 日 8 时的降雨，降雨过程中即可用识别算法从历史库中识别出 2019 年 8 月 26 日 11 时的降雨过程与其相似，进而判断该场降雨可能达到 120.50mm，单站最大雨量可能达到 124.00mm，1h 最大雨量可能达到 35.50mm，最大洪峰流量可能达到 1170.00m³/s，总洪量可能达到 6381.72 万 m³，出现降雨后 21h 可能达到最大洪峰。这些信息对于洪涝风险管理是至关重要的。

　　从表 9.3-1 和表 9.3-2 的结果可以看出，识别出的历史降雨在空间分布形态上并非与待识别降雨完全一致，毕竟出现"完全一样"的两场降雨几乎是不可能的，然而识别出的历史降雨却在降雨面平均雨量、单站最大雨量、1h 最大雨量、12h 最大雨量以及暴雨中心在时空变化等指标上与待识别降雨有相当一致之处。基于判别洪水相似性的一系列指标，从识别出多场次的历史暴雨场次中，判断出与待识别场次暴雨最相似的洪水过程，在最大洪峰流量、洪量和峰现时间上也有一致性。识别的 5 场降雨洪水场次中，面平均雨量识别平均误差为 19.05%，单站最大雨量识别平均误差为 18.09%，1h 最大雨量识别平均误差为 31.56%。最大洪峰流量平均误差为 8.52%，洪量平均误差为 13.96%，峰现时间平均误差为 1.60h，达到了洪水预报精度要求。该算法可以对完整的洪水过程进行预测，有效地延长了洪水的预见期。

9.4　城市洪涝模型成果概化技术及应用

9.4.1　应用背景

　　随着我国城市化的发展，城市建设范围不断扩大，城市规模迅速扩张。同时，全球气候变化叠加"雨岛"效应，城市区域面临越来越频繁的极端暴雨[97]。很多城市面临严重的城市内涝问题（"看海"），日益引起公众、社会、管理部门的关注。近年来我国启动了海绵城市建设，一定程度上缓解了城市内涝问题，但一旦遇特大暴雨，很多城市，尤其是特大城市，还是会出现严重的积水内涝问题[98]。

　　目前内涝风险点识别方法主要包括以下几类：

　　（1）通过安装积水监测设备进行内涝风险点识别。这是目前最为通用的方式，大部分城市都建有多个积水监测装置。一般是在低洼地段，如立交桥、低洼路段，设置积水监测设备，通过监测水位，获知积水情况。设备类型多种多样，包括压力式、浮子式等。该类方法需要一个前提：要提前准确判别哪些位置是可能的积水点，才能事先安装积水监测设备。在实际应用中存在两个问题：①有些位置安装设备之后，即使发生暴雨也并不积水，造成设备浪费；②无法提前判别所有积水点。

（2）通过互联网数据或人工上报方式进行内涝风险点提取。通过开通热线，或通过微信、微博等互联网数据识别内涝风险点。这是近年来新兴起的一种内涝风险点识别方法，在北京、深圳等经济发达的大城市已经开始应用[99-100]。当城市发生暴雨时，收集相关的电话、视频、图片信息，将这些信息进行空间定位，判别积水位置。该类方法的主要问题包括：①这是一种事后机制，只有在积水事件发生后，才能识别内涝风险点；②对收集到的信息的判别十分复杂，如对同一地点的位置描述、积水程度，不同人的描述方式不同，很难利用一定的规则进行自动化处理，存在信息重复、信息错误等情况。因此，该类方法一般是作为一种辅助手段，印证监测数据，或发现一些可能被忽略的积水点。

（3）利用地形数据的低洼点判别内涝风险点。通过收集城市高精度地形数据，利用GIS 技术，提取城市区域的地形低洼点，以此作为可能的内涝风险点。该方法目前主要用于科研领域，在实际应用中使用较少，主要原因在于，地形低洼虽然是造成城市内涝的原因之一，但地下管网、挡水设施（路基、房屋建筑）等对积水的影响更大。该方法在实际使用中，会识别出大量低洼点，但大部分都不是内涝风险点，因而实用性很差。

目前的城市内涝风险点提取方法存在的问题包括：①以事后提取为主，在积水发生之后进行提取，无法做到内涝风险的提前防备；②内涝风险点的提取准确性不高，收集到的积水信息或地形低洼点存在很多无效或错误数据。

9.4.2 技术要点

9.4.2.1 技术流程

通过综合地形、地表信息、管网信息划分地表网格，建立城市洪涝模拟模型，利用数学模型计算不同降雨条件下的积水范围。利用水深和面积阈值筛选出不同降雨造成的积水范围图，然后，通过对比不同降雨的积水范围图，提取出独立的积水面，最后通过提取积水面内的地形最低点作为内涝风险点[101]。城市洪涝模型成果概化技术流程如图 9.4 - 1所示。

9.4.2.2 关键步骤

（1）步骤 1：建立城市洪涝模拟模型。利用地表数据，将城市区域进行网格剖分，然后利用网格提取土地利用、高程等数据，建立网格的拓扑关系和地表特征信息。在此基础上，耦合河道、管网等数据建立城市洪涝模拟模型。

（2）步骤 2：利用城市洪涝模拟模型，模拟各种降雨强度的淹没情况。根据当地降雨特点，设计不同强度降雨，最大取到 200 年一遇以上。如南方地区，最大取到 200mm/h即可。分别按照 10mm/h、20mm/h、30mm/h、……、200mm/h 的降雨强度作为输入条件，利用城市洪涝模拟模型计算各网格的水位过程，取最大淹没水深作为该步输出成果。每个方案得到一个输出成果，并关联到多边形网格中，降雨输入条件见表 9.4 - 1。

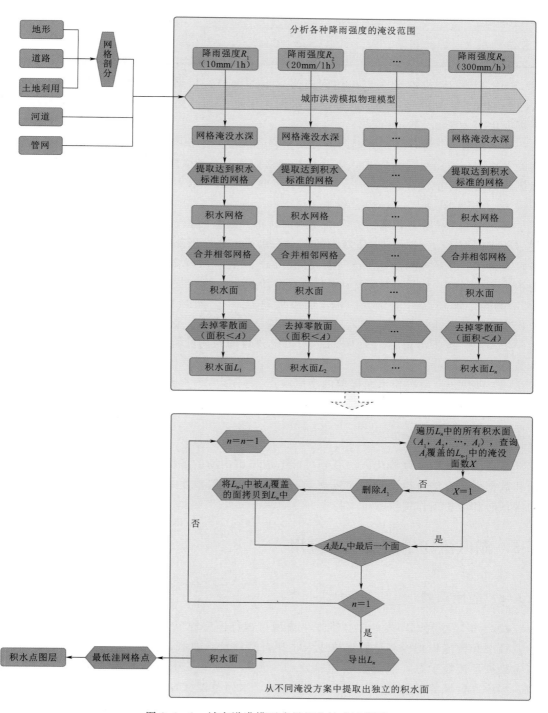

图 9.4-1　城市洪涝模型成果概化技术流程图

表 9.4-1　　　　　　　　　　　　降 雨 输 入 条 件

时长/h	总降雨量/mm	时长/h	总降雨量/mm
1	10、20、30、……、150	···	……
2	20、40、60、……、300	24	30、60、90、……、750

（3）步骤 3：提取最大水深达到内涝标准的网格。根据《室外排水设计规范》（GB 50014—2006），判断城市积水的标准为水深大于 0.15m。从各方案的最大淹没水深图层中提取水深大于 0.15m 的网格。

（4）步骤 4：将各降雨方案的淹没网格合并成独立的积水面。利用 GIS 工具，对各方案的网格图层进行处理：首先，合并相邻网格成为一个独立的面，然后将小于面积阈值的面删除（去掉零散的淹没网格）。按照一般经验，阈值可取 $1000\sim2000\text{m}^2$，分别得到积水图层 L_1、积水图层 L_2、……、积水图层 L_n。

（5）步骤 5：融合各降雨方案的积水面，得到最终的积水面。从最大降雨强度积水图层（积水图层 L_n）开始，遍历其中的每个积水面。假设当前的积水面为 A_1，利用 GIS 工具，查询 A_1 边界所包含（在空间上完全覆盖）的低一级降雨强度的积水图层（L_{n-1}）中的积水面个数 n。如果 $n=0$ 或 $n=1$ 则直接跳过，不执行操作；如果 $n\geqslant2$，则将 A_1 从 L_n 中删除，将 L_{n-1} 中查询到的积水面添加到 L_n 中。如此循环操作，直到 L_n 的最后一个积水面。然后重新遍历新的 L_n 图层中的每一个积水面，查询图层则变为 L_{n-2}，直到最后一个图层。该步得到的结果为图层 L_n，主要目的是防止降雨越大，积水连片，积水面个数越少的问题。

（6）步骤 6：通过积水面提取内涝风险点。利用 GIS 工具叠加 L_n 与最初剖分的地表网格，选择其中高程最低的网格，取网格中心点作为内涝风险点的位置。

9.4.3　应用效果

城市洪涝模型成果概化方法基于可能造成城市内涝的各类信息，通过数学模型模拟方法和数据融合方法分析得到内涝风险点，可在内涝风险发生之前提前识别内涝风险点，为内涝预防和应急工作提供数据支撑。

9.5　湖区流场生成技术及应用

9.5.1　应用背景

2022 年，水利部印发的《数字孪生流域可视化模型规范（试行）》要求："利用水利专业模型和智能识别模型分析计算成果，在自然背景基础上，从宏观、中观、微观不同尺度渲染展示流场动态，展示要素包括水位、流量、流速、泥沙、水温、水质、冰情、咸情、潮汐、台风等。"在实际工作中，湖泊由于水面范围大，很难用监测数据或智能识别模型获取整个湖面的流场信息[102]。因此，利用湖底地形、堤防等数据，将湖区剖分为多边形网格，然后构建二维水力学模型，计算得到每个网格的流速、水深、水位等信息，是目前获取湖面连续流场信息的主要方法。目前存在的主要问题是：①二维水力学模型计算结果中只包括总流速、x 方向流速、y 方向流速等数值,无法直接在软件中进行直观的可视化显示;②为了提高计算精度,网格数量会很大,显示大范围湖面时,网格过密,无法在软件中正常显示。

9.5.2 技术要点

该方法考虑比例尺适配的湖面流场多层流场可视化方法,解决从二维水力学模型计算结果到软件平台可视化展示之间的衔接问题。

利用模型计算结果中每个网格的流速和流向,生成带方向的流向线,并根据地图显示比例尺的变化,调整流向线的长度,并在显示中控制流向线数量,以达到不同比例尺下流场的可视化展示目的。湖区流场生成技术流程如图 9.5-1 所示。

(1) 步骤 1:计算每个不规则网格的流向线长度系数。

首先,根据每个网格的流速确定流向线的长度系数〔公式(9.5-1)〕。

$$C(i) = \sqrt[2]{A(i)} \times V(i) \qquad (9.5-1)$$

式中:$C(i)$ 为网格 i 的流向线长度系数;$A(i)$ 为网格 i 的面积,m^2;$V(i)$ 为网格 i 的流速,m/s。流向线长度系数的作用是控制每个网格的流向线长度,与网格大小相匹配。

(2) 步骤 2:根据每个网格 x、y 方向的流速,生成流向线。

首先,提取每个格网的中心点 x、y 坐标,作为流向线的起点。

然后,计算每个网格的流向线终点的坐标,计算方法见公式(9.5-2)。

$$x(i)_{end} = x(i) + XV(i) \times C(i),$$
$$y(i)_{end} = y(i) + YV(i) \times C(i) \qquad (9.5-2)$$

式中:$x(i)_{end}$ 和 $y(i)_{end}$ 分别为网格 i 流向线终点的 x、y 坐标;$x(i)$ 和 $y(i)$ 分别为网格 i 的中心点 x、y 坐标;$XV(i)$ 和 $YV(i)$ 分别为网格 i 在 x 方向的流速和 y 方向的流速。

针对每个网格,连接流向线起点和终点,生成一条流向线。起点到终点的方向作为流向线的方向。

将该层流向线定义为第 $Layer_0$ 层流向线。

(3) 步骤 3:生成多层流向线,用于不同比例尺下显示。

步骤 2 生成的流向线,对于从大尺度显示来说过短,难以从宏观上显示流向效果,因此,根据地图比例尺,生成不同比例尺下的流向线。

步骤 2 生成的流向线作为第 0 层:$Layer_0$。

第 1 层($Layer_1$)流向线计算方法为:首先计算每个网格的流向线终点的坐标,计

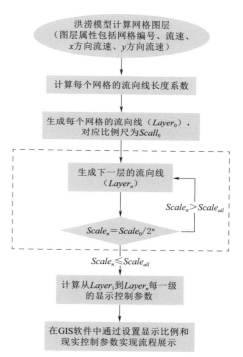

图 9.5-1　湖区流场生成技术流程图

算方法见公式（9.5-3）。

$$x(i)_{end-1} = x(i) + XV(i) \times C(i) \times 2, \quad y(i)_{end-1} = y(i) + YV(i) \times C(i) \times 2$$

$$(9.5-3)$$

式中：$x(i)_{end-1}$ 和 $y(i)_{end-1}$ 分别为第 1 层中网格 i 的流向线终点的 x、y 坐标；$x(i)$ 和 $y(i)$ 分别为网格 i 的中心点 x、y 坐标；$XV(i)$ 和 $YV(i)$ 分别为网格 i 在 x 方向的流速和 y 方向的流速，m/s。

然后，连接每个网格的流向线起点和终点，生成第 1 层的流向线。起点到终点的方向作为流向线的方向。

按照此方法依次生成第 2 层、第 3 层、……、第 n 层流向线。

第 n 层流向线计算方法为（$Layer_n$）：

首先，计算每个网格的流向线终点的坐标，计算方法见公式（9.5-4）。

$$x(i)_{end-n} = x(i) + XV(i) \times C(i) \times 2^n, \quad y(i)_{end-n} = y(i) + YV(i) \times C(i) \times 2^n$$

$$(9.5-4)$$

式中：$x(i)_{end-n}$ 和 $y(i)_{end-n}$ 分别为第 n 层中网格 i 的流向线终点的 x、y 坐标；$x(i)$ 和 $y(i)$ 分别为网格 i 的中心点 x、y 坐标；$XV(i)$ 和 $YV(i)$ 分别为网格 i 在 x 方向的流速和 y 方向的流速，m/s。

然后，连接每个网格的流向线起点和终点，生成第 n 层的流向线。起点到终点的方向作为流向线的方向。

"n" 的确定方法为：可清晰地看到第 0 层流向线时的比例尺为 $Scale_0$（需要采用 GIS 软件人工确定），可以全部显示所有网格时的比例尺为 $Scale_{all}$。每次计算一层网格线后，计算该层的比例尺：$Scale_n = Scale_0 / 2^n$，如果 $Scale_n \leqslant Scale_{all}$，则将第 n 层作为最后一层网格线。

（4）步骤 4：控制各层流向线的显示数量。

在小比例尺下，如果全部流向线都显示，会形成压盖重叠效果，因此需要通过筛选控制显示部分流向线。

在每层流向线图层中增加"显示控制"字段，针对每条流向线，计算字段值，见公式（9.5-5）。

$$D(i)_n = Index(i) \bmod n \qquad (9.5-5)$$

式中：$D(i)_n$ 为第 n 层流向线中 i 个网格的"显示控制"字段的值；$Index(i)$ 为 i 个网格的"网格编号"，来自水力学模型计算结果；n 为层数；mod 为求余数的函数。

在三维软件中，只显示 $D(i)_n = 0$ 的流向线，即可达到控制流向线显示的目标。

9.5.3　应用效果

选择微山湖作为研究对象。微山湖湖面约 $680 km^2$。利用湖底地形数据，剖分成 186787 个网格，网格平均面积 $3651 m^2$，网格边长最小 17m，最长 163m，平均 58.4m。构建二维水力学模型进行湖面流程的模拟计算，得到每个网格的流速、x 方向流速、y 方向流速。

（1）整个微山湖湖面二维网格剖分的情况如图 9.5-2 所示。

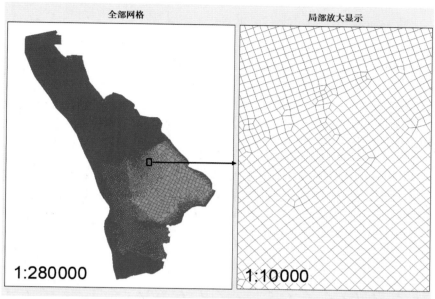

图 9.5-2　二维水力学模型采用的网格

（2）利用步骤 1 的方法，计算每个网格的流向线长度系数。图 9.5-3 显示了局部区域放大后各网格的流向线长度系数计算结果。

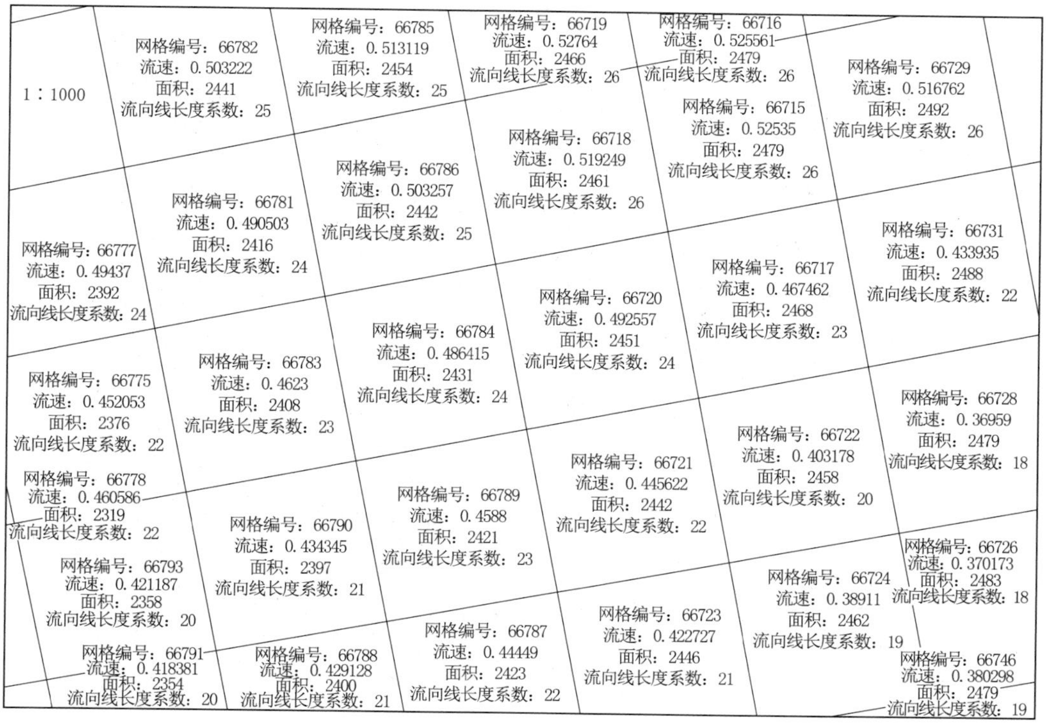

图 9.5-3　部分网格流向线长度系数示意图

（3）利用步骤 2 的方法，绘制每个二维网格的流向线（$Layer_0$ 层流向线），效果如图 9.5-4 所示。

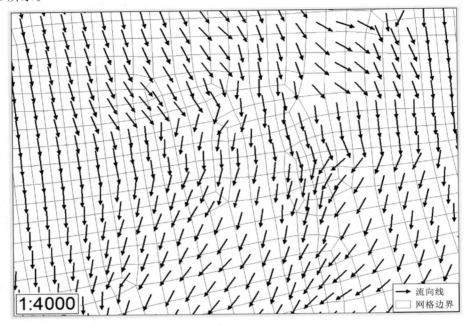

图 9.5-4　部分网格流向线示意图（$Layer_0$）

（4）利用步骤 3 的方法，绘制多层流向线，图 9.5-5 为 $Layer_3$ 层流向线的显示效果。

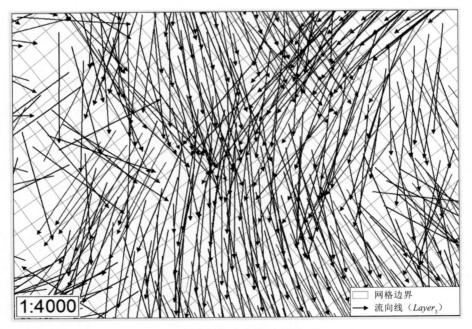

图 9.5-5　部分网格流向线示意图（$Layer_3$）

（5）利用步骤 4 的方法，计算各层中每条流向线的"显示控制"字段。在软件中通过"显示控制"字段筛选符合条件的流向线。图 9.5-6 和图 9.5-7 为筛选前后的显示效果对比。

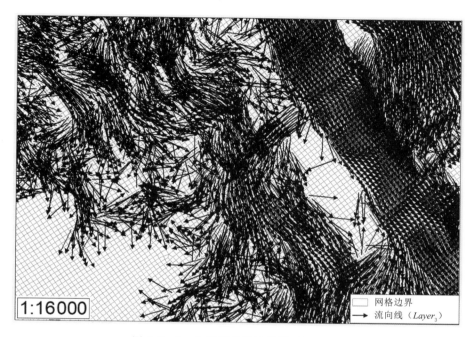

图 9.5-6　全部流向线效果图（$Layer_3$）

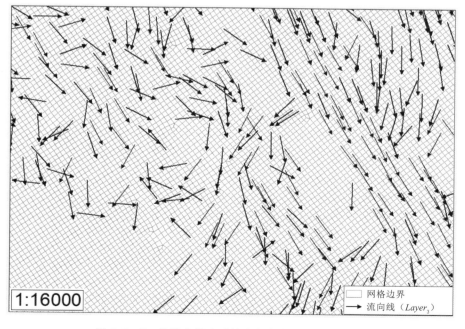

图 9.5-7　软件中筛选后的流向线效果图（$Layer_3$）

9.6　山洪灾害驱动因素挖掘技术及应用

9.6.1　应用背景

山洪灾害已成为我国导致人员伤亡的主要自然灾种。近年来，随着人口增长、城市化快速推进、社会经济高速发展，人类活动对自然环境的负面效应逐渐显现，科学分析并理解山洪灾害的时空演变格局及其驱动因素已成为从地球表层理解成灾环境的重要工作，对治灾防灾工作具有重要意义。

现有山洪灾害时空分布以及成灾环境研究主要集中在以下几个方面：①从历史灾害的特征，分析山洪灾害时空布局和影响因素，此类研究空间上以省级尺度为主；②利用山洪灾害影响因素，包括下垫面条件、人口分布、降雨特征等，进行山洪灾害风险评估，为山洪灾害防治提供参考，此类研究空间上以全国或省级以上尺度为主；③从灾害发生机理角度，研究灾害发生、发展以及影响过程，此类研究以山洪沟或流域尺度为主。以上研究从不同角度和尺度一定程度上揭示了山洪灾害的时空分布规律，但受限于数据收集，基于精确山洪灾害数据的全国长时间序列的系统化研究很少。首先，1950 年以来，有准确位置和时间记录的山洪灾害一共发生了 6 万多次，但其发生的时空格局尚不清楚；其次，山洪灾害分布规律和影响因素的评价以定性分析为主，或者通过专家打分法、层次分析法等进行定量分析，缺少定量化的客观分析；最后，忽略山洪灾害影响因素的时空异质性，时间尺度上，忽略时空变化因素的时间变异，空间尺度上，按相同标准对待空间分布因素，这必然会造成分析评估结果的不确定性。

2012—2015 年，在全国范围内开展了"全国山洪灾害调查评价项目"，调查范围包括全国 30 个省 305 个市 2138 个防治县（区），涉及国土面积 755 万 km²，人口近 9 亿人。这是迄今为止涉及范围最广、时间尺度跨度最大，山洪灾害事件收集最全的一次调查[103]。

9.6.2　技术要点

9.6.2.1　数据资料来源

现有研究表明，人类活动一方面改变了人口分布、经济布局等承灾体分布特征；另一方面又影响孕灾环境和致灾力，表明山洪灾害是多种因素共同作用的结果[104]。根据"全国山洪灾害调查评价项目"收集的历史山洪灾害数据进行时空分析，然后构建降雨、人类活动、地表环境三方面的驱动力因子进行成灾环境分析，同时评价不同流域和生态区的山洪灾害驱动力区域差异。数据资料来源见表 9.6 - 1。

表 9.6 - 1　　　　　　　　　　　数 据 资 料 来 源

数据名称	年份	数据来源	数据格式	说　明
历史山洪灾害数据	1950—2015	全国历史山洪灾害调查评价项目	点状图层	发生地点、发生时间、人员伤亡等
日降雨量数据	1950—2015	国家气象科学数据共享服务平台	文本格式	全国 175 个气象共享站点逐日降雨量

数据名称	年份	数据来源	数据格式	说　明
人口统计数据	1950—2015	国家统计局	表格	各省年末总人口
人口分布	2000	RESDC	1km×1km 格网	格网值为人口数
村落点	2000	RESDC	点状图层	全国 1∶25 万基础地理图层中的村落图层
GDP	2000	RESDC	1km×1km 格网	格网值为空间化的 GDP 数值
耕地	2000	RESDC	1km×1km 格网	格网值为耕地百分比
地形数据	2003	NASA	90m×90m 格网	STRM（Shuttle Radar Topography Mission）是由 NASA 和其他国际合作伙伴共同进行的一项卫星测绘任务，该任务获取了全球范围的高程数据集
NDVI	2000	RESDC	1km×1km 格网	在每 10 天合成的最大化 NDVI 基础上综合
土壤类型	2010	RESDC	面图层	基于 1∶100 万土壤类型图编制而成
流域分区	2010	RESDC	面图层	详细说明参见文献 [105]
生态分区	2013	傅伯杰等[106]	—	分为 11 个生态区

注　RESDC 为中国科学院资源环境科学数据中心。

9.6.2.2　山洪灾害驱动因素评价指标

选择中国科学院资源环境科学数据中心提供的二级流域作为基本空间分析单元，该数据将全国划分为 39279 个流域。除去无人区和平原区，共有 23167 个流域为有人居住的山丘区，将其作为研究区域，其中 82% 的流域面积在 $100\sim300\,\mathrm{km}^2$。

1. 山洪灾害强度指标

山洪灾害具有突发性特点，单次灾害事件发生地点具有随机性，但作为一种自然现象，会体现出一种空间相关性。因此，为了分析历史山洪灾害空间分布特征及驱动因素，采用 Getis-Ord G_i^* 空间密度分析方法将山洪灾害离散点数据转换为渔网面（fishnet）连续数据，渔网面的数值表示灾害强度[107]，计算方法见公式（9.6-1）。

$$G_i^* = \frac{\sum_{j=1}^{n} w_{ij} x_j - \overline{X} \sum_{j=1}^{n} w_{ij}}{S\sqrt{\dfrac{\left[n\sum_{j=1}^{n} w_{ij}^2 - \left(\sum_{j=1}^{n} w_{ij}\right)^2\right]}{n-1}}} \quad (i,j=1,2,\cdots,n) \qquad (9.6-1)$$

其中
$$\overline{X} = \frac{\sum_{j=1}^{n} x_j}{n}, \quad s = \sqrt{\frac{\sum_{j=1}^{n} x_j^2}{n} - (\overline{X})^2} \qquad (9.6-2)$$

式中：G_i^* 为第 i 个格网的山洪灾害强度；x_j 为第 j 个格网内的灾害点数；w_{ij} 为格网 i 和格网 j 的空间权重。

采用固定距离阈值进行要素之间的权重计算，利用 ArcGIS10.4 软件的优化热点分析工具计算最优距离。当格网 j 与 i 的距离在阈值范围内时，$w_{ij}=1$；当格网 j 与 i 的距离超出阈值范围时，$w_{ij}=0$，n 为所有格网数量。

2. 降雨因子及分区

短时强降雨是历史山洪灾害的主要致灾因素，但降雨持续时间、降雨强度、前期降雨等因素都会影响山洪灾害发生的概率。为了检验不同降雨强度对山洪灾害空间分布的影响，按降雨强度分级标准《降雨量等级》（GB/T 28592—2012）建立了 5 个降雨因子（表 9.6 - 2）。

表 9.6 - 2　　　　　　　　　　　降 雨 因 子 及 分 区 表

降雨因子	24h 降雨量/mm	降雨强度级别	降雨因子	24h 降雨量/mm	降雨强度级别
P10	＞10	中雨以上	P100	＞100	大暴雨以上
P25	＞25	大雨以上	P250	＞250	特大暴雨
P50	＞50	暴雨以上			

日降雨数据按气象站点逐日记录，首先计算所有站点达到不同降雨强度的天数，计算方法见公式（9.6 - 3）：

$$P_{i\text{-}station}=\Big[\sum_{a=1}^{m}\sum_{d=1}^{n}(C_d)\Big]/A\,,C_d=\begin{cases}1 & (R_d>R_i)\\0 & (R_d\leqslant R_i)\end{cases} \tag{9.6 - 3}$$

式中：a 为年份；d 为日期，$m=65$，$n=365$；R_d 为 d 日降雨量，mm；R_i 为相应指标的降雨阈值；A 为计算年数。

考虑到降雨量值与山洪灾害响应关系的空间异质性，选择生态分区作为空间分区因子。生态分区综合考虑了地形地貌、植被、降雨、生态等特征，能体现出区域的综合特征。利用空间插值方法得到各降雨强度的连续数据。

3. 人类活动因子

人类活动与山洪灾害的响应关系很复杂。一方面，人类活动影响山洪灾害的孕灾环境；另一方面，人类又是主要的承灾对象。为了充分体现人类活动的影响，选择了 4 个人类活动相关因子，分别体现 4 个方面的人类活动影响。人口密度，体现承灾对象的区域差异；村落密度，体现人口分布特征；耕地比例，体现人类对下垫面条件的影响；GDP，体现区域的社会经济发展程度。考虑到人类活动影响的滞后性，选择 2000 年的人口密度、耕地比例和 GDP 作为人类活动因子，其中 GDP 以县为基本单元，计算 GDP 密度。

4. 地表自然环境因子

根据前人研究成果，选择 NDVI、高程差、土壤类型、坡度作为自然环境因子。NDVI 反映地表植被覆盖情况；高程差为一定范围内的高程变化，反映地形起伏度，影响汇水；土壤类型影响降雨的产汇流过程；坡度反映地表的陡缓程度，在山洪灾害研究中，坡度基本作为必选因素。坡度参照《水土保持综合治理规划通则》（GB/T 15772—2008）分为 6 级。

9.6.2.3　驱动因素分析

山洪灾害是多种因素共同作用的结果，各种因素之间可能相互加强、抵消或独立。地理探测器模型以地理空间分异理论为基础，通过诊断各种影响因子的空间分区和地理现象变化的关联程度，分析该现象背后产生的机理，从而探测出对该地理现象的发生具有决定作用力的影响因子[108]。该模型最早用于地方疾病和相关地理影响因素的研究，随后被广泛应用于其他科学领域。利用因子探测器和交互探测器对相关内容进行研究分析。按地理探测器的分析逻辑，需要对连续数据进行离散化处理，根据已有研究和试验结果，对降雨、人口密度、GDP、村落密度、高程差、耕地比例，按自然分类法，均分为 10 级，以便更好地对比各类因子的影响力。

1. 单因子驱动力分析

因子探测器通过因子解释力来定量判定自变量因子对因变量变化的贡献大小，从而检验某地理因素是否为形成地理现象空间分异的原因，即自变量因子与因变量的关联程度。具体表现为比较因变量在不同类别中的方差和与整个研究区的总体方差来判断因子解释力的大小，计算方法见公式（9.6-4）。

$$q = 1 - \frac{1}{N\sigma^2} \sum_{h=1}^{L} N_h \sigma_h^2 \qquad (9.6-4)$$

式中：q 为解释力，为某影响因子在多大程度上解释了山洪灾害强度的空间分布；为变量因子的分区数（Strata），$h = 1, \cdots, L$；N_h 和 N 分别为分区 h 和全区的单元数；σ_h^2 和 σ^2 分别为分区 h 和全区的目标变量值的方差。

q 的值域为 $[0, 1]$，q 值越大，说明影响因子对山洪灾害强度空间分布的影响越大。

2. 因子交互驱动力分析

地理探测器模型中的交互探测器是利用空间叠加技术识别不同影响因子之间的交互模式，即通过比较两个影响因子独立作用时的解释力之和与交互后共同作用的解释力，判别交互后对地理现象的影响形式。将因子 $X1$ 和 $X2$ 进行空间叠加，形成新的空间因子 $X1 \cap X2$，如图 9.6-1 所示。

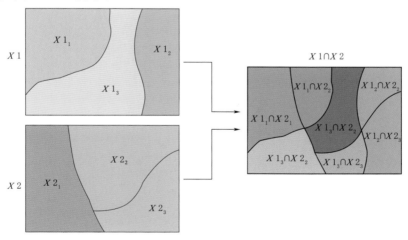

图 9.6-1　因子交互示意图

分别计算 $X1$、$X2$ 和 $X1 \cap X2$ 的驱动力，然后通过三者之间的对比关系，判断因子的交互关系，见表 9.6-3。

9.6.3　应用效果

从调查数据中选择最近 16 年（2000—2015 年）的历史山洪灾害数据及相关影响因

子，定量评价各影响因子对山洪灾害空间分布的驱动力。地理探测器对各因子的分析结果见表 9.6-4 和图 9.6-2。

表 9.6-3　　　　　　　　交 互 探 测 关 系 对 应 表

关系示意	描　述	关系类型	图　例
	$PD(X1\cap X2) < \min[PD(X1), PD(X2)]$	Weaken, nonlinear	●: $\min[PD(X1), PD(X2)]$ ●: $\max[PD(X1), PD(X2)]$ ●: $PD(X1)+PD(X2)$ ▼: $PD(X1\cap X2)$
	$\min[PD(X1), PD(X2)] < PD(X1\cap X2) < \max[PD(X1), PD(X2)]$	Weaken, uni-	
	$PD(X1\cap X2) > \max[PD(X1), PD(X2)]$	Enhance, bi-	
	$PD(X1\cap X2) = PD(X1)+PD(X2)$	Independent	
	$PD(X1\cap X2) > PD(X1)+PD(X2)$	Enhance, nonlinear	

表 9.6-4　　　　　　　　各 因 子 解 释 力

因子	生态分区	P10	P25	P50	P100	P250	人口密度	耕地比例	村落密度	GDP	坡度	高程差	NDVI	土壤类型
解释力	0.644	0.317	0.315	0.349	0.424	0.440	0.287	0.175	0.299	0.242	0.072	0.066	0.193	0.192

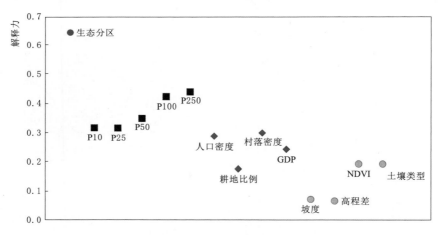

图 9.6-2　各因子解释力对比

　　生态分区的解释力最高，达到 0.644，表明生态分区能解释 64.4% 的历史山洪灾害空间变化，说明历史山洪灾害空间分布具有明显的区域分异特征。11 个生态分区中，灾害强度最高的是川渝生态地区，其次是华南生态区的中北部山区。川渝生态区主要包括陕西南部、四川中东部、重庆、湖北西部、湖南西北部、贵州北部，面积 59 万 km²。该区东南部地区是以背斜山为主的中山地形，西南部为四川盆地，北部区域为秦岭大巴山高中山，在 11 个生态分区中，人口密度排第二，平均坡度排第三。这种紧密褶皱地形，较低的植被覆盖度，造成该地区生态环境敏感，且人口密度高，所以灾害最为严重，在 2000—2015 年，发生的山洪灾害事件占全国的 26％。华南生态区主要特点为降雨量大，年均降雨量 1200～1800mm，集中在 5—6 月的梅雨季和 9 月的台风季。主要灾害威胁区域为浙闽低中山区、长江中游低山区、桂湘赣中低山区，都属于人口密集的山区。

按解释力排序，依次为降雨因子（0.317～0.440）、人类活动因子（0.175～0.299）、自然环境因子（0.066～0.193），这与三类因子时间变化尺度排序一致：降雨因子（日变化）＞人类活动因子（年际变化）＞自然环境因子（年—年代变化或不变）。5 个降雨因子的解释力随着降雨强度的增加逐渐增加，说明不同降雨强度对山洪灾害分布的驱动力差异。虽然坡度和高程差被普遍认为是山洪灾害发生的主要条件之一，但分析结果中两者在所有因子中解释力最低，原因归结为地形条件是山洪灾害发生的必要条件，人类是有趋利避害倾向的，高风险区域的受灾体分布必然稀疏，而且防灾能力、避灾意识、警惕性相对较高。

交互探测结果见表 9.6－5。

表 9.6－5　　　　　　　　　　　交 互 探 测 结 果

因子	生态分区	P10	P25	P50	P100	P250	人口密度	耕地比例	村落密度	GDP	坡度	高程差	NDVI	土壤类型
生态分区	0.644													
P10	0.704	0.317												
P25	0.714	0.364	0.315											
P50	0.721	0.399	0.361	0.349										
P100	0.718	0.485	0.459	0.446	0.424									
P250	0.717	0.552	0.538	0.537	0.543	0.440								
人口密度	0.673	0.506	0.513	0.533	0.530	0.481	0.287							
耕地比例	0.671	0.478	0.494	0.514	0.521	0.480	0.372	0.175						
村落密度	0.674	0.500	0.493	0.518	0.537	0.514	0.356	0.341	0.299					
GDP	0.676	0.510	0.505	0.526	0.550	0.522	0.343	0.295	0.349	0.242				
坡度	0.666	0.363	0.364	0.402	0.472	0.494	0.448	0.350	0.367	0.384	0.072			
高程差	0.666	0.370	0.367	0.408	0.472	0.494	0.401	0.289	0.351	0.351	0.099	0.066		
NDVI	0.661	0.404	0.412	0.438	0.480	0.477	0.360	0.310	0.368	0.334	0.328	0.320	0.193	
土壤类型	0.705	0.443	0.462	0.498	0.553	0.544	0.381	0.312	0.398	0.373	0.279	0.279	0.316	0.192

注　表中画横线数值表示两个变量交互后的解释力呈非线性增强。

各因子与生态分区叠加后，解释力明显提高，其中 P50 与生态分区交互后的解释力高于其他因子，达到 0.721，说明大于 50mm 的日降雨与山洪灾害的空间响应关系的异质性最明显，因此进行空间分区后，解释力提高最大。坡度、高程差单因子的解释力最低，但是与人口密度、耕地比例、GDP 3 个人类活动因子叠加后，解释力呈非线性增强，说明地形条件与人类活动因子对山洪灾害空间分布的解释作用是交互增强的，提醒我们在自然条件较差的区域，人类活动加剧，会造成山洪灾害事件的非线性增加。

综合分析以上结果，人类活动对历史山洪灾害的影响大于降雨因素；在具体时段（2000—2015 年），降雨对历史山洪灾害的影响要高于人类活动，而相对稳定的自然环境因子对山洪灾害分布的解释力最小。分析其中原因，由于年代尺度，人口增长、经济发展等人类活动变化剧烈，在此情况下，造成承灾对象、下垫面条件的明显变化，引起降雨致灾力的变化，因此人类活动成为主要影响因素；而在具体时段内，人类活动变化相对较小，山洪灾害空间分布的变化主要是由降雨的空间分布变化决定的。地形条件虽然是山洪灾害发生的必要条件，但在相同的地形条件下，人类活动、降雨空间差异非常大，因此造成灾害分布差异明显，从统计上就展现为地形的解释力较低。

第10章

总结与展望

数字孪生水利将水利行业从数字化、网络化推向智慧化，传统的水利信息化将呈现出全新的业态。作为关键基础的算据（数据），其资产属性逐渐被认可，数据在生产活动中的地位获得了重视并随之提升，相比之前的数据库、数据中心演变成数据底板，其范畴和深度不断拓展和深化，顶层逻辑发生了变化，技术路线和方法更加综合，对算据（数据）和业务支撑能力的需求也明显提升。本书尽可能系统全面地介绍在数字孪生体系下数据治理全过程的相关技术方法，并结合典型案例和具体实践加以更加清晰的阐述。本章主要对本书的主要内容进行简单总结，并对未来的发展方向进行展望，期望能达到抛砖引玉的效果。

10.1　总结

本书主要结合作者团队多年的工作实践和研究成果，系统论述了数字孪生技术体系下水利数据治理技术方法和路线。

在数据治理部分（第1章至第5章），首先综述了国内外数据相关政策、水利信息化发展历程，以及水利数据不同阶段的工作重点，然后对水利相关的行业内外各类可用数据资源的现状进行了全面介绍，在此基础上，结合数字孪生流域需求，详细论述了数据质控、数据融合及数据模型构建相关的关键技术，其中结合了第一次全国水利普查、全国山洪灾害调查、数字孪生流域等项目实践案例。

在数字孪生流域数据底板部分（第6章和第7章），介绍了作者团队在项目实践中提出的湖库一体化技术框架，以及开发的数据底板管理软件，包括为数字孪生流域提供服务的数据资源目录服务和共享管理模块，以及后台数据维护模块。数据安全是数据应用必须考虑的边界，因此专门介绍了数据安全管理方面的现状、技术和方法。

在数据知识化应用及数据挖掘分析部分（第8章和第9章），数据知识化应用部分结合数字孪生流域知识平台建设实践，从知识库构建、知识引擎开发、知识平台功能等方面进行阐述；数据挖掘分析部分，主要结合具体典型应用，介绍了机器学习、空间分析、地理探测器等分析方法在水利行业中的应用，包括降雨模式提取、暴雨洪水关系提取、洪涝模型概化、山洪灾害驱动力分析等，为其他相关应用提供可借鉴的思路。

10.2　展望

信息技术发展日新月异，迭代升级很快，在信息技术大爆发的背景下，如何选择合适的技术，以有效管理日益增长的数据、挖掘数据价值，进而为水利业务智能化提供支撑，是水利业务人员，尤其是水利科技从业者要长期面对的问题，结合技术光环曲线规律，未来一段时间或长期需要解决或面临的问题如下：

（1）实现数据驱动业务的模式，根据历史规律和经验辅助科学决策。

（2）数据技术的未来方向应该是知识化，需要实现数据→信息→知识的提升，数据将作为一种生产力存在，提高水利工程使用效率、提升水利决策的科学化。

（3）目前的数据治理水平还难以满足数字孪生水利需求，需要不断提升数据治理各环节的水平，通过各类成熟技术手段的融合，提高治理水平。

　　水利行业初步实现了水利信息化到智慧水利的提升，数字孪生水利已成为水利行业智慧化提升的主基调，未来随着数据底板、模型平台、知识平台等数字孪生核心组件水平的提升，必将实现智慧水利目标，助力水利高质量发展。

参 考 文 献

[1] 谢艳秋，钱鹏. 国外科学数据共享政策的发展研究 [J]. 新世纪图书馆，2014 (1)：67-71.

[2] 姜鑫. 国外资助机构科学数据开放共享政策研究——基于 NVivo 12 的政策文本分析 [J]. 现代情报，2020，40 (8)：144-155.

[3] 陈书贤，刘桂锋，刘琼. 国内外科学数据管理 FAIR 原则研究进展及应用综述 [J]. 农业图书情报学报，2022，34 (8)：30-41.

[4] WILKINSON M D, DUMONTIER M, AALBERSBERG I J, et al. The FAIR Guiding Principles for scientific data management and stewardship [J]. Scientific Data，2016 (3)：167-172.

[5] 张耀南，吴亚敏，张彩荷，等. 欧盟科学数据发展政策与规划 [J]. 中国科学数据 (中英文网络版)，2024，9 (1)：6-20.

[6] 司莉，邢文明. 国外科学数据管理与共享政策调查及对我国的启示 [J]. 情报资料工作，2013 (1)：61-66.

[7] 周文泓，代林序，文利君，等. 我国政府数据治理的政策内涵研究与展望 [J]. 现代情报，2023，43 (10)：85-96.

[8] 储节旺，汪敏. 美国科学数据开放共享策略及对我国的启示 [J]. 情报理论与实践，2019，42 (8)：153-158.

[9] 张耀南，任泽瑶，康建芳，等. 英国科学数据发展政策与规划 [J]. 中国科学数据 (中英文网络版)，2024，9 (1)：21-35.

[10] 周志超，郑洁，黄应申，等. 国内外科研数据共享和重用政策文本对比分析 [J]. 图书馆学研究，2023 (1)：41-51，26.

[11] 曹乔卓然，陈祖刚，李国庆，等. 科学数据中心资源和用户访问控制体系 [J]. 大数据，2022，8 (1)：98-112.

[12] 刘嘉琪，任妮，刘桂锋. 政府数据开放共享政策的内容体系构建研究 [J]. 数字图书馆论坛，2022 (8)：19-26.

[13] 王跃，苏娜. 我国政务数据分类分级实施关键问题与实践研究 [J]. 大数据，2024，10 (3)：16-26.

[14] 刘辉，方国材. 水利行业信息化现状与发展概述 [J]. 水利建设与管理，2021，41 (8)：81-84.

[15] 蔡阳. 金水工程建设与展望 [J]. 信息网络安全，2005 (5)：16-17.

[16] 艾萍，吴礼福，陈子丹. 水利信息化顶层设计的基本思路与核心内容分析 [J]. 水利信息化，2010 (2)：9-12.

[17] 苑希民. 水利信息化技术应用现状及前景展望 [J]. 水利信息化，2010 (3)：5-8.

[18] 蔡阳. 智慧水利建设现状分析与发展思考 [J]. 水利信息化，2018 (4)：1-6.

[19] 张建云，刘九夫，金君良. 关于智慧水利的认识与思考 [J]. 水利水运工程学报，2019 (6)：1-7.

[20] 李国英. 加快建设数字孪生流域 提升国家水安全保障能力 [J]. 中国水利，2022 (20)：1.

［21］　蔡阳，成建国，曾焱，等．加快构建具有"四预"功能的智慧水利体系［J］．中国水利，2021
　　　　（20）：2－5.

［22］　刘昌军，吕娟，任明磊，等．数字孪生淮河流域智慧防洪体系研究与实践［J］．中国防汛抗旱，
　　　　2022，32（1）：47－53.

［23］　夏润亮，李涛，余伟，等．流域数字孪生理论及其在黄河防汛中的实践［J］．中国水利，2021
　　　　（20）：11－13.

［24］　温鹏，甘郝新，刘斌．数字孪生大藤峡建设与探索［J］．中国水利，2022（20）：10－13.

［25］　刘汉宇．国家防汛抗旱指挥系统建设与成就［J］．中国防汛抗旱，2019，29（10）：30－35.

［26］　王彦兵，李硕．宁夏水利数据中心建设探讨［J］．水利信息化，2014（4）：53－58.

［27］　郭良，刘昌军，丁留谦，等．开展全国山洪灾害调查评价的工作设想［J］．中国水利，2012
　　　　（23）：10－12.

［28］　刘业森，杜庆顺，李匡，等．数字孪生南四湖防洪调度模型研究及应用［J］．中国水利，2023
　　　　（20）：49－53.

［29］　成建国，钱峰，艾萍．国家水利数据中心建设方案研究［J］．中国水利，2008（19）：32－34.

［30］　冶运涛，蒋云钟，梁犁丽，等．数字孪生流域：未来流域治理管理的新基建新范式［J］．水科学
　　　　进展，2022，33（5）：683－704.

［31］　黄艳，喻杉，罗斌，等．面向流域水工程防灾联合智能调度的数字孪生长江探索［J］．水利学
　　　　报，2022，53（3）：253－269.

［32］　谢文君，李家欢，李鑫雨，等．《数字孪生流域建设技术大纲（试行）》解析［J］．水利信息化，
　　　　2022（4）：6－12.

［33］　李德仁，张华．我国测绘遥感技术发展的回顾与展望［J］．中国测绘，2019（2）：24－27.

［34］　李纪人．与时俱进的水利遥感［J］．水利学报，2016，47（3）：436－442.

［35］　PICKENS A H，HANSEN M C，et al. Mapping and sampling to characterize global inland water
　　　　dynamics from 1999 to 2018 with full Landsat time－series［J］. Remote Sensing of Environment，
　　　　2020（243）：111792.

［36］　李德仁，李熙．夜光遥感技术在人道主义灾难评估中的应用［J］．自然杂志，2018，40（3）：
　　　　169－176.

［37］　HAGGER V，WORTHINGTON T A，LOVELOCK C E，et al. Drivers of global mangrove loss
　　　　and gain in social－ecological systems［J］. Nature Communications，2022（13）：6373.

［38］　MULLIGAN M，SOESBERGEN A V，SÁENZ L et al. GOODD，a global dataset of more than
　　　　38,000 georeferenced dams［J］. Scientific Data，2020，7（1）：31.

［39］　SADAOUI M，LUDWIG W，BOURRIN F，et al. The impact of reservoir construction on riverine
　　　　sediment and carbon fluxes to the Mediterranean Sea［J］. Progress in Oceanography，2018，163：
　　　　94－111.

［40］　YUEN K W，PARK E，HAZRINA M，et al. A comprehensive database of Indonesian Dams and its
　　　　spatial distribution［J］. Remote Sensing，2023，15（4）：925.

［41］　韩京宇，徐立臻，董逸生．数据质量研究综述［J］．计算机科学，2008，35（2）：1－5.

［42］　李学龙，龚海刚．大数据系统综述［J］．中国科学：信息科学，2015，45（1）：1－44.

［43］　凌骏，尹博学，李晟，等．基于监控数据的 MySQL 异常检测算法［J］．计算机工程，2015，41
　　　　（11）：41－46.

［44］　邓敏，刘启亮，李光强．采用聚类技术探测空间异常［J］．遥感学报，2010，14（5）：944－958.

［45］　邓敏，石岩，龚健雅，等．时空异常探测方法研究综述［J］．地理与地理信息科学，2016，32（6）：

43 - 50.

[46] BERRAHOU L, LALANDE N, SERRANO E, et al. A quality - aware spatial data warehouse for querying hydroecological data [J]. Computers & Geosciences, 2015, 85 (part - PA): 126 - 135.

[47] 曾五一. 国家统计数据质量研究的基本问题 [J]. 商业经济与管理, 2010, 1 (12): 72 - 76.

[48] 崔永峰. 我国人口统计数据质量的影响因素研究 [J]. 统计与管理, 2016 (4): 14 - 15.

[49] 葛艳琴, 贾琇明. 第二次土地调查建库过程中数据质量的控制方法 [J]. 测绘科学, 2008 (s1): 62 - 63.

[50] 庄晓东, 王海银, 胡振彪, 等. 地理国情普查外业调绘核查系统实现 [J]. 测绘科学, 2016, 41 (2): 58 - 61.

[51] MORTON M, LEVY J L. Challenges in disaster data collection during recent disasters [J]. Prehospital and Disaster Medicine, 2011, 26 (3): 196.

[52] TIN P, ZIN T T, TORIU T, et al. An integrated framework for disaster event analysis in big data environments [C]. Ninth International Conference on Intelligent Information Hiding and Multimedia Signal Processing, 2013: 255 - 258.

[53] 段华明, 何阳. 大数据对于灾害评估的建构性提升 [J]. 灾害学, 2016 (1): 188 - 192.

[54] 程益联, 郭悦. 水利普查数据质量控制的研究 [J]. 水利信息化, 2012 (3): 1 - 4. DOI: 10. 19364/j. 1674 - 9405. 2012. 03. 001.

[55] 龚健雅, 李小龙, 吴华意. 实时 GIS 时空数据模型 [J]. 测绘学报, 2014 (3): 226 - 232.

[56] 陈军. GIS 空间数据模型的基本问题和学术前沿 [J]. 地理学报, 1995 (s1): 24 - 33.

[57] 龚健雅. GIS 中面向对象时空数据模型 [J]. 测绘学报, 1997 (4): 289 - 298.

[58] HÄGERSTRAND T. What about people in regional science? [J]. Urban Planning International, 1970, 24 (1): 6 - 21.

[59] ARMSTRONG M P. Temporality in spatial database [J]. Proceedings of Gis/lis88 Acsm, 1988, 2 (2): 196 - 202.

[60] LANGRAN G, CHRISMAN N. A framework for temporal geographic information [J]. Cartographica the International Journal for Geographic Information & Geovisualization, 1988, 25 (3): 1 - 14.

[61] PEUQUET D J, DUAN N. An event - based spatiotemporal data model (ESTDM) for temporal analysis of geographical data [J]. International Journal of Geographical Information Systems, 1995, 9: 7 - 24.

[62] 舒红, 陈军, 杜道生, 等. 面向对象的时空数据模型 [J]. 武汉测绘科技大学学报, 1997 (3): 43 - 47.

[63] WILCOX D J, HARWELL M C, Orth R J. Modeling dynamic polygon objects in space and time: A new graph - based technique [J]. Cartography & Geographic Information Science, 2000, 27 (2): 153 - 164.

[64] 张广平. 基于过程的流域水利时空数据模型研究 [D]. 北京: 中国地质大学, 2014.

[65] 刘晓慧, 吴信才, 罗显刚. 面向对象的地质灾害数据模型与时空过程表达 [J]. 武汉大学学报 (信息科学版), 2013, 38 (8): 958 - 962.

[66] 薛存金, 周成虎, 苏奋振, 等. 面向过程的时空数据模型研究 [J]. 测绘学报, 2010, 39 (1): 95 - 101.

[67] 陈秀万, 吴欢, 李小娟, 等. 基于事件的土地利用时空数据模型研究 [J]. 中国图象图形学报, 2003, 8 (8): 957 - 963.

[68] 邬群勇, 孙梅, 崔磊. 时空数据模型研究综述 [J]. 地球科学进展, 2016, 31 (10): 1001 - 1011.

[69] 李晖，肖鹏峰，佘江峰. 时空数据模型分类及特点分析 [J]. 遥感信息，2008 (6)：90-95.

[70] 薛存金，谢炯. 时空数据模型的研究现状与展望 [J]. 地理与地理信息科学，2010，26 (1)：1-6.

[71] 周成虎. 全空间地理信息系统展望 [J]. 地理科学进展，2015，34 (2)：129-131.

[72] 程益联，郭悦. 水利普查对象关系研究 [J]. 水利信息化，2012 (1)：23-27.

[73] 蔡阳，谢文君，程益联，等. 全国水利一张图关键技术研究综述 [J]. 水利学报，2020，51 (6)：685-694. DOI：10. 13243/j. cnki. slxb. 20200081

[74] MAIDMENT D R. Arc Hydro：GIS for water resources [M]. Redlands：ESRI Press，2002.

[75] 蔡阳，谢文君，付静，等. 全国水利普查空间信息系统的若干关键技术 [J]. 测绘学报，2015，44 (5)：585-589.

[76] 国务院第一次全国水利普查领导小组办公室. 第一次全国水利普查空间数据采集与处理技术规定 [R]，2021.

[77] 刘业森，郭良，张晓蕾，等. 全国山洪灾害调查评价成果数据管理平台设计 [J]. 南水北调与水利科技，2017，15 (6)：196-202.

[78] 刘业森，刘昌军，郝苗，等. 面向防洪 "四预" 的数字孪生流域数据底板建设 [J]. 中国防汛抗旱，2022，32 (6)：6-14.

[79] 刘昌军，刘业森，武甲庆，等. 面向防洪 "四预" 的数字孪生流域知识平台建设探索 [J]. 中国防汛抗旱，2023，33 (3)：34-41.

[80] 刘媛媛，李磊，韩刚，等. 数据挖掘技术在城市防汛中的应用 [J]. 中国防汛抗旱，2020，30 (5)：45-49.

[81] 张建云，王银堂，贺瑞敏，等. 中国城市洪涝问题及成因分析 [J]. 水科学进展，2016，27 (4)：485-491.

[82] 徐宗学，陈浩，任梅芳，等. 中国城市洪涝致灾机理与风险评估研究进展 [J]. 水科学进展，2020，31 (5)：713-724.

[83] 程晓陶，李超超. 城市洪涝风险的演变趋向、重要特征与应对方略 [J]. 中国防汛抗旱，2015，25 (3)：6-9.

[84] 姜仁贵，韩浩，解建仓，等. 变化环境下城市降雨洪涝应对新模式研究 [J]. 灾害学，2017，32 (3)：12-17.

[85] 谢映霞. 基于海绵城市建设理念的系统治水思路 [J]. 北京师范大学学报 (自然科学版)，2019，55 (5)：552-555.

[86] 梅超，刘家宏，王浩，等. 城市设计降雨研究综述 [J]. 科学通报，2017，62 (33)：3873-3884.

[87] 李磊，张立杰，力梅. 深圳降水资料信息挖掘及在气候服务中的应用 [J]. 广东气象，2015，37 (2)：48-51.

[88] 刘媛媛，刘洪伟，霍风霖，等. 基于机器学习短历时暴雨时空分布规律研究 [J]. 水利学报，2019，50 (6)：773-779.

[89] 韩刚，王常效，刘业森，等. 深圳市洪涝预警调度系统建设方案及实现 [J]. 中国防汛抗旱，2020，30 (11)：14-19，42.

[90] 刘业森，刘媛媛，刘舒，等. 城市地区场次降雨时空展布方法研究 [J]. 中国防汛抗旱，2024，34 (6)：18-25.

[91] 力梅，李磊，兰红平. 基于高密度自动站的深圳短时强降水特征分析 [J]. 科学技术与工程，2014，14 (18)：143-148.

[92] 刘业森，陈胜，刘媛媛，等. 近年国内防洪减灾信息技术应用综述 [J]. 中国防汛抗旱，2021，31 (1)：48-57.

［93］ 武建，高峰，朱庆利. 大数据技术在我国水利信息化中的应用及前景展望［J］. 中国水利，2015
（17）：45－48.

［94］ 陈晓宏，刘德地，王兆礼. 降雨空间分布模式识别［J］. 水利学报，2006，37（6）：711－716.

［95］ 刘媛媛，刘业森，刘方华，等. 沿江城市降雨特性及雨洪关系分析——以四川泸州市为例
［J/OL］. 中国防汛抗旱，1－17［2024－02－28］.

［96］ ROWEIS S T，SAUL L K. Nonlinear dimensionality reduction by locally linear embedding［J］.
Science，2000，290，2323－2326.

［97］ 张炜，李思敏，时真男. 我国城市暴雨内涝的成因及其应对策略［J］. 自然灾害学报，2012
（5）：180－184.

［98］ 王浩，梅超，刘家宏. 海绵城市系统构建模式［J］. 水利学报，2017，48（9）：1009－1014.

［99］ 刘媛媛，刘业森，郑敬伟，等. BP 神经网络和数值模型相结合的城市内涝预测方法研究［J］.
水利学报，2022，53（3）：284－295.

［100］ 陈小康，陈武，吉小燕，等. 大数据互联共享在海南省防灾减灾中的应用［J］. 中国防汛抗旱，
2018（9）：7－12.

［101］ 雒翠，刘业森，刘媛媛，等. 一种城市洪涝快速分析方法的设计与应用［J］. 中国防汛抗旱，
2021，31（7）：17－22.

［102］ 刘业森，胡文才，刘昌军，等. 一种考虑比例尺适配的湖面多层流场可视化方法［P］. 北京：
CN116522824B，2023－12－26.

［103］ 郭良，张晓蕾，刘荣华，等. 全国山洪灾害调查评价成果及规律初探［J］. 地球信息科学学报，
2017，19（12）：1548－1556.

［104］ 刘业森，杨振山，黄耀欢，等. 建国以来中国山洪灾害时空演变格局及驱动因素分析［J］.
中国科学：地球科学，2019，49（2）：408－420.

［105］ 张国平，赵琳娜，许凤雯，等. 基于流域结构分析的中国流域划分方案［C］. 水文模型国际研讨
会论文集，2009：417－423.

［106］ 傅伯杰，刘国华，欧阳志云. 中国生态区划研究［M］. 北京：科学出版社，2013.

［107］ 李华威，万庆. 小流域山洪灾害危险性分析之降雨指标选取的初步研究［J］. 地球信息科学学
报，2017，19（3）：425－435.

［108］ 王劲峰，徐成东. 地理探测器：原理与展望［J］. 地理学报，2017，72（1）：116－134.